|新时代生态文明丛书|

生态农业
工程科学与技术

金 涌　胡山鹰 等 / 著

中国环境出版集团·北京

图书在版编目（CIP）数据

生态农业工程科学与技术 / 金涌等著. -- 北京：
中国环境出版集团, 2021.4（2022.4重印）
（新时代生态文明丛书 / 钱易主编）
ISBN 978-7-5111-4607-6

Ⅰ．①生… Ⅱ．①金… Ⅲ．①生态农业－农业技术－
研究 Ⅳ．①S-0

中国版本图书馆CIP数据核字（2020）第269315号

出 版 人	武德凯
责任编辑	丁莞歆
责任校对	任　丽
装帧设计	金　山

出版发行　中国环境出版集团
　　　　　（100062　北京市东城区广渠门内大街 16 号）
　　　　　网　　址：http://www.cesp.com.cn
　　　　　电子邮箱：bjgl@cesp.com.cn
　　　　　联系电话：010-67112765（编辑管理部）
　　　　　　　　　　010-67147349（第四分社）
　　　　　发行热线：010-67125803，010-67113405（传真）
　　　　　印装质量热线：010-67113404

印　　刷	天津科创新彩印刷有限公司
经　　销	各地新华书店
版　　次	2021 年 4 月第 1 版
印　　次	2022 年 4 月第 2 次印刷
开　　本	787×960　1/16
印　　张	23.25
字　　数	360 千字
定　　价	168.00 元

【版权所有。未经许可，请勿翻印、转载，违者必究。】
如有缺页、破损、倒装等印装质量问题，请寄回本集团更换

中国环境出版集团郑重承诺：
中国环境出版集团合作的印刷单位、材料单位均具有中国环境标志产品认证；
中国环境出版集团所有图书"禁塑"。

"新时代生态文明丛书"
编著委员会

主 编

钱 易 院士

副主编

温宗国 教授

成 员

（以姓氏笔画为序）

王 毅　石 磊　刘雪华　金 涌　钱 易
徐 鹤　黄圣彪　梅雪芹　温宗国　潘家华

XIN SHIDAI
SHENGTAI WENMING
CONGSHU

总 序

随着全球城镇化和工业化的持续推进,世界环境形势日益严峻,对国际政治、经济、贸易及科技发展产生了极其深远的影响,成为构建"人类命运共同体"的主要挑战。目前,低污染、低排放、资源循环利用及对人类和生态系统健康的维系已成为各国政府和人民关注的焦点,全球环境问题的协同治理和绿色可持续发展的逐步推进成为各国的共同愿景。中国正积极参与全球生态建设,成为全球环境治理重要的参与者、贡献者、引领者。当前,迫切需要更多地提出中国方案、贡献中国智慧,以提升中国在全球环境治理中的国际话语权,为国际社会提供更多的公共产品,切实推动构建"人类命运共同体"的全球进程。

党中央和国务院把生态文明建设摆在治国理政的突出位置,明确指出生态环境是关系党的使命、宗旨的重大政治问题,也是关系民生的重大社会问题。党的十八大以来,生态文明建设一直被摆在国家发展的突出位置,已经融入经济建设、政治建设、文化建设和社会建设的各个方面及各项进程之中。党的十九大将建设生态文明提升为中华民族永续发展的千年大计,明确必须树立和践行"绿水青山就是金山银山"的理念,到2035年总体形成节约资源和保护环境的空间格局、产业结构、生产方式、生活方式,生态环境质量实现根本好转,美丽中国的目标基本实现。习近平总书记在2018年全国生态环境保护大会上发表重要讲话,强调要自觉把经济社会发展同生态文明建设统筹起来,着力解决生态环境突出问题,坚决打好污染防治攻坚战,全面推动绿色发展,使我国生态文明建设迈上新台阶。2020年10月,党的十九届五中全会把"生态文明建设实现新进步"作为"十四五"时期经济社会发展的6个主要目标之一,并明确提出了2035年基本实现社会主义现代化的远景目标——广泛形成绿色生产生活方式,碳排放达峰后稳中有降,生态环境根本好转,美丽中国建设目标基本实现。

为了系统性地回顾和总结中国生态文明建设的发展历程和取得的重大成绩，深入剖析新时代生态文明建设面临的挑战，更好地发挥高等院校的"智库"作用，国家发展改革委、清华大学生态文明研究中心和中国高等教育学会生态文明教育研究分会共同组织了"新时代生态文明丛书"的编著工作。本丛书以国家发展改革委为指导单位，由钱易院士担任主编、温宗国教授担任副主编，共有100余位专家、学者参与其中，在组织编写的过程中召开了数次研讨会和书稿审议会，广泛征求了各方意见。

"新时代生态文明丛书"定位为具有较高学术深度的科普读物，内容尽力体现科学性、系统性、权威性和可读性，力图反映新时代生态文明建设的总体思路与发展方向，梳理了中国生态文明的发展历程、新时代生态文明的重要思想，凝聚了近年来中国生态文明建设领域部分相关理论问题、政策分析和实践探索等前沿性研究成果。丛书编著委员会结合新时代生态文明建设的重要内涵和当下的热点问题，将新时代生态文明建设总论、生态文明体制改革与制度创新、生态文明建设探索示范、城市发展转型、生态农业工程、自然生态系统保护、生态文化与传播、绿色大学建设等重大主题作为丛书各分册的核心内容。

习近平总书记在2018年全国生态环境保护大会上指出，我国"生态文明建设正处于压力叠加、负重前行的关键期，已进入提供更多优质生态产品以满足人民日益增长的优美生态环境需要的攻坚期，也到了有条件有能力解决生态环境突出问题的窗口期"。面向2035年基本实现社会主义现代化的远景目标，党的十九届五中全会重点部署了"推动绿色发展，促进人与自然和谐共生"的任务，着重强调要加快推进绿色低碳发展，持续改善环境质量，提升生态系统质量和稳定性，全面提高资源利用效率。希望本丛书的出版能够系统地展示我国新时代生态文明建设的探索之路，凝集一批生态文明先行示范区和试验区的优秀经验与典型案例，为社会各界全面深入地了解新时代生态文明建设的国家战略提供参考，对生态文明建设过程中需要破题的重要改革实践给予启发。

钱 易 温宗国

2020年12月30日

前言

党的十九大报告明确提出实施乡村振兴战略,并把"构建现代农业产业体系、生产体系、经营体系"作为乡村振兴战略的主要措施之一。当前我国农业发展面临着来自需求、生产、市场、资源和环境等方面的一系列挑战,如农产品价格倒挂、农业补贴受到世界贸易组织规则的限制、农产品生产成本上升、农产品质量安全尚有不足(如肥料、农药残留)、农业污染与环境恶化(如地膜残留、水体污染、土壤污染及氨氮挥发导致的大气污染)、农业生产组织化和市场化薄弱、气候威胁等。为了突破农业发展困境和技术制约,我国农业需要向现代生态农业转型升级。

现代农业生产体系是先进科学技术与生产过程的有机结合,是衡量现代农业生产力发展水平的主要标志。通过实施良种化、延长产业链,将储藏、包装、流通和销售等环节有机结合,可以提升产业的价值链,发展高层次农产品,壮大农业新产业和新业态,提高农业质量效益和整体竞争力。构建现代农业生产体系,需要转变农业要素的投入方式,用现代物质装备武装农业,用现代科学技术服务农业,用现代生产方式改造农业,提高农业良种化、机械化、科技化、信息化、标准化水平,提高农产品质量,增强农业竞争力,提高农业全要素生产率,实现由农业大国向农业强国的转变。

本书主要介绍了与建立高效率的现代化生态农业相关的肥料、农药、育种、地膜、土壤、农业废弃物和生态农业园区等方面的重要技术和发展状况。作者由以清华大学化学工程系为主的专家团队组成,第一著者为金涌院士,著作组秘书处设在清华大学化学工程系生态工业研究中心,著作组专家均在各领域从事多年战略和技术研究工作,承担过相关国家级重大规划文件的牵头起草和编制工作,具有很高的学术水平、战略视野与实践经验。

全书共分9章：第1章系统性地介绍了生态农业的发展理念及其思路，由金涌、胡山鹰、罗志波撰写；第2章至第8章分别描述了新型肥料与高效施肥、农用地膜和棚膜及其覆盖技术、绿色生物农药、良种培育、农田土壤修复与保育、生物制造、农业产业互联网和大数据这些生态农业新技术对生态农业革命性发展的重要支撑作用及其实施形式，分别由王亭杰、郭志刚、杨令（第2章），郭宝华、郑天泽、史家昕、周天宇（第3章），郭志刚（第4章），邢新会、张翀（第5章），卢滇楠、徐粲然、刘铮（第6章），周自圆、赵雪冰、陈振、郭志刚、刘德华（第7章），刘坤、过钰梁（第8章）撰写；第9章以农业生态园区为视角阐释了三产融合助力生态农业建设的具体案例，由胡山鹰、罗志波、陈怡彤、陈定江、朱兵、金涌撰写。上述作者工作单位：刘坤，大唐半导体科技有限公司；过钰梁，北京中云悦智科技有限公司；其余作者，清华大学化学工程系。

本书可供未来农业发展及相关领域的学者、政府和企业的管理及专业人员借鉴与参考，书中不当之处，敬请各位专家、学者指正。

作　者

2020年4月

目　录

第1章　生态农业发展理念　001

1.1　引言 002
1.2　我国农业现状及面临的挑战 002
1.3　农业发展历程及生态农业理念 008
1.4　三产融合发展生态农业 009

参考文献　015

第2章　新型肥料与高效施肥　019

2.1　肥料发展历程及现状 020
2.2　我国肥料施用问题及解决途径 024
2.3　高利用率的新型肥料 031
2.4　营养均衡的新型肥料 041
2.5　新型肥料与生态农业展望 047

参考文献　054

第3章　农用地膜、棚膜及其覆盖技术　059

3.1　农用地膜覆盖技术 060
3.2　塑料大棚技术 086

参考文献　109

CONTENTS

第4章　绿色生物农药　113

4.1　农药的发展历程 115
4.2　国内外农药发展现状及趋势 118
4.3　我国农药使用存在的问题 126
4.4　农药精准使用的战略意义 131
4.5　绿色生物农药与生态农业 143

参考文献　149

第5章　良种培育　155

5.1　良种培育的重要性 156
5.2　农业育种的发展历程 156
5.3　良种培育中的工程问题 164
5.4　工程技术进步对良种培育的贡献——ARTP诱变育种 167
5.5　良种培育的未来发展方向 180

参考文献　180

第6章　农田土壤修复与保育　183

6.1　我国农田污染现状 185
6.2　农田土壤修复技术 193
6.3　农田土壤修复案例 203
6.4　土壤修复与保育 214

参考文献　221

CONTENTS

第7章　生物制造　223

7.1　生物制造与生态农业..224
7.2　现代生物制造技术..226
7.3　生物制造产品及其应用..239
7.4　生物制造案例..252

参考文献　264

第8章　农业产业互联网和大数据　277

8.1　农业产业互联网概述..278
8.2　农业产业互联网应用现状与发展..287
8.3　农业产业互联网融合架构..294
8.4　农业产业互联网关键技术..300
8.5　农业大数据技术与应用..311

参考文献　324

第9章　农业生态园区建设　327

9.1　农业生态园区概述..328
9.2　三产融合助力农业生态园区构建..343
9.3　农业生态园区的实践运用及案例分析......................................347
9.4　小结与展望..356

参考文献　359

第1章

生态农业发展理念

1.1 引言

20世纪以来，随着各学科理论与技术的渗透、交叉融合，生态农业从理论上已经改变了传统农业的思维，即农业生产绝不再仅仅是为了产粮、为了果腹，而是为了人类的健康，为了人类生存的质量，为了社会的发展，为了环境的友好。所以，生态农业要系统地利用生物学原理及方法，改造农作物品种，提升农产品产量；通过生物循环保持土地生产力，利用生物学方法治理有害生物，以保障绿色或有机农产品的生产；利用生物传感器等现代技术手段改进农业生产方式，以降低农业生产成本；利用生物学理论和方法调节水肥与土壤之间的关系，在满足农作物生长需求的基础上，利用地膜或大棚推进设施农业；尽量少用人工合成的化学品，如肥料、农药、动植物生长调节剂和饲料添加剂等；利用互联网进行农资购买和农产品销售，形成众多与之相关的农业生产新概念，如工业化农业、石化农业、机械化农业、基因农业、智慧农业、精准农业、绿色农业、信息农业等；通过工程科学与技术支撑生态农业的发展，突破我国农业可持续发展面临的两个"天花板"，即国内主要农产品价格高于进口价格和农业补贴受到世界贸易组织（WTO）规则的限制，并进一步提高农业生产力，降低农产品生产成本。与此同时，我国工业化、城镇化的推进也引发了一系列问题，如耕地数量减少、质量下降，农业劳动力大幅减少，土壤污染加剧，农业生产用水缺口扩大等，这些问题必须引起全方位的重视。

1.2 我国农业现状及面临的挑战

几千年来我国的农业问题一直是社会关切问题。首先，我国国土山地多、平原少，目前的耕地面积仅占不到世界耕地总面积的9％，而人口却占世界总人口的近20％。耕地中只有松嫩平原有成片的黑土地，而华北、华中、华南地区的土地均为比较贫瘠的黄壤或红壤，不利于植物丰产。其次，从气候条件来看，全国雨量分配不均，干旱、洪涝、严寒等气候条件都制约着农业发展。中华人民共和国成立以前常常出现赤地千里的大旱，饿殍遍野，而几大河流又水患不断，农业灾害成了历史上内战和政权频繁更迭的诱因,滞后了社会文明的发展。直至今日,我国农业"靠天吃饭"的局面仍没有得到根本扭转。据统计,自1978年以来,全国农田每年受到不同程度灾害影响的面积占比仍处于20%~40%的高位。

总体来讲,农业是关系到人民生活、社会稳定的头等大事。新中国成立以后,国家一直把发展农业看作保障人民需求的重大课题,在坚守18亿亩(1亩=1/15 hm^2)耕地面积红线、河流治理、南水北调、保障化肥供给、作物良种培育等方面一直投入巨大,实现了粮食产量"十二连增"(表1-1),从新中国成立初期的1亿t左右增加到2015年的6.6亿多t,也就是说,在我国人口增加了2倍多的同时,粮食产量增加了5倍多,从而将我国粮食长期短缺的局面扭转为总量大体平衡、丰年有余的现状,基本解决了全国人民的吃饭问题,同时还保障了禽畜饲料用粮的需求。根据英国经济学人智库(EIU)发布的报告,我国粮食安全指数在107个国家中排名第42位,水稻、小麦、玉米三大谷物自给率大于98%,用不到世界9%的耕地、6%的淡水资源生产出占世界20%~25%的粮食,可谓成绩斐然。

表1-1　2003—2015年我国粮食增产统计

年份	产量/万t	同比增幅/%
2003	43 069.53	—
2004	46 946.95	9.00
2005	48 402.19	3.10
2006	49 804.23	2.90
2007	50 413.85	1.22
2008	53 434.29	5.99
2009	53 940.86	0.95
2010	55 911.31	2.35
2011	58 849.33	5.25
2012	61 222.62	4.03
2013	63 048.20	2.98
2014	63 964.83	1.45
2015	66 060.27	3.28

数据来源:历年《中国统计年鉴》数据汇总。

但是我们也要看到，取得上述成绩是付出了巨大代价的。首先，2014年，我国化肥施用量已达到5 900万t，占世界总施用量的35%；农用地膜使用量达到258万t，占世界总使用量的90%。其次，农业灌溉用水量占全国水资源总量的63%。与此同时，生产化肥、农药、地膜等农用化学品还造成了大量的能源和资源消耗，也增加了农产品的成本，伤害了农户种粮的积极性。再次，我国人均耕地仅为世界人均耕地的40%（中国为0.08 hm^2/人，世界为0.2 hm^2/人，俄罗斯为0.8 hm^2/人，美国为0.7 hm^2/人）。小规模家庭经营的农业耕种方式难以实现由规模化和集约化带来的成本下降，再加上生产资料和劳动力要素成本的不断上涨，导致国内农产品与国外农产品相比缺乏价格竞争优势。以小麦和水稻为例，将我国海关进出口统计数据与国内价格相比较，2015年小麦的进口价格为1 854元/t、国内价格为2 360元/t，水稻的进口价格为2 758元/t、国内价格为2 853元/t。由于国内外价差的存在，部分农产品进口的主要功能逐渐由调剂国内余缺演化为追逐利润。所以，近年来呈现玉米、棉花、大豆等主要粮食的生产量、库存量、进口量"三量齐增"的现象。据国务院印发的《国家人口发展规划（2016—2030年）》预测，2030年我国总人口将达到14.5亿人左右，按人均粮食产量500 kg测算（中等发达国家水平，美国人均粮食产量最高，已超过1 400 kg），我国粮食产量需求将达到7.25亿t，相比于2019年的6.64亿t，需要增产0.61亿t，可能会进一步出现粮食等作物的供需矛盾。

当前我国农业的可持续发展面临着许多深层次的问题，妥善解决这些问题是一项十分紧迫的任务。

1. 我国主要农产品价格高于进口价格

解决成本问题必须从成本要素入手来分析其原因：①我国农产品平均关税率仅为15.2%，不足世界平均水平的1/4；②国外的农业技术水平高，集约化生产又使其成本得以降低。就我国而言，导致主要农产品价格倒挂的根本原因是我国农产品成本的快速上涨，而成本上涨的根本原因是资源禀赋不利，人工和土地成本过高，在农业生产中农机、化肥、农药、地膜等现代生产要素的使用越来越多，而这些要素占总成本的比例也越来越高，我国农业正进入高成本发展阶段，农业成本的抬升对农业盈利水平的挤压越来越明显。以化肥施用为例,我国农业生产中的化肥施用存在"一高一低"的弊端:"一高"是施用量高,我国是世界上最大的化肥生产和消费国,耕地面积不到世界的9%,而每年施用的化肥总量却占世界的1/3,单位耕地面积的化肥投放量是美国的1.7倍;"一低"是有效利用率低,我国水稻、小麦和玉米的氮肥利用率分别为28.3%、28.2%和26.1%,远低于国际水平。过量施用化肥在一定程度上增加了农业投入,使农业成本不断提高。2004—2014年,我国三种粮食平均每亩成本利润率由49.7%下降到11.7%,两种油料由54.6%下降到-0.8%,棉花由30.0%下降到-30.1%,糖料由11.0%下降到-7.1%。如果推进农业供给侧结构性改革对生产支持、进口管理等政策不能形成合力,在国外低价农产品冲击和市场价格波动的情况下,就会侵蚀掉我国支农、惠农政策的效果,给我国农业和食品安全带来巨大冲击。随着农业生产不确定性(气候因素、粮食价格、农资价格等)的增加,农民承担的风险与成本也将进一步增加。若要使农产品以适当的价格顺畅销售,使农民真正获利,则必须有整体的改革举措。

我国目前面临的挑战并非偶然。日本、美国等国家也同样遇到过粮食价格过高的问题,也曾采用政府对农业直接补贴的措施,并同样受到过WTO规则的限制,但目前这些国家已经转为更隐蔽的补贴形式。与此同时,我国在农业生态环境建设方面的投入仍不足,为改善农业生态环境、有效遏制环境的恶化,各级政府要积极筹集资金,加大投入力度,把农业生态环境保护和科研的投入纳入各级财政预算当中,设立专项基金统筹安排。此外,还要重视农业生态环境的科研工作,不断完善农业生态环境保护技术体系,加强培养生态环境保护人才,从根本上解决农业环境污染、土壤退化、农业生物多样性降低以及自然灾害等农业主要环境问题。农业的"阵痛期"也为我国农业发展带来更大的挑战。

2. 农业环境承压问题严峻

长期高投入、高消耗、高排放和高污染的农业生产方式已经使我国的农业资源环境付出了沉重代价,粗放型农业发展模式所积累的深层次矛盾正逐步显现:由于土地过度开发,地下水超采,农药、化肥和地膜的过量使用,我国土壤肥力下降、土地污染及退化、水资源短缺、水体污染等问题突出。例如,随着水土资源刚性约束日趋增大，生态环境问题不断凸显，区域性农业资源环境问题尤为突出：东北地区的水田面积持续扩大造成地下水位下降，原有的湿地生态系统遭到破坏，必须警惕重蹈华北平原地下水超采的覆辙；华北平原为保障发展农业长期过度投入化肥农药，地下水过度开采情况也极为严重，导致区域水资源短缺的状况不断恶化，亟待采取有效措施予以改变；南方地区的土壤酸化和重金属污染现象较为普遍，已经给食品安全带来隐患；西北地区的农业生产活动加剧了原本脆弱的生态环境，要维护当地的生态屏障功能必须继续坚持退耕还林还草，减少不必要的农业生产活动。总体来看，目前我国"北粮南运"的粮食生产格局加剧了水土资源的区域不平衡，而南水北调工程无法从根本上缓解北方地区水资源短缺的局面，因而导致"北粮南运"的生产格局难以长期维持，可能危及国家的粮食安全。

3. 动能衰减问题值得密切关注

前三次农业结构调整（包括2004—2013年农业黄金10年间构建起来的农业政策体系）中推行的一系列促进农业农村发展的手段和政策工具，目前已经不适用于当前的农业供给侧结构性改革，需要进行进一步的调整。我们要用改革的办法解决农业领域中存在的产品结构、生产方式、生态环境、动能等结构性问题，这也是农业供给侧结构性改革最核心的内容。我国的粮食和农业收入均曾经实现了"十二连增"，其中一个重要原因是分享了加入WTO初时的红利——GDP高速增长，财政收入也高速增长，每年中央财政和地方财政用于支持"三农"的资金也不断增加。但是，现在我国的经济发展进入新常态，财政收入的增长速度有所下降，农业领域亦是如此。1979—2012年，我国农业增加值年均增长率保持在4.5%左右，但最近几年农业的增长速度在下降，2019年为3.1%。在转向新增长平台这一大背景下，农业也面临着产能透支、成本上涨、价格倒挂、增长动能衰减等突出问题。

4. 环境污染对农业的破坏作用

随着经济的发展和人口的增长，各种工业废弃物和农用化学物质不断涌入农业环境，使农业环境的污染负荷增加，农业本身产生的污染问题也日益严重，农业环境正面临一系列严重的环境污染和生态破坏问题，如工业废水的排放污染了河湖，农田灌溉水中含有重金属及有毒有害物质,因而导致农作物的质量下降,甚至危及人体健康和生命安全。例如,广州市曾经调查了公共食堂和餐厅所用大米的成分,发现有大米镉含量超标,这为我们敲响了警钟。加强工业和城市污染的控制,对于防止农业污染、发展生态农业具有十分重要的意义。

5. 农业发展政策红线提上议程

面对资源约束趋紧、环境污染严重、生态系统退化的严峻形势,党中央强调要把生态文明建设放在更加重要、更加突出的位置,在中国特色社会主义事业建设中将生态文明建设纳入"五位一体"的总体布局。在生态安全、粮食安全和资源安全日益紧迫的大背景下,我国农业环境污染与农化等相关产业的产能过剩问题倒逼农业产业转型升级。2015年,农业部出台了《到2020年化肥使用量零增长行动方案》和《到2020年农药使用量零增长行动方案》(农农发〔2015〕2号)(以下简称"双零增长行动方案"),明确提出到2020年主要农作物化肥施用量和农药使用量实现零增长。党的十八大以来,党中央、国务院谋划开展了一系列根本性、长远性、开创性的工作,多部门相继出台多项政策文件和指导意见,如工业和信息化部出台了《关于推进化肥行业转型发展的指导意见》(工信部原〔2015〕251号),国务院发布了《"十三五"生态环境保护规划》(国发〔2016〕65号),生态环境部出台了《关于加强固定污染源氮磷污染防治的通知》(环水体〔2018〕16号),全面推进农业相关行业的可持续发展,统筹落实农业环境污染治理向纵深推进,推动生态文明建设和生态环境保护从实践到认识发生历史性、转折性、全局性变化。"双零增长行动方案"及多项政策文件实施以来,我国化肥、农药的使用总量均已呈下降趋势,提前实现了到2020年化肥、农药使用量零增长的目标。近年来,化肥和农药的使用强度逐步呈现出下降的趋势,我国农业已经具备全面实施化肥、农药减量化的条件。从国家政策导向、产业发展趋势以及环境承压问题来看,加快推进化肥和农药使用的减量化势在必行。

所有这些矛盾产生的根本原因是改革开放40多年来的经济发展、技术进步与小而分散的土地所有制之间的不相适应。20世纪50年代,中央仅从"小农经济会自发产生资本主义"的政治角度考虑，希望实现农业的大生产改造，但是当时的生产力水平较低，又缺乏相应的条件，同时试图采用行政命令而不是市场经济的方式，以致走了很多弯路，农业生产反而遭到巨大的破坏。其后通过采取受当时条件所限的"分田到户"和"联产承包"等措施，使农业生产又恢复起来。改革开放以来的经济发展、生产技术进步、市场化经营模式，使我国目前具备了向农业规模化生产经营、现代化新型生态农业发展的条件。

1.3 农业发展历程及生态农业理念

农业大约在1万年前起源于美索不达米亚地区，两河流域（底格里斯河和幼发拉底河）的苏美尔人和由子苏美尔人采用自然界天然存在7对染色体和14对染色体的小麦进行杂交，培育出具有21对染色体的小麦。杂交小麦的特点在于成熟后籽粒不会自然脱落，有可能大面积种植，从此人类社会逐步进入农业社会。大约在5 000年前，世界各大洲都进入了农业文明时代，中国人成功驯化小米、稻米、大豆等作物，而美洲的印第安人则成功培育出玉米、马铃薯等作物。农业的产生是人类历史上的一次巨大革命，从旧石器时代以采集、狩猎为基础的攫取性经济转变为以农业、畜牧业为基础的生产性经济，是人类发展历史上一次重大的飞跃。在长期、反复的农业实践中，人们通过观察逐步熟悉了作物的生长发育规律，产生了科学栽培作物并依靠种植业为人、畜提供粮食的生存方式，且一直延续至今。随着人口的爆发式增长，人、畜和工业用粮迅速膨胀，化肥、农药等化学品及农化产业的发展保障了世界的粮食安全。直至目前，世界农作物产量每年可达数十亿吨。若以全面的眼光审视农业历史的发展规律，可以发现农业技术及农化产业历经了多次革命，主要概括为以下几个阶段。

1. 农业1.0

标志性成果：畜力和畜力机具的使用；灌溉水渠系统的出现；人、畜粪便作为肥料使用。

2. 农业2.0

标志性成果：嫁接、杂交育种的普遍使用，改善了作物品质并增加了产量；合成化肥和农药的出现与推广；中小型农机和灌溉机械的使用。

3. 农业3.0

标志性成果：大型农业机械的使用（如联合收割机、采摘机等）；无土栽培，喷灌、滴灌设施农业；缓释化肥、测土配方施肥技术、除草剂的使用；基因诱导和转基因作物的出现；农畜业联合循环资源利用技术。

21世纪初叶正处于农业3.0技术深入发展并向农业4.0创新发展迈进的过程中，有望在21世纪中叶发展为多学科交叉的生态农业4.0模式。

4. 生态农业4.0

主要特征：①现代化高效农业，即农业-工业-服务业的高度融合集成，遵循生态学、生态经济学规律，运用系统工程方法、现代科学技术成果和现代管理手段，能够获得较高的经济效益、生态效益和社会效益；②精准农业，以全球定位系统（GPS）定位大田耕耘，信息收集、管理、收获的自动化智能农业系统为技术代表；③全生命周期管理的智能高效水肥药一体化管理；④通过分子生物学育种实现对农作物品种、品质和产量的提升；⑤以抗逆元器件的研究与植入推进无害或完全无合成化学品使用的生态农产品培育；⑥基于"互联网+"和物联网的安全高品质农产品生产和服务；⑦食物链网络化、农业废弃物资源化、资源潜力多样化的高效农业循环经济发展模式。

1.4 三产融合发展生态农业

生态农业4.0的内涵远比植物栽培学及相邻学科宽泛，是需要植物学、土壤学、栽培学、生态学、分子生物学、化学工程学、环境工程学、机械工程学、信息工程学、工程管理学等多学科交叉、共同推进的大领域（图1-1）。

图1-1　生态农业4.0涉及多学科、多产业的交叉融合

日本农学专家今村奈良臣提出，生态农业4.0是"第一产业（农业）+第二产业（工业）+第三产业（信息服务业）"或"第一产业（农业）×第二产业（工业）×第三产业（信息服务业）"。三者之和或之积为"六"，因此取名为"第六产业"，强调第一产业、第二产业、第三产业（以下简称三产）的融合发展及农业生态系统整体功能的发挥，以大农业为出发点，按"整体、协调、循环、再生"的原则全面规划、调整和优化农业结构，使农、林、牧、副、渔各业和农村三产综合发展，并使各业之间互相支持、相得益彰，提高综合生产能力，即通过高度的产业融合使农业获得工业和服务业的附加值，从而产生乘数效应。因此，生态农业也是发展"第六产业"的组合创新过程，其建立应根据土地形态制定适宜当地的设计、组装、调整、管理农业生产和农村经济的系统工程体系。它要求把发展粮食与多种经济作物生产，发展大田种植与林、牧、副、渔各业，发展大农业与第二产业、第三产业结合起来，利用传统农业精华和现代科技成果，通过人工设计生态工程，协调发展与环境之间、资源利用与保护之间的矛盾，形成生态上与经济上的两个良性循环，使经济、生态、社会三大效益统一，可以看作一个全新的综合产业。它不但可以获得重大的经济、社会、环境效益，而且可以创

造大量的就业机会。生态农业4.0的交叉组合符合我国创新发展和生态文明建设的总方针，需要政府"有形的手"的推动和政策扶植才能顺利发展。

2015年11月27日，《中共中央 国务院关于进一步推进农垦改革发展的意见》发布，明确了未来农垦改革的发展方向，要点如下：

- 一个方向：建成社会主义有国际竞争力的农企集团。
- 两个重点：保障供给、推进企业化。
- 三条辅线：农业为本、适度规模、职工家庭小农场＋大农场双层体制。
- 四个定位：努力把农垦建设成为保障国家粮食安全和重要农产品有效供给的国家队、中国特色新型农业现代化的示范区、农业对外合作的排头兵、安边固疆的稳定器。

在具体方案的实施上，提出通过"互联网+农业"建设的支持方式逐步实现：

- 智能水肥一体化控制系统，结合物联网、传感器等多项技术将水肥管理工作带入智能化、数字化、科技化阶段；
- 农产品增产、提质，农业生态系统效能全面提高；
- 土、肥、水精确管理；
- 防止土壤退化、食品污染、生态危机；
- 测土施肥能够全面分析土壤中的有机质、pH、全氮、全磷、全钾、菌落的时空分布；
- "互联网+农业"系统拥有智能感知、智能预警、智能分析、专家预判分析系统；
- 2015年10月14日国务院常务会议讨论决定加大中央财政投入，引导地方强化政策和资金支持，鼓励基础电信、广电企业和民间资本通过竞争性招标等方式公平参与农村宽带建设和运行维护，同时探索政府和社会资本合作（Public-Private Partnership，PPP）、委托运营等市场化方式以调动各类主体参与的积极性，力争到2020年实现约5万个未通宽带行政村通宽带、3 000多万户农村家庭宽带升级，使宽带覆盖98%的行政村，并逐步实现无线宽带覆盖，预计总投入超过1 400亿元。

此外，在"十三五"期间，中央财政按照每村每年150万元的标准连续两年给予支持，主要用于基础设施公共服务和在产业发展中进行生态保护，"十三五"期间全国建成美丽乡村约6 000个。

我们需要清晰地意识到，在向生态农业迈进的过程中，不改变农民与土地的关系问题就无法保障农业的健康发展。只有农业经营主体的适度扩张，才能容纳新型生产力的注入，才能使由工业、服务业、信息业的融入带来的新技术、新经营模式得以实现和推广，才能为农业发展、农业经济收入的提高做出贡献。近年来，我国乡村发生了巨大的变化，各种新事物正朝着这一方向发展。

1. 订单农业模式

传统农业是先生产后销售的，但农业小业主与大型销售商之间的不匹配导致农产品找不到合适的销路，种植出来的农产品、蔬菜、水果因此而烂在田间地头，伤害了农民的积极性。如果能够实现市场需要什么就在什么时间供应什么品种的市场供应模式，形成契约式订单，适时提高供应量，就能解决上述问题并实现双赢。产-供-销一体化的订单模式可以在农户、企业和消费者之间建立起紧密的联系，让资本、技术、销售得到优化配置，从而有效改变农民生产的盲目性、无目的性和无计划性。

农产品大企业和农资大企业在订单契约化后，可以在许多方面对大量分散的农户进行支撑：首先，可以通过预付款改变农户投入资金不足的问题；其次，大企业可以在技术上给予农户指导，推广优良种子、优质农资用品、新型耕作模式，甚至指导设施农业的建设，如通过实施滴灌技术、水培技术、温室技术、沼气发酵技术、生物肥料技术等组织适合的小农户联营，使双方利益共享，当然这只有在政府推动并促进有特色的稳定性补助的条件下才能实现。

2. 股份制改革

农村经济的股份制改革是以农村集体经济组织为基础的，而我国的农村集体经济组织以家庭承包经营为基础，实行统分结合的双层经营体制，一般有法律地位而无法人地位，导致农村集体经济组织无法作为完整的市场主体参与经营。

为了进行改革，首先，应开展农村土地承包经营权确权登记和颁证工作，并进行人口摸排和清产核资公示，弄清人口、村集体资产（包括流动资产和长期资产）和负债情况，这样才能明确所有者可股份制转化的权益资产数额；其次，在对可经营净资产进行量化后配置股权，并通过股东的确认以明确每位股东将来参与资产收益分配的份额。一般来讲，为保障股份权益能够实现最好量化到个人，因为过去农村的土地是以户为承包方的，这是由土地承包经营权的本质所决定的，从某种程度来说，户主的绝对处置权可能损害其他家庭成员的合法利益，而股权则可以完全量化到个人。股权量化明确了农民参与集体利益分配的依据。

党的十八届三中全会通过了《中共中央关于全面深化改革若干重大问题的决定》，提出"赋予农民更多的财产权利""保障农民集体经济组织成员权利""赋予农民对集体资产股份占有收益、有偿退出及抵押、担保、继承权"。在实施中要探索农民对集体资产股份有偿退出的条件及退出的范围、程序和方式，探索具体的法定继承人资格。然而对于不是集体经济组织成员的人员如何继承集体资产股份等问题，现阶段一般认为应以集体内流转为宜，暂不宜开放集体外部股份制改革。事实上，使农村集体资产可以转让、继承、有偿退出，就是让集体资产动起来，如果仅对集体资产股权确权而不允许股权流转，那么量化的集体资产就是"僵尸资产"。为了打破这种僵局，可以加快建立农村产权流转交易市场，取消对集体股权流转交易的限制。这种对产权股份制的确认成为农村集体经济的新载体，将为农业经济发展扫除障碍，为转向市场化经营、适度规模化经营和新技术推广敞开大门，对保障生态农业发展意义重大。

3. 土地经营权转移，适度规模化经营

伴随着我国工业化、信息化、城镇化和农业现代化进程的加快，农村劳动力大量转移，农业物质技术装备水平不断提高，农户承包土地的经营权流转明显加快，发展适度规模化经营已成为必然趋势。实践证明，土地流转和适度规模化经营是发展现代农业的必由之路，有利于优化土地资源配置和提高劳动生产率，有利于保障粮食安全和主要农产品供给，有利于促进农业技术推广应用和农业增效、农民增收，应从我国人多地少、农村情况千差万别的实际出发，积极稳妥地推进。农村土地经营权的有序流转为工业、服务业、信息业与农业生产的合作打开了大门，提供了法律保障，解决了一系列可能发生的产权、利益纠纷。在实践中，应全面理解、准确把握中央关于全面深化农村改革的精神，按照加快构建以农户家庭经营为基础、以合作与联合为纽带、以社会化服务为支撑的立体式、复合型现代农业经营体系和走生产技术先进、经营规模适度、市场竞争力强、生态环境可持续的中国特色新型农业现代化道路的要求，以保障国家粮食安全、促进农业增效和农民增收为目标，坚持农村土地集体所有，实现所有权、承包权、经营权三权分置，引导土地经营权的有序流转，坚持家庭经营的基础性地位，积极培育新型经营主体，发展多种形式的适度规模化经营，巩固和完善农村基本的经营制度。

4. 工程科技创新是推动生态农业发展的支撑

现代科学技术对农业的渗透融合促进了农业生产技术的变革、农业经营管理方式的创新和农业生产经营效率的提高。我国的农业科技创新特别需要以化学工程中新技术的开发与突破作为支撑。生态农业的发展需要重点关注以下几个方面：①全生命周期的智能水肥一体化管理，开发高效复混肥料、缓控释肥料、功能水溶肥料等新型肥料，注重元素的合理配比和养分形态的科学配伍，提高水肥的利用效率；②发展基于现代化信息技术、作物栽培管理辅助决策技术及农机装备技术的精准农业，获取农业高产、优质、高效的现代化农业精耕细作技术；③推动农业机械的自动化、智能化、信息化，以解放生产力、提高生产效率，如推进农业机器人、无人机、自动化固定机械等的发展；④开发环境友好、易降解、靶标明确、不易产生抗药性、作用方式特异、药效缓和、能促进作物生长并提高抗病性的新型农药，提高农药的使用效率；⑤推进光降解地膜、生物降解地膜、光-生物降解地膜、植物纤维地膜等新型农用地膜材料的使用，降低地膜对土壤的污染；⑥开展分子生物学育种研究，改善作物品种和品质；⑦开展抗逆性研究，提高作物的抗逆性，降低化学合成品的使用；⑧推动"治标治本"的新型土壤修复技术，提高修复速率和效率。

5. 节约自然资源，防止环境污染，保护生态特色

发展生态农业是实现农业可持续发展的有效途径。生态农业是合理利用农业自然资源、防止环境污染和保护农业生态平衡的综合性措施，既能实现农民增产增收，又可以保护农村环境，防止农村环境污染，建设美丽乡村。生态农业以现代工业和科学技术为基础，充分利用中国传统农业的技术精华，保持持续增长的生产率、持续提高的土壤肥力、持续协调的农村生态环境以及持续利用的农业自然资源，实现高产、优质、高效、低耗的目的，逐步建立起一个采用现代科技、现代装备和现代管理的农业综合体系。生态农业旨在在发展社会主义市场经济和农业现代化的过程中，调整结构，优化产业和产品构成；增加收入，提高农业综合生产能力；依靠科技，合理利用和有效保护自然资源；防止污染，切实保持农业生态平衡；增加收入，走向共同富裕。最终，将逐步建设一种具有中国特色的资源节约型、经营集约化、生产商品化的现代农业模式。

总之，农业发展是事关我国国家全局战略和13亿多人口粮食安全的大问题，目前正处于必须转型的时期，应把生态农业建设看作一个农业、工业、服务业、信息业等的大交叉，先进技术、先进管理的大融合和在生产关系上的一个大调整，唯有如此，生态农业才能获得大发展。生态农业的发展不仅可以使粮食安全得到保障，而且在我国进入工业、房地产业供给方过剩的时期，在大批资金缺少安全的投入方向的情况下，将与基础建设、"一带一路"建设等一起成为我国经济发展的又一个"起跳点"。由于它有国家需求、战略价值、政策支持以及巨大的投资容量和空间，规模又可大可小，还有产权等系列法律保障，但却没有重大的技术制约，风险可控，因而可以成为下一个投资热点。

参 考 文 献

[1] 路征.第六产业：日本实践及其借鉴意义[J].现代日本经济，2016（4）：16-25.
[2] 今村奈良臣.Agricutual policy reform：new legislation to change the face of Japanese farming[J].家政经济学论丛，2000（36）：35-45.

［3］陈丽娜.国外支持农村一二三产业融合发展的实例［J］.农村工作通讯，2015（18）：35-36.

［4］金涌,罗志波,胡山鹰,等."第六产业"发展及其化工技术支撑［J］.化工进展,2017,36（4）：1155-1164.

［5］金涌.第六产业将助力中国迈向生态农业4.0时代［J］.科技导报，2017，35（5）：1.

［6］杨正礼，梅旭荣，黄鸿翔，等.论中国农田生态保育［J］.中国农学通报，2005，21（4）：280-284.

［7］国家发展和改革委员会价格司.全国农产品成本收益资料汇编2014［M］.北京：中国统计出版社，2014.

［8］国家统计局.中国统计年鉴2014［M］.北京：中国统计出版社，2014.

［9］张福锁,王激清,张卫峰,等.中国主要粮食作物肥料利用率现状与提高途径［J］.土壤学报，2008，45（5）：915-922.

［10］胡山鹰,陈定江,金涌,等.化学工业绿色发展战略研究:基于化肥和煤化工行业的分析［J］.化工学报，2014，65（7）：2704-2709.

［11］郭志刚,刘轶群,岑俊娟."含氨基酸水溶肥料"在小麦上的肥效试验报告［J］.中国农业信息，2015（4）：100-101.

［12］张卫峰,马林,黄高强,等.中国氮肥发展、贡献和挑战［J］.中国农业科学,2013,46（15）：3161-3171.

［13］陈锡文.农业和农村发展:形势与问题［J］.南京农业大学学报（社会科学版),2013（1）：1-10.

［14］许智宏.转基因生物育种处于关键时刻［N］.科技日报，2016-01-11（5）.

［15］黄大昉.我国转基因作物育种发展回顾与思考［J］.生物工程学报，2015，31（6）：892-900.

［16］贾琪,吴名耀,梁康迳,等.基因组学在作物抗逆性研究中的新进展［J］.中国生态农业学报，2014，22（4）：375-385.

［17］高强,孔祥智.我国农业社会化服务体系演进轨迹与政策匹配：1978—2013年［J］.改革，2013（4）：5-18.

［18］程式华.中国超级稻育种技术创新与应用［J］.中国农业科学，2016，49（2）：205-206.

［19］安迪，王亭杰，金涌.采用水肥一体化技术统筹工农业协调发展［J］.中国工程科学，2015，17（5）：120-125.

［20］王春丽,王莉玮,刘艳,等.全生物可降解地膜对"土壤—植物"系统的影响［J］.南方农业，2016，10（25）：34-38.

［21］赵国屏.合成生物学——革命性的新兴交叉学科，"会聚"研究范式的典型［J］.中国科学：生命科学，2015，45（10）：905-908.

［22］金涌，胡山鹰.生态文明与生态工业园区建设［J］.中国高新区，2013(8)：24-27.

［23］桑玉昆，赵丹丹，蒋金亮，等．基于功能用地适宜性的农业科技园区规划方案评价［J］．农业工程学报，2014，30（10）：217-224．

［24］伍国勇．农业生态化发展路径研究［D］．重庆：西南大学，2014．

［25］胡永洲．构建"互联网+农业"智能生产模式的思考［J］．上海农村经济，2015（8）：37-38．

［26］蔡书凯．大数据与农业：现实挑战与对策［J］．电子商务，2014（1）：3-4．

［27］郭红东，蒋文华．"行业协会+公司+合作社+专业农户"订单模式的实践与启示［J］．中国农村经济，2007（4）：48-52．

［28］孔祥智．"改革的顶层设计"笔谈之十二新型农业经营主体的地位和顶层设计［J］．改革，2014（5）：32-34．

［29］朱会义，孙明慧．土地利用集约化研究的回顾与未来工作重点［J］．地理学报，2014，69（9）：1346-1357．

第2章

新型肥料与高效施肥

我国用不到世界9%的耕地养活了世界1/5的人口，其中肥料的作用不可替代。党的十九大报告明确指出，要确保国家粮食安全，把中国人的饭碗牢牢端在自己手中，这必然离不开肥料。肥料的演变经历了从低浓度肥料到高浓度化肥的发展过程。近几十年来，粗放地施用化肥已经造成了严重的土壤、水体以及大气污染等环境问题，越来越受到社会的关注。在这样的背景下，生态农业成为实现经济效益、生态效益和社会效益有效统一的必然途径。

《国民经济和社会发展第十三个五年规划纲要》（以下简称《"十三五"规划纲要》）提出，农业是全面建成小康社会和实现农业现代化的基础，必须加快转变农业发展方式，着力构建现代农业产业体系、生产体系、经营体系，提高农业质量效益和竞争力，走产出高效、产品安全、资源节约、环境友好的农业现代化道路。生态农业的目标与《"十三五"规划纲要》的要求完全一致，它要求人们遵循生态学和生态经济学规律，运用现代科学技术成果和现代管理手段，以及传统农业的有效经验，集约化经营农业生产。为此，必须在传统肥料的基础上进行产品和技术创新，解决当前化肥利用率低、营养不均衡等问题，实现精准、高效施肥，保障农业的绿色、可持续发展。

本章从肥料的发展历程及现状出发，结合我国肥料发展过程中存在的问题，介绍提高养分利用率和营养均衡水平的新型肥料，为我国新型肥料的发展厘清思路。

2.1 肥料发展历程及现状

2.1.1 我国肥料施用历史

我国是世界上施用肥料最早的国家之一，经历了传统有机肥料—传统化肥—新型肥料的发展过程。在6 500年以前，我们的祖先就已经开始大面积种植水稻和粟米等农作物，通过"刀耕火种"改良了土质，获得了优良的农田土壤。放火烧荒可以清除杂草种子和害虫，而草木灰还可以中和因多年杂草腐烂而酸化的土质，从而使土壤更加肥沃。土壤是由岩石风化的微细颗粒与有机质、微生物等共同构成的松软介质。当植物种子落在这样的介质上时就会生根发芽，而这种松软的介质可以长时间蓄水，为植物种子发芽后的生长提供水分，而岩石的风化物和草木灰可以释放出磷（P）、钾（K）、钙（Ca）、镁（Mg）、硫（S）、铁（Fe）、铜（Cu）、锌（Zn）、锰（Mn）、钼（Mo）、硼（B）等矿物元素，再加上草木多年腐烂降解积累在土壤中的氮（N），可以为农作物提供丰富的营养物质，在植物特有的光合作用下，利用阳光和空气中的二氧化碳实现碳水化合物的合成与植物的生长发育。对于水稻和粟米等农作物的种植来说，烧荒的草木灰和腐烂的植物体本身就是原始肥料，虽然草木在燃烧时丢失了二氧化碳（CO_2）、二氧化硫（SO_2）、一氧化氮（NO）和二氧化氮（NO_2）等化合物，但同时也将植物体中的矿物元素留在了土壤中，因此给土壤保留了充足的活性物质，为农作物的生长发育提供了全面的营养。

我国古代将肥料称为粪，如土粪、厩粪、草粪等。从先秦时期的《诗经·周颂》中的"荼蓼朽止，黍稷茂止"到《孟子》中的"百亩之田""百亩之粪"，再到西晋《广志》中的"苕草，色青黄，紫华，十二月稻下种之，蔓延殷盛，可以美田"的记述，说明我国先民在肥料的认识上已经成熟，在杂草腐烂肥田、粪肥种类、种植绿肥以及施肥方法等方面均有详细论述。到了明、清时期，肥料的种类已经发展到100多种，如人粪、畜粪、草粪、火粪、泥粪等；绿肥种类有苕饶（黄花草）、大麦、蚕豆、绿豆等；杂肥有米泔、稻糠、酒罐头泥等；无机肥料有石灰、石膏、黑矾、食盐和硫黄等。

20世纪60年代以前，我国的农业生产基本上以农家肥，也就是有机肥料和少量矿物肥料（石灰等）为主，由于这些肥料中矿物元素含量相对较低，加上农家肥的数量有限，因而很难满足农作物生长发育的需求。因此，那时的农作物产量较低，难以满足数亿人口的粮食供给。

2.1.2 世界化肥发展历程

在古代的农业耕种中所用的肥料都是有机肥料，人们并不知道植物依赖于何种物质得以生长繁衍。自1840年，德国化学家李比希（Liebig J U）发表了《化学在农业和植物生理学上的应用》一书后，人们对植物的营养有了新的了解，认识到矿物质对植物的重要性，自此植物营养与肥料的相关科学和产业得以不断发展。

化肥的生产和使用可以分为三个阶段：第一个阶段自19世纪40年代至20世纪20—30年代，是化肥概念的提出及单一肥料（只含单一营养元素的化肥）的发展阶段，氮、磷、钾各种单一肥料相继问世，化肥工业蓬勃发展；第二个阶段自20世纪20—30年代至70—80年代，是复合肥料及掺混肥料、配方肥料的发展阶段，各种氮、磷、钾的两元、三元复合肥料相继问世，掺混肥料、配方肥料大量施用，化肥的施用总量趋于峰值，其有效性和利用率不断提高；第三个阶段自20世纪70—80年代至今，属于新型肥料发展阶段，各种缓控释肥料、功能型肥料、叶面肥料、工业有机肥料、微生物肥料等相继问世，化肥施用进入高效、长效、多效、品质、生态、环保的新时期。

在发达国家，复混肥料、水溶肥料、液态肥料等广泛应用于农业生产中。美国从20世纪80年代开始高速发展专用肥料，2003年掺混专用肥料占复混肥料总量的70%，2013年液体专用肥料占化肥总量的30%左右。美国的化肥以高浓度肥料为主，其中氮肥以尿素、硝酸铵、硫酸铵等为主，82%的浓缩氮肥是无机氮肥的主流；磷肥主要是重过磷酸钙、过磷酸钙、磷酸铵、磷酸二铵；钾肥主要是氯化钾（>45%）和硫酸钾。日本的高浓度复合肥料已占其化肥总量的60%，国内市场的专用复合肥料达3 000余种；新型肥料技术发展较快，如以聚乙烯为包膜材料制成的包膜尿素、氯化钾、硫酸钾，以及各种包膜氮磷（NP）、氮钾（NK）、氮磷钾（NPK）型复合肥料。

2.1.3 我国化肥发展现状

20世纪60年代，我国生产了液体化肥——氨水，固体化肥——氯化铵（肥田粉）、碳酸氢铵，但仅使用氮肥并不能大幅提高作物产量，随后又研制出了过磷酸钙、云南白磷、钙镁磷肥、磷酸一铵、磷酸二铵等高磷肥料，同时从日本进口尿素配合氮、磷肥使用，以提高粮食作物产量。

20世纪80年代以后，我国相继生产出磷酸二氢钾、氯化钾、硫酸钾等钾肥，在氮、磷、钾的配合使用下，粮食产量有了进一步提高，基本上做到了自给自足。

1985年，我国从俄罗斯进口了第一批复合肥料，由于复合肥料将氮、磷、钾组合在一起，施肥时更加方便，因此很快为农民所接受。目前，我国的主要化肥有尿素、过磷酸钙、氯化钾、硫酸钾以及复合肥料（如磷酸二铵等）。

我国于20世纪60年代开始生产化肥，80年代开始生产复混肥料，目前复混肥料所占比例与发达国家相比仍存在较大差距。美国的复混肥料施用量占肥料总量的80%以上，西欧占60%～70%，而我国在2016年仅为25%左右，而且以15∶15∶15等通用型复混肥料为主。这种等比例的复混肥料很少考虑土壤类型、农作物种类对氮、磷、钾的实际需求，导致肥料的利用率低下，造成部分养分浪费。我国复混肥料的研究与生产起步较晚，复合化程度与发达国家相比也处于较低水平，其中掺混肥料的产量和施用量在复混肥料中的比例也较小，占氮、磷肥总量的比例只有10%左右，而且质量不稳定，到了20世纪90年代才开始注重对掺混肥料的研究。我国对于水溶肥料的研制起步于20世纪80年代中后期，相比于欧美国家，我国水溶肥料的生产技术还相对落后，目前正由简单的物理混配或掺混生产方式向先进的整体化合转变，由小规模、小作坊生产向大中企业、现代企业生产转变。

为了提高化肥利用率，我国从20世纪70年代开始研发缓控释肥料，如以钙镁磷肥粉末包覆碳铵颗粒等，近20年里缓控释肥料的研发及生产取得了明显进展。从2006年开始，我国缓控释肥料开始实行产品登记，截至2015年5月，在登记有效期内的缓控释肥料产品有24个，其中包含21个尿素缓控释产品、3个复合肥料缓控释产品。我国缓控释肥料大规模产业化和应用至今已十余年，已成为全球最大的缓控释肥料生产地，产销量超过2 100万t。

测土配方施肥是20世纪50—60年代在发达国家流行的一种施肥模式，主要通过对具体田块土壤进行随机取样检测来获得土壤的pH及氮、磷、钾等大量元素和中、微量元素的含量，并根据田块栽培作物的情况合理配施相应的肥料。土壤是农作物扎根、固定植物体与吸收营养和水分的重要介质，良好的土壤生态是确保农作物正常生长发育的必需条件。我国从20世纪70年代开始推行测土配方施肥模式，且取得了一定的成果，然而并没有得到广泛深入的应用，只有约10%的农户采用，多数地区的测土配方施肥工作进展缓慢，仍停留在试验示范阶段。造成测土配方实施困难的原因主要是我国农户居住分散、农技推广体系不健全、推广服务不到位、测土成本高等，目前我国农户的施肥方式仍然遵循"大水大肥，高投入高产出"的盲目施肥习惯，很难做到精准施肥。

2.2 我国肥料施用问题及解决途径

根据国家统计局的数据，我国自2003年起连续12年实现了粮食增产（表1-1），此后一直维持在6亿t这一数值之上，虽略有浮动，但总体保持供需平衡，为确保我国粮食安全和丰富食品市场做出了巨大贡献；同时，化肥的消费量与粮食的增长趋势也呈正相关（表2-1）。2011—2015年，我国化肥施用量从5 704万t增加到6 023万t，达到历史最大消耗量。2015年，农业部调查发现，我国大部分农田的有机质含量显著下降，土壤板结和盐基化现象严重，为此提出化肥零增长目标。科技部也将化肥减量增效列入"十三五"重大专项。自2016年起，化肥消费量开始下降，2017年下降到5 859万t。

表2-1 我国近几年化肥消费量与粮食作物总产量

年份	化肥消费量/万t（折纯）	粮食作物总产量/亿t
2011	5 704	5.88
2012	5 839	6.12
2013	5 912	6.30
2014	5 996	6.40
2015	6 023	6.61
2016	5 984	6.60
2017	5 859	6.62

2.2.1 肥料施用存在的问题

1. 施肥量大、利用率低

我国化肥消费量大，长期居世界首位。以2017年为例，化肥施用量为5 859万t

（折合N、P_2O_5、K_2O），约占世界总消费量（18 100万t）的1/3。国际上化肥施用量的安全上限为225 kg/hm^2，而我国化肥的平均用量达到480 kg/hm^2，化肥施用严重过量。2013年，农业部组织专家完成的《中国三大粮食作物肥料利用率研究报告》显示，目前我国主要粮食作物的肥料利用率仍然处于较低水平，还有较大的提升空间，如水稻、玉米、小麦三大粮食作物的氮肥、磷肥和钾肥当季平均利用率分别为33%、23%、43%（表2-2）。肥料利用率是指当季作物从所施肥料中吸收的养分占肥料中该种养分总量的百分数，欧美等发达国家粮食作物的氮肥利用率为50%～65%，明显高于我国。

表2-2 我国三大粮食作物的肥料利用率

主要农作物	氮肥/%	磷肥/%	钾肥/%
水稻	35	25	41
玉米	32	25	43
小麦	32	19	44

注：肥料利用率＝[施肥区作物体内养分（N、P、K）的吸收量－无肥区作物体内养分（N、P、K）的吸收量]／所施肥料中养分（N、P、K）的总量×100%。

2. 养分不均衡

我国普遍采用复合肥料与尿素混合施用的方式，其氮、磷、钾的比例往往不符合农作物生长发育的需求，呈现氮肥用量偏高，磷肥、钾肥用量偏低的状况。我国化肥的结构单一，常用复合肥料的氮、磷、钾（N、P_2O_5、K_2O）比例一般以等养分配比为主，如15∶15∶15或17∶17∶17等，虽然少量专用肥料有所变化，但是由于作物吸收氮、磷、钾等养分并非等比例，且不同作物的养分比例需求也有差异，因而当满足作物对氮的需求时，必然会造成磷和钾的过量或缺少。因此，使用上述复合肥料必然造成某种元素明显过量或某种元素明显不足。此外，我国农业多为散户，缺乏统一的规范化管理，各农户在选择化肥种类以及进行施肥时普遍存在氮、磷、钾以及中、微量元素失衡的问题。

2.2.2 肥料施用问题的影响

化肥利用率低和不均衡施肥是造成化肥养分流失并导致环境污染的直接原因。化肥养分的流失既会造成资源浪费，又直接导致环境污染。据估计，我国农田每年有50%～70%的化肥通过各种途径流失到环境中。中国科学院南京土壤研究所的研究显示，我国每年有299万t氮进入大气，123.5万t氮通过地表径流进入江河湖泊，49.4万t氮进入地下水。长江、黄河和珠江每年输出的溶解态无机氮达到97.5万t，其中90%来自农业化肥。

1. 污染水环境

原环境保护部调查数据显示，农业污染已经成为我国水环境污染的最大污染源，2012年的污染比例达到48%。农业对水环境的污染主要来自化肥、农药、除草剂的使用以及畜牧养殖排放。土壤中未被作物吸收的过剩养分会随着雨水渗透到地下，污染地下水，也会随着雨水流入河道造成水系富营养化。研究表明，化肥中的氮、磷是引起水体富营养化的主要成分，我国已有一半以上的湖泊水质受到不同程度的富营养化污染，以地表水中磷的面源污染为例，太湖流域的农田磷污染贡献率为11%，长期过量施用磷肥会使农田耕作层处于富磷状态，成为其周边水体富营养化的主要污染源。据统计，我国农业面源污染对太湖、巢湖和滇池"三湖"全氮的贡献率分别达到59%、33%和63%，对全磷的贡献率分别达到30%、41%和73%。来自农田的硝态氮和磷进入主要河流后还会导致近海水体的富营养化，2007年我国海域发生赤潮82次，累计发生面积11 610 km²，造成了巨大的经济损失。氮肥流失导致地下水中的硝酸盐含量升高，从而造成部分地区地下水和饮用水硝酸盐污染，引发饮水安全问题。

2. 污染土壤

长期过量施用化肥会破坏土壤的理化性质以及土壤生态，导致土壤盐基化、土质劣化和硬化，严重影响农业可持续发展。过多施用化肥而过少施用有机肥料，使大量的铵离子（NH_4^+）、钾离子（K^+）和土壤胶体吸附的钙离子（Ca^{2+}）、镁离子（Mg^{2+}）等阳离子发生交换，破坏土壤团粒结构，且随着土壤有机质含量的下降最终导致土壤板结、通透性下降，从而降低土壤中的氧气含量。硝酸根离子（NO_3^-）累积后会加速土壤的盐积累和次生盐渍化，盐分的过分积累会造成作物生理性失水，甚至形成生理毒性物质。此外，大量施用化肥还会加快土壤的酸化进程。研究表明，自然界土壤pH下降一个单位需要上万年，但我国耕地pH下降0.5个单位却只用了30年，土壤酸化已达到惊人的速度。土壤酸化不仅会促进铝（Al）、砷（As）、镉（Cd）、汞（Hg）、铅（Pb）、铬（Cr）等重金属离子活化，造成土壤重金属污染，还能溶解钙、镁等营养元素，导致土壤养分流失，造成土壤贫瘠。

3. 加剧大气污染

化肥对大气的污染主要来源于氮肥，如尿素、硫酸铵、碳酸氢铵等，主要以氨气（NH_3）的形式挥发进入大气，还有一部分作为氮氧化物（NO_x）进入大气。近年来，化肥挥发排放的氨气对大气的影响越来越受到重视。研究发现，大气氨排放正成为华北地区大气污染，特别是雾霾频发的主要原因。卫星监测研究结果表明，近年来全球主要农业区是大气氨增加的主要区域，其中，我国华北平原地区随着化肥施用量增加，大气氨排放明显增加，且大气氨污染呈季节性变化，这与农业施肥活动完全吻合。而大气氨分布和雾霾发生情况分布的卫星图对比结果发现，二者有非常大的正相关性，我国大气氨浓度高的地区雾霾也相对严重。有研究表明，全球大气氨高排放区域以农业活动排放为主，包括畜禽养殖和氮肥施用。影响雾霾产生的主要因素是二次气溶胶的大量增加，高污染天气的雾霾中二次气溶胶的比例可以达到81%，当大气氨与酸性气体（SO_2、NO_x等）发生混合反应就会生成硫酸铵、碳酸氢铵和硝酸铵等物质，这些物质可以直接参与大气中二次无机气溶胶的形成。

4. 影响生物及农产品安全

化肥施用过量会破坏土壤中的微生物种群，改变土壤的理化性质，使其肥力下降，不仅会造成农作物减产，还容易引发农作物病虫害；同时，还会造成农产品中含有未能代谢的无机盐，降低农产品的品质，威胁食品安全与人体健康。例如，当农产品中的硝酸盐含量过高时会通过食物链进入人畜体内，导致人畜中毒。施用过多的磷肥可与土壤中的铁、锌形成水溶性较差的磷酸铁和磷酸锌，使农产品中的铁与锌的含量减少，人畜食用后会引发铁、锌营养缺乏性疾病。此外，过量施用化肥的农作物，特别是蔬菜和水果等农产品，由于吸收的无机元素无法快速被作物代谢和利用，因而会储存在细胞的液泡中，其中的氮元素基本上以硝态氮的形式存在，在炒制或腌制以及食用后很容易转化为亚硝胺等致癌物质，从而对人体造成慢性或隐形的危害。

2.2.3 肥料施用问题的解决途径

肥料是提高农作物产量、保障农产品品质必不可少的重要物质，也是影响病虫害发生和防治以及食品安全的关键要素之一，事关国计民生，是实现农业现代化必不可少的物质保障。很多人由于缺乏科学化、精细化、智能化的施肥理念，简单地认为"大水大肥"能获得高产，因而导致施肥严重过量。一方面，我国肥料利用率低下，在造成浪费的同时也会影响大气、水体、土壤以及食品安全；另一方面，我国现有肥料的营养养分配比不科学，也造成了作物吸收的养分不均衡。

为了解决化肥利用率低、养分不均衡等问题，不仅需要转变施肥观念，还需要结合科技的发展科学施肥，施用新型肥料，在养分施用量和组成上实现养分供给与作物需求的双平衡，以解决化肥污染和农作物养分不均衡的问题。

1. 匹配养分供需速率，提高化肥利用率

化肥是水溶性农用化学品，遇水后数小时即可完全溶解，而农作物吸收养分和植物生长的过程则是慢过程，短则十几天，长则上百天，如图2-1所示。我国化肥低效利用的主要原因是养分溶解释放速率与作物吸收速率不匹配，造成快速溶解的养分流失严重，如尿素 [$CO(NH_2)_2$] 在土壤中的溶解、迁移和转化过程中，大部分转化成对水体和大气的污染物（图2-2），因而要提高养分利用率，必须控制尿素颗粒的溶解释放速率。再如，磷肥施入土壤后，大部分溶解的离子态磷酸根很快被土壤吸附，并与土壤中的钙、铁、铝等反应转化为不易被作物吸收的难溶性磷酸盐，导致作物缺磷但土壤中又积累了大量的无效态磷。因此，只有控制磷肥颗粒的溶解速度，保持土壤中合理的离子态磷酸根浓度，才能从根本上提高磷肥的利用率。

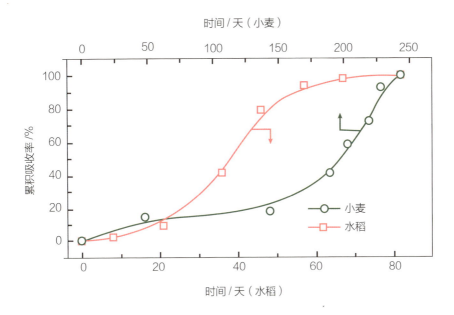

图2-1 水稻和小麦对氮元素的吸收曲线

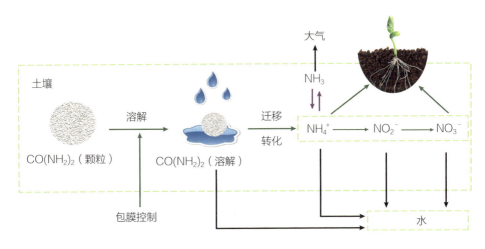

图2-2 尿素在土壤中的溶解、迁移和转化过程

要提高化肥利用率，需要针对化肥的溶解—迁移—转化途径设计和生产高效化肥产品，控制化肥养分的流失，如对现有高浓度速溶化肥，特别是尿素进行缓控释处理，控制养分释放速率，使化肥养分释放与植物养分需求匹配，以减少化肥的流失。发展缓控释肥料技术对提高化肥利用率、减少化肥浪费、减轻环境污染有重要的作用。研究表明，施用包膜控释化肥可以提高氮的利用率（达到60%～80%），从而在保证农作物产量相同的前提下可降低施肥量10%～50%，同时还可以减少施肥次数、节约劳动力，是新型肥料发展的主要方向。

据2016年《中国缓控释肥产业发展报告》，过去的10年间，我国缓控释肥料产量的年均复合增长率在25%左右，因其绿色、环保、高效等功能符合我国化肥行业供给侧结构性改革方向，未来仍将快速发展，年均复合增长率预计在10%～15%。目前，我国缓控释肥料的农业施用量约为315万t，占我国复混肥料施用量的5%。与国际缓控释肥料主要用于花卉、草坪相比，我国缓控释肥料最大的特点之一是广泛用于大田作物。2015年，我国缓控释肥料产量为330万t，其中，90%用于大田作物，5%用于花卉、草坪，5%用于出口。

2. 科学设计配方，协调均衡营养

农作物对矿物元素的吸收与利用是先通过离子平衡和化学平衡吸收到作物细胞中，再在细胞中形成新的化学平衡来实现的。由于作物在生长发育过程中的生物化学反应同时需要各种离子，因而在同一时期满足其全部的营养需求非常重要。然而，以往施肥的养分比例并不科学，往往是在生长前期施用尿素等氮肥，在生长中后期施用磷肥或钾肥，导致在施肥期间土壤的化学性质失衡；同时，施肥策略只注重氮、磷、钾，易造成作物营养失衡，进而影响其正常的生长发育。例如，氮、磷、钾、钙、镁、硫、铁等矿物离子作为农作物的营养元素，最重要的作用是参与细胞内成千上万种生物化学反应过程，其存在和含量会影响作物的物质代谢。此外，农作物对于矿物离子的最佳吸收pH范围为5.6～6.2，低于或高于这个范围都会影响不同离子的吸收，虽然不同农作物对土壤pH的耐受性不同，但只施用某种单一化肥对土壤的pH影响较大，进而影响作物对养分的吸收利用率。

对农作物的均衡营养设计需要基于各种农作物在生长发育过程中所需的营养元

素及其消耗量，结合考虑土壤理化性质及环境因素对农作物吸收养分的影响系数，设计包含氮、磷、钾等大量元素以及钙、镁、硫、铁、锰、锌、硼等中、微量元素的全营养配方，再根据所确定的营养元素种类、形态及含量，筛选和研制出溶解度高、成分间无化学反应、低盐指数的固体颗粒或水溶性原料，在原料易得、成本低廉、性质稳定以及易于产业化的原则下，配制出不同农作物的专用均衡营养肥料。

科学精准配肥、施肥，不仅能够在农作物不同的生长发育阶段提供充分的养分供给，而且能够间接提高肥料的利用率，同时增强农作物的抗病虫能力，还可以定向促进某些有益物质的合成，从而显著改善农产品的风味、口感和品质。

2.3 高利用率的新型肥料

化肥低效利用的主要原因是养分的溶解释放速率远高于作物的吸收速率，从而导致养分流失严重，因此有效控制化肥养分的释放速率是提高化肥利用率的关键。根据植物生长的特点设计缓控释肥料，使养分释放曲线符合植物的养分需求，就能够最大限度地提高化肥利用率。

20世纪60年代以来，美国、日本、欧洲、以色列等国家和地区着手研究和改进化肥的制作技术，力求通过改变化肥本身的特性来提高肥料的利用率，相继研制并推出缓控释肥料系列产品。至今，缓控释肥料已有长足发展，投入市场的肥料种类已相当丰富，产业化程度也相当高。目前的缓控释肥料品种主要有两类——包膜控释肥料和长效缓释肥料。与传统肥料相比，缓控释肥料养分释放缓慢，施肥数量和次数少，肥料利用率高，不会因局部肥料浓度过高而对作物根系造成伤害，一次施用无须追肥，可避免因气候等不可抗因素造成无法追肥的状况；其养分释放基本符合作物吸收规律，使作物生长抗逆性提高，改善了农产品品质；还可有效避免氮的挥发淋失，以及磷和钾的流失。

2.3.1 包膜控释肥料

包膜肥料的研制始于美国。1961年，美国研发出硫包膜尿素。1964年，美国开发出热固性树脂（主要成分为双环戊二烯和甘油酯的共聚物）包膜肥料。随后，加拿大、日本、西欧各国以及我国相继开展了包膜肥料的研究。通过对包膜材料成分和结构的调整，能够灵活地调节其释放特性，使其在技术和经济上具有较大的优势。如今，包膜肥料已成为缓控释肥料的主要产品之一。

包膜肥料以化肥颗粒为核心，在表面包覆一层水溶性低或不溶于水的无机物或有机聚合物，以此控制肥料养分的释放，使养分的供应符合作物对养分的需求。包膜延缓了肥料的释放，提高了肥效。无机膜层弹性差、易脆，控释效果不好；有机聚合物包膜材料消耗低，能获得更长的养分释放期，控释效果好，水分渗入包膜颗粒内部后可逐步溶解养分，使其有控制地从颗粒内部跨膜释放出来。

目前，用于制备包膜控释肥料的高分子聚合物材料和工艺种类繁多，但能真正满足高性能、低成本、绿色环保要求的材料和工艺很少，表2-3为文献中记录的用不同包膜材料制备包膜肥料的控释性能情况，主要针对尿素和复合肥料。与复合肥料相比，尿素的控释性较差，主要是由于其溶解度更大，跨膜传质时的推动力也更大。

表2-3 不同包膜材料、包膜量及释放性能

材料或工艺	包膜量（相对化肥）/%	化肥种类	释放期/天
硫包膜	30	尿素	50
木质素包膜	30	尿素	50
聚氨酯反应包膜	4	尿素	50
聚烯烃包膜	8.5～15	尿素	90～115
聚烯烃包膜	15	复合肥料	109
醇酸树脂滚筒反应包膜	30	复合肥料	130
固体石蜡	30	尿素	3
石蜡-松香包膜	30	尿素	10
淀粉/聚乙烯醇包膜	8	复合肥料	30
聚乳酸包膜	7	尿素	10分钟

续表

材料或工艺	包膜量（相对化肥）/%	化肥种类	释放期/天
聚羟基丁酸酯包膜	3.8	尿素	10分钟
壳聚糖包膜	12	尿素	45
聚偏二氯乙烯乳液包膜	10	尿素	15
硅丙乳液包膜	10	尿素	15
苯丙乳液包膜	6	尿素	60
苯丙乳液包膜	6	复合肥料	150

注：释放期表示养分在测试条件为25℃的水中静态释放80%时所用的时间。

1. 无机包膜控释肥料

无机包膜材料包括沸石、硅藻土、硫黄、石膏、金属磷酸盐、硅粉等，这些材料成本较低，且对土壤不构成危害，同时能为植物提供多种盐基离子，具有一定的控释效果。此外，硫作为第四大营养元素，施用硫包膜肥料可缓解我国主要农业区缺硫的问题，硫营养能够提高作物产量并改善产品品质；同时，氮与硫具有很好的协同互促作用，二者的配合使用比两种养分单独使用肥效更显著。然而，由于无机膜层的弹性差、易脆，对养分的控释效果较差。

硫包膜尿素（图2-3）的膜层一般包括硫、密封剂和调理剂三种材料。硫是基本的膜层，包膜厚度可根据需要确定，包硫量一般为10%～30%，含氮30%～40%。对于缺硫土壤，硫包膜尿素的施用具有一定的优势。由于在用熔融硫喷涂包膜的过程中，硫会发生相转变，体积发生变化并产生裂纹，因而其可控性不如聚合物包膜。在实际生产过程中，一般需要再

图2-3　硫包膜尿素

包一层密封剂来阻挡从缝隙渗入的水分，通常采用微晶石蜡或70%（质量分数）精制润滑油和30%（质量分数）聚乙烯的混合物，用量约2%（质量分数）。有时还加入微生物抑制剂（如五氯苯酚或煤焦油），以保护密封剂不受土壤微生物的侵蚀。调理剂的作用是吸附多余的密封剂，其与密封剂混合后在颗粒表面形成平整涂层，可以进一步降低表面粗糙度，使其更加光滑，常用的调理剂是硅藻土或滑石粉，用量为2%～2.5%（质量分数）。使用密封剂和调理剂后，可以获得表面光滑、颗粒均匀的产品。此外，也可以通过对硫黄进行改性，避免相转变产生裂纹，从而改善硫包膜尿素的性能，提高其控释性能。

20世纪70年代，我国开始研究用钙镁磷肥粉末作为包膜材料，石蜡、沥青作为包封剂制备无机包膜肥料的方法，以实现以肥包肥。以金属磷酸盐为包膜剂的包膜肥料主要有钙镁磷肥、部分酸化磷矿、二价金属磷酸铵钾盐，目前已经实现产业化生产。该类肥料通过包裹实现对核心氮肥的控释作用，其中的部分磷、钾以微溶性无机化合物的形态存在，因而具有缓控释功能。此外，国内众多研究者研究了诸如以沸石粉、凹凸棒土、膨润土、硅酸盐、石膏等天然矿物作为包膜材料，结合特定黏合剂实现天然矿物在肥料颗粒表面的包膜。此类包膜肥料在技术、生产以及应用方面均已发展成熟。

2. 聚合物有机溶液包膜控释肥料

1974年，日本首次申请了聚烯烃包膜肥料的专利，其特点是采用聚合物有机溶液作为包膜剂。所用聚合物均为线型热塑性树脂，如聚乙烯、聚丙烯等，通过选用不同的溶剂如烃类或氯代烃（如三氯乙烯），在加热的情况下溶解聚合物。由于聚合物在有机溶剂中的溶解能力有限，一般聚合物有机溶液的质量分数为5%～12%，有些聚合物的质量分数高于5%后会影响成膜性能。此外，采用聚合物的有机溶液作为包膜剂时，所得包膜肥料膜层中的聚烯烃能形成透水性很弱的薄膜，而乙烯和乙酸乙烯酯聚合物能形成透水性很强的薄膜，将二者按不同比例配制可控制养分的释放速率。

采用聚合物有机溶液的包膜过程比较简单：将包膜剂经喷嘴雾化成雾滴，在流化床中将雾滴喷涂在颗粒表面，雾滴铺展后经流化气干燥，在溶剂挥发脱除后形成聚合物膜层。但是，用聚合物有机溶液作为包膜剂需要使用大量价格较贵的有机溶剂，且对设备密封、溶剂回收等都有严格要求，在包膜肥料的生产、运输、储存、施用等环节也会造成溶剂的二次污染。此外，由于有机溶液的浓度低、溶剂循环量大，因而对包膜过程中的传质、传热效率要求高。

3. 原位反应包膜控释肥料

这种包膜控释肥料由两种或多种组分在肥料颗粒表面反应形成热固性聚合物膜层，通常由聚醚多元醇或聚酯多元醇与多异氰酸酯进行加聚反应生成聚氨酯膜，或是由二聚环戊二烯与丙三醇酯形成醇酸树脂，其代表性的聚氨酯合成反应式如下：

$$n\text{OCN-R-NCO} + n\text{HO-R'-OH} \longrightarrow \left[\text{O-R'-O-}\overset{\text{O}}{\underset{\|}{\text{C}}}\text{-NH-R-NH-}\overset{\text{O}}{\underset{\|}{\text{C}}} \right]_n$$

目前，这种成膜技术主要通过羟基、环氧基团的加聚反应实现。早期开发的技术是通过酚醛树脂、环氧树脂的反应直接在肥料颗粒表面制备聚合物膜层，之后利用富含多羟基的植物油与异氰酸酯发生聚氨酯反应来制备包膜肥料。这类工艺因反应物的混合反应需经历高黏过程，颗粒易黏结成块，因而过程控制难度较大，且反应物在颗粒表面难以均匀混合，存在反应不完全等问题，导致其中残留的异氰酸酯基（—NCO）存在潜在的毒性。

4. 聚合物水乳液包膜控释肥料

随着社会环保意识的加强，人们更加重视采用绿色包膜剂。在研发绿色包膜的过程中，一些典型的聚合物乳液已经用于包膜控释肥料的研究。国外曾使用聚偏二氯乙烯、聚丙烯酸、聚丙烯酸酯等乳液作为主要包膜材料制备聚合物乳液包膜肥料，也有使用丁二烯、苯乙烯、丙烯酸、丙烯酸丁酯、N-羟甲基丙烯酰胺等功能单体共聚合成乳液产品的报道。国内也有采用硅丙乳液、苯丙乳液及改性苯丙乳液制备包膜肥料的研究报道。

常用的乳液聚合物单体有丙烯酸酯、甲基丙烯酸酯以及苯乙烯等，这类乳液具有以下特点：①脱水快；②分子量大；③对各种材料显示出良好的黏附性；④过程中不使用有机溶剂，节能且对环境污染危害小；⑤乳液固含量可以达到50%，脱水成本低。除此之外，通过添加交联剂的方式有利于控制乳液成膜的膜层结构，提高乳液的综合性能，减少膜层中的组分迁移和散失，从而保持了膜层的稳定性。

与聚合物有机溶液相比，聚合物乳液除了成膜过程中没有有机溶剂排放、绿色环保之外，其膜层还可以通过乳胶微球间的进一步融合、交联反应而提高性能，因此可以通过乳液设计以及成膜后的后处理提高膜层性能，具有很大的提升空间。而聚合物有机溶液中的高分子聚合物是线型高分子，分子之间一般不会发生交联反应，后处理改善作用不大。聚合物乳液包膜控释肥料将是未来发展的重要方向。

5. 其他包膜控释肥料

天然高分子材料是近10年研究较多的包膜材料，主要有纤维素、淀粉、壳聚糖等，由于其来源广泛、环境友好，受到研究者的重视。纤维素类化合物及其衍生物可溶解于乙醇/乙醚混合溶剂作为包膜剂，喷涂在肥料颗粒表面后制备包膜肥料，同时还可以与淀粉、纤维素、腐植酸和交联剂混合作为包膜剂，通过调整包膜材料的组分比例和包膜量制备不同释放期的包膜肥料。

工业木质素来源广泛、成本低廉、环境友好，通过结合扑粉和黏合剂等混合使用，可以制备包膜肥料，如将粉煤灰、高岭土、滑石粉、硅藻土等无机矿物材料以及硝化抑制剂（如双氰胺）进行混合作为包膜剂，可以获得一定的控释性能。而将木质素、壳聚糖、工农业无机和有机废弃物、草炭、风化煤等材料进行改性制作廉价高效的包膜控释材料，也可以变废为宝。

6. 包膜工艺设备

根据包膜材料的特点和工艺要求，包膜工艺主要有流化床包膜、转鼓/圆盘包膜以及转鼓流化床包膜。

（1）流化床包膜

各种流化床包膜的基本原理大致相同，但具体结构各有不同。以底喷流化床包膜为例（图2-4），流化气经过分布板将颗粒充分流化，包膜剂经压缩气喷嘴雾化并从流化床底部喷入，均匀喷涂在颗粒表面，并在颗粒表面铺展，溶剂脱除后成膜。如果包膜剂是熔融液（如包硫），则经流化气移热在颗粒表面成膜。流化床包膜系统包括流化气路、雾化气路、流化床包膜、产品收集、颗粒筛分等。对于不同的包膜材料，雾化、包膜、流化和包膜液配制都有不同的要求，需要结合具体包膜工艺进行设计。为了使流化床连续化生产，可设计多室相连的流化床（图2-5），在流化床底部通入流化气，将颗粒流化，流化床内设置传送带移动颗粒，从而实现连续包膜。

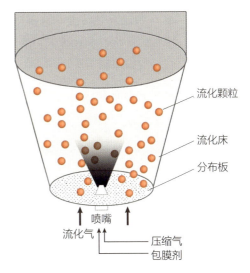

图2-4 底喷流化床包膜原理

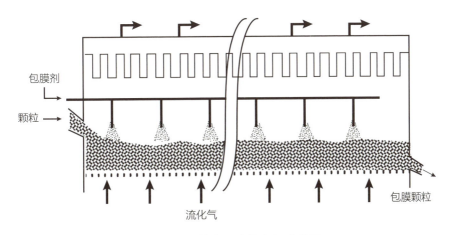

图2-5 连续水平流化床包膜装置

（2）转鼓/圆盘包膜

传统造粒机主要有转鼓（回转式）造粒机和圆盘造粒机，其基本原理是颗粒在转鼓/圆盘中转动，包膜剂通过喷涂/喷淋方式将液态包膜剂包覆在颗粒表面，包膜剂在颗粒表面均匀铺展并经多次包覆后成膜。因为转鼓和圆盘的传热、传质效率较低，此类工艺设备主要针对不涉及溶剂脱除或少量溶剂脱除的包膜过程，且包膜过程中的包膜剂不能太黏，如美国田纳西流域管理局（Tennessee Valley Authority，TVA）用转鼓制备硫包膜尿素。

（3）转鼓流化床包膜

转鼓流化床是在转鼓内设置流化床，见图2-6。核心颗粒被抄板不断抄入流化床，在其中换热或脱水，然后从溢流口溢出，形成连续均匀的料帘，料帘侧面设有喷嘴，聚合物乳液或包膜剂经喷嘴雾化后喷向料帘，对料帘中下落的颗粒进行包覆，包覆后的颗粒落到转鼓底部，再被抄板抄入流化床，完成一个单元的包膜过程，经过多次循环可实现颗粒表面的均匀包覆。由于颗粒流化作用的影响，溢流料帘中的颗粒呈不同程度的动态旋转状态，使液滴在颗粒表面随机均匀地包覆，因此能够实现均匀的包膜过程。如果将包膜剂换成尿素熔融液，就可以实现大颗粒尿素的生产；如果换成化肥浆液或溶液，就可以实现化肥的造粒，可以生产出粒度均匀致密、强度高、球形度好的化肥大颗粒。清华大学就采用转鼓流化床工艺制备出了大颗粒尿素和包膜控释肥料。转鼓流化床融合了流化床传热、传质效率高和转鼓中

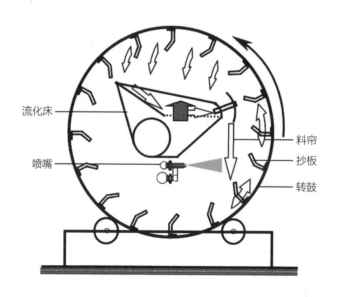

图2-6　转鼓流化床包膜原理

颗粒停留时间均匀等优点，包膜和造粒效率高、产品稳定性好，可以很容易地实现连续规模化生产。

此外，可以在转鼓、盘式或对辊式等常用造粒设备中用黏合剂或表面活性剂处理肥料颗粒表面，再加入包裹材料（一般为难溶性肥料或矿粉等）造粒，达到预期包裹效果后烘干，再加成膜剂封面，获得热固性树脂包膜控释肥料、钙镁磷包裹肥料等。采用转鼓法可以生产包硫尿素，颗粒尿素预热后进入涂硫转鼓中，熔融硫经喷嘴雾化包覆到尿素颗粒表面形成硫膜，然后送入包裹密封剂转鼓，涂覆密封剂后冷却，最后喷涂调理剂包装入库。

2.3.2 长效缓释肥料

长效缓释肥料可通过在化学/微生物分解过程中释放植物能够利用的养分，或通过添加脲酶抑制剂、硝化抑制剂等调节土壤微生物的生物活性，或通过增加肥料扩散空间阻隔等方式降低养分释放速率，从而提高肥料利用率。该种肥料主要分为低溶解度缓释肥料、稳定性缓释肥料以及混合型缓释肥料。

1. 低溶解度缓释肥料

微溶性含氮化合物主要包括脲甲醛肥料、异丁叉二脲、丁烯叉二脲、草酰胺（乙二酸二酰胺）、磷酸铵镁等，代表性的产品是脲甲醛肥料和异丁叉二脲，因异丁叉二脲的价格远高于脲甲醛，所以脲甲醛肥料的应用较多，也是国际上最早实际应用的缓释肥料品种。脲甲醛肥料是尿素和甲醛在一定条件下的反应产物，其总氮含量一般在38%左右，不是单一的化合物，而是由少量未反应尿素、羟甲基脲、亚甲基二脲、二亚甲基三脲、三亚甲基四脲、四亚甲基五脲、五亚甲基六脲等缩合物所组成的混合物。脲甲醛肥料制成颗粒状（10~20目）和粉状（60~100目）产品后再加工配制成掺混肥料、团粒肥料和液体肥料，施入土壤后靠土壤微生物分解释放氮素，其肥效长短取决于分子链的长短，分子链越长，缩合物氮的肥效期越长。

异丁叉二脲也称亚二丁基双脲，是异丁烯（液体）和尿素反应的缩合产物，与甲醛和尿素缩合反应生成许多不同链长的聚合物不同，异丁烯与尿素反应仅形成单一的低聚物。异丁叉二脲中氮的释放速率受颗粒大小（颗粒越细氮释放的速率越快）、温度、湿度和pH等因素的影响。丁烯叉二脲是由尿素和醋酸乙醛经过酸催化反应形成的产物，溶解于水中会逐渐分解为尿素和巴豆醛，在土壤中分解时主要包括水解和微生物作用过程。即使在酸性土壤中，丁烯叉二脲的降解也较缓慢。

2. 稳定性缓释肥料

稳定性缓释肥料通过在肥料中添加脲酶抑制剂、硝化抑制剂来调节土壤微生物的生物活性，减缓尿素水解速率，抑制铵态氮的硝化作用，使肥效期得到延长，但仍不能减少肥料因雨水、灌溉等造成的流失。脲酶抑制剂通过抑制土壤脲酶的活性来减缓尿素水解。无机脲酶抑制剂有汞盐、银盐、硫酸亚铁、硼酸、钼酸铵等，有机脲酶抑制剂有 N-丁基硫代磷酰三胺、N-丁基硫代磷酰胺、硫代磷酸三酰胺、苯基磷酰二胺、氢醌（对二甲酚）、磷酰三胺、环己基硫代磷酸三酰胺、N-卤-2-唑艾杜烯等。硝化抑制剂通过抑制亚硝化单胞菌属的活性减缓铵态氮向硝态氮的转化，进而延缓作物对硝态氮的吸收。典型的硝化抑制剂有吡啶、嘧啶、硫脲、噻唑等的衍生物以及六氯乙烷、双氰胺等。

3. 混合型缓释肥料

混合型缓释肥料是将具有空间阻隔效应或吸附性能的物质，如聚乙烯醇、聚乳酸、淀粉、木质素、煤粉、生物质炭等与化肥浆液混合，再挤压成型、干燥造粒制得的。在添加剂的空间阻隔或吸附作用下，化肥养分的溶解扩散速率得以下降，从而实现了养分的缓释。例如，聚乙烯醇与淀粉基缓释肥料是将复配增塑剂、玉米淀粉、聚乙烯醇和尿素加入混合机中，待混合均匀后再挤出成为棒状缓释肥料。木质素基缓释肥料是将氮、磷、钾和微量元素等经特定化学反应和物理吸附工艺，与木质素分子通过共价键结合在一起，制成木质素混合缓释复合肥料，具有一定的缓释效果。此外，木质素在土壤中经微生物作用转化成腐植酸，能够改善土壤性质。生物质炭基尿素是将尿素和生物炭混合，在黏合剂如高岭土的作用下造粒成型，具有一定的缓释效果。

2.4 营养均衡的新型肥料

使用单一肥料不利于土壤化学性质的稳定。20世纪80年代,研究人员开发了氮磷钾复合肥和钙镁磷肥,其养分更均衡、有效期更长,但与不同农作物的实际需求还有差距。同一时期,发达国家提出测土配方施肥的概念,由于多数人并不了解不同农作物究竟需要施用多少氮磷钾肥,测土后如何配方存在很大的盲目性和随意性,而土肥专家则希望土壤中的营养尽量丰富,至于农作物需要多少、吸收多少和利用多少却知之甚少。因此,必须考虑农作物营养均衡吸收的要求,根据不同作物及不同生长期配制供给氮、磷、钾以及中、微量养分,以实现精准施肥。

2.4.1 水溶肥料

水溶肥料是指以氮、磷、钾为主可以完全溶于水的单一肥料或多元复合肥料,经水溶解或稀释可以用于灌溉施肥、叶面施肥、无土栽培、浸种蘸根等用途的液体或固体肥料。我国从20世纪80年代开始使用叶面肥料,经过近30年的研发和施用,将叶面肥料改名为水溶肥料,养分也从简单元素复配发展到多种成分复合,包含大量营养元素、微量元素、有益元素以及多类型的植物活性物质。

水溶肥料可以含有作物生长所需的全部营养元素,如氮、磷、钾大量元素以及钙、镁、硫、铁、锰、铜、锌等中、微量元素,也可以加入溶于水的有机物质(如腐植酸、氨基酸、植物生长调节剂等),而且可以根据土壤养分丰缺状况与供肥水平以及作物对营养元素的需求来确定养分的组成和配比,配方灵活多变,肥料类型也多种多样,包括一些传统的单一肥料和部分含两种养分的水溶性化学肥料,如硫酸铵、尿素、硝酸铵、磷酸铵(包括磷酸一铵、磷酸二铵)、氯化钾、硫酸钾、硝酸钾、氯化铵、碳酸氢铵、磷酸二氢钾和符合国家标准的单一微量元素肥等肥料,以及其他配方的水溶肥料产品和改变剂型的单元素微量元素水溶肥料等。

近年来,我国在水溶肥料的生产和应用方面得到了迅速发展。市场中的水溶肥料种类繁多,产品涉及以大、中、微量营养元素为主要成分并含有不同活性物质的多种类型,产品形态包括粉剂、颗粒、清液、悬浮等多种剂型,产品功能也各有特点。与常规肥料相比，施用水溶肥料具有以下优点：①养分全面，配方灵活；②养分吸收快，肥效好，效率高；③用于喷施和灌溉施肥，可实现水肥一体化；④满足作物特殊性需肥，针对性强，可以及时有效地矫正作物缺素症。

2.4.2 商品有机肥料

有机肥料的来源除人粪尿外，还有畜禽养殖的厩肥、农作物秸秆、河泥以及绿肥等。化肥的施用大幅提高了粮食、蔬菜和水果的产量，满足了人们的生活需求，但也使作物对化肥产生了依赖，有机肥的施用越来越少，特别是随着人口向城市集中，人粪尿资源很少能够返回到农田。自然的农业生态循环系统遭到破坏，农田土壤有机质含量下降，土壤产生板结硬化。

1. 有机肥料与土壤修复和改良

农作物的生长发育需要温、光、水、气、土五大必需要素，其中与农业生产关系最紧密的要素是土壤。土壤可以通过施肥等措施进行改良和管控。面对农业生态系统的恶化，国家开始修复农田土壤，提倡发展有机农业、绿色农业以及生态农业，使有机肥的施用成为热点。然而，我们不可能回到50年前只施用有机肥料的时代，对于有机肥料必须有新的科学认知。

有机肥料除了为农作物提供部分营养物质，也为土壤提供有机质。有机质是土壤的重要组成部分，也是改良土壤的重要原料。有机质的粗大纤维都是中空多孔结构，能够增加土壤孔隙度，增大通透性；有机质是微生物繁殖的载体和食物来源，可以促进土壤芽孢杆菌、木霉等有益微生物的繁殖，抑制土壤病原菌的繁殖；有机质在腐烂过程中产生腐植酸等有机酸，可以将土壤中的矿物成分溶解出来，增加土壤中微量元素的含量和有效性，这些有机酸还可以改善土壤pH，形成缓冲液，增强土壤对酸碱的缓冲作用。

当然，有机质作为有机肥料也有一些缺点：①来源复杂，营养物质含量不一；②腐烂过程不易控制，营养释放量不确定；③养分释放量与作物需求不易匹配，如在春季作物生长最旺盛的阶段，也就是最需要营养之时，因气温较低其养分释放量少，因而不能满足作物需求，而夏季作物接近成熟、不需要大量营养时，又因其大量释放营养而影响作物的成熟和产量；④有机肥料营养密度低，实物用量大，运输和施肥成本高；⑤人及牲畜粪便均含有寄生虫卵，施肥后具有引发寄生虫病的危险。此外，为了促进畜禽生长往往在饲料中添加微量的重金属，因而易导致畜禽粪便中的重金属超标，进而使农产品存在重金属超标的风险。

因此，需要科学地施用有机肥料，充分发挥有机肥料的优势。土壤修复或改良离不开有机质，特别是已经板结硬化和盐渍化的土壤更需要通过施用有机肥料来修复改良。目前，秸秆还田已经逐渐实施，可以解决农田土壤有机质含量下降的问题。研究表明，水稻秸秆中的各种矿物元素含量相当于水稻吸收全部营养物质的50%～60%，即秸秆还田后将有一半以上的营养物质返回农田中，这些秸秆在一年内降解释放出的养分至少可以相当于一半的施肥量。

2. 各类商品有机肥料

城市生活垃圾或畜禽粪便等是堆肥微生物赖以生存、繁殖的物质条件，根据处理过程中起作用的微生物对氧气要求的不同，有机废物处理可分为好氧堆肥法（高温堆肥）和厌氧堆肥法两种。前者在通气条件下借助好氧性微生物活动使有机物得到降解，由于好氧堆肥的温度一般为50～60℃，极限可达80～90℃，故也称为高温堆肥；后者是在无氧条件下通过厌氧微生物（主要是厌氧菌）的作用进行的。

腐植酸是一种天然有机物质，是以动植物残骸为主的有机物经过漫长、复杂的一系列生化反应形成的，对土壤肥力和碳循环均有较大影响。腐植酸肥料能够改良培肥土壤，促进农作物生长，提高肥料利用效率，提高农作物产量与品质，增强农作物抗逆性。腐植酸与化肥配施能提升土壤磷的有效性，因为腐植酸中含有多种官能团可与磷形成络合物，减少磷的固定，并促进无效磷的溶解。此外，腐植酸对尿素具有较强的吸附能力，可以有效抑制土壤中脲酶及硝化细菌的活性，延缓尿素分解进程，减少氨挥发，延长氮肥效果时间，提高氮肥的利用效率。

国外利用工农业废弃物研制肥料时主要通过快速发酵技术或添加活性菌剂开发商品有机肥料和微生物肥料，有机物料的选择范围较窄，且鲜有关于有机-无机复混肥料的研究报道。我国自20世纪50年代开始推广有机和无机肥料的配合施用技术，在半个多世纪的发展过程中，经历了从有机和无机肥料配合施用到有机-无机复混肥料生产的不同阶段，所采用的有机原料范围也不断扩大。近年来，我国以食品工业废弃物作为有机原料生产有机-无机复混肥料的厂家不断增多，如利用糖渣、味精脱盐液、糠醛渣、柠檬酸渣、酒糟、醋渣、豆粕等原料。这些原料的产生过程比较清楚，成分和性状也较稳定且安全，基本不存在重金属污染的问题，在有机-无机复混肥料生产中易于应用，而且大多经过发酵的过程，含有丰富的作物必需的营养元素，有的还含有大量的氨基酸等作物易吸收的有机营养成分，因而在农业生产中的应用效果普遍较好。

2.4.3 微生物肥料

微生物肥料含有特定的微生物活体，通过微生物的生命活动增加植物养分的供应量或促进植物生长，改善农产品品质及农业生态环境。微生物肥料包括微生物接种剂、复合微生物肥料和生物有机配方肥。

1. 微生物肥料与土壤修复和改良

近年来比较流行的微生物肥料就是菌肥，其中包括直接撒施微生物发酵液（酵素肥）、浓缩微生物发酵液（菌肥）、有机生物肥（混有微生物的有机肥料）等。有机物是微生物赖以生存的物质基础，微生物发酵离不开有机物。无论是菌肥、酵素肥还是有机生物肥，都是微生物或有机物与微生物的混合体，只是形态存在差异。事实上，有机肥料中必然存在大量微生物。微生物肥料也就是人为增加一些土壤微生物种群，以促进有机物尽快降解，或者通过微生物产酸将一些矿物态或气态的营养物质溶解为水溶态以便于作物吸收，如解磷解钾菌、固氮菌和光合细菌等。还有一些微生物可以通过其分泌物抑制或杀死部分土壤害虫和病原菌，以达到抵抗病虫危害的作用，如白僵菌、绿僵菌、枯草芽孢杆菌或木霉等。还有一些菌肥，利用微生物吸收和络合重金属的能力，将土壤中活性重金属离子进行生物固定，以减少或防止其被植物吸收而造成农产品重金属超标。

在全国实施秸秆还田之时，菌肥也有其用武之地。由于每公顷秸秆产量为 7.5~15 t，粉碎还田之后很难快速降解，如果配有菌肥，其中的枯草芽孢杆菌和木霉等微生物就可以加快秸秆降解的速度。采取秸秆还田可以增加土壤有机质，施用有机肥、菌肥等可以增加土壤有益微生物，是一种有效的土壤修复方法，其原理在于有机质可以增加土壤的通透性，使土壤疏松软化，提高土壤的保水性以及保肥性，增加土壤的缓冲性，改善土壤的化学性和微生态环境。

此外，在有机肥料中加入一些可以特异性吸收铅、铜、砷、镉、汞等重金属或有毒离子的土壤微生物，可以吸收和相对固定那些对人体有害的重金属离子，以减少这些离子在土壤中的游离与活性，降低农作物对这些有害离子的吸收，从而有利于对重金属污染土壤的修复。

2. 生物有机配方肥

生物有机配方肥是将有益微生物、发酵有机物和化学肥料进行有机复配，再经机械加工而制成的肥料，能够实现营养全面、作物均衡吸收、调节土壤理化性质、改善土壤微生态环境的作用，可根据不同农作物的养分需求进行设计，待有机质降解后能够释放出矿物离子，其成分含量与各种化肥组合起来能够满足作物的需求。同时，还应考虑有机质中营养物质的释放时间与释放量，以满足作物在生长初期以及中后期不同生长阶段的营养需求。由于该种肥料主要采用畜禽粪便或农作物秸秆作为有机物原料，可以收集养殖业的畜禽粪便以及多余的农作物秸秆，在适当增加农民收入的同时还可以减少环境污染。

生物有机配方肥由经过半发酵处理的畜禽粪便或粉碎的农作物秸秆、光合细菌、固氮菌、解磷解钾菌、酵母菌、乳酸菌、木霉、枯草芽孢杆菌、解淀粉芽孢杆菌、绿僵菌或白僵菌等菌种，以及根据不同作物营养需求而设计的配方肥组成。生物有机配方肥是一种定制肥料，大面积推广使用可以大幅减少肥料用量，同时可以高效利用农作物秸秆、畜禽粪便和各种农业废弃物，减轻环保压力。随着我国国民生活水平的不断提高，对无公害绿色农产品的需求将成为未来农业生产的主要发展目标，在粮食、油料、蔬菜和水果等作物生产中都可以使用生物有机配方肥。

2.4.4 其他功能肥料

1. 保水型功能肥料

保水型功能肥料将水肥的调控技术操作物化为产品，集保水和供肥于一体，便于实现水肥一体化调控。保水型功能肥料依据养分元素的不同可分为保水氮肥、保水钾肥、保水磷肥和保水复合肥，根据不同剂型可分为粒状、粉状或液状，从保水原理可分为物理吸附型和包膜型。物理吸附型是将保水剂加入肥料溶液中，让其吸收溶液形成水溶胶或水凝胶，或者将其混合液烘干成干凝胶，如将保水剂添加到硝酸铵-尿素溶液中制成黏度较大的液体肥，也可用吸附有肥料养分的富营养保水剂作为栽培基质。包膜型是对颗粒肥料进行完整包膜，施肥后水分可跨膜进入颗粒内部以达到保水功能。目前制约保水剂农用的主要原因是成本高，一般每吨价格约2万元，是肥料价格的10倍以上。保水型功能肥料的开发使保水剂由原来单一的保水功能扩展为"保水又保肥"的双重功效，提高了其性价比。

2. 增效增值尿素

增效增值尿素是指通过在尿素生产过程中加入腐植酸、海藻酸和氨基酸等天然活性物质而生产出的尿素改性产品。一般具有如下特点：①增效明显，添加的增效剂具有常规的可检测性；②增效剂为天然物质及其提取物，对环境、作物和人体无害；③增效剂微量高效，添加量可低至0.3%；④工艺简单，成本低；⑤含氮量不低于46%，符合尿素含氮量国家标准。其主要产品分为海藻酸尿素、腐植酸尿素、氨基酸尿素，在促进作物根系生长、降低氨挥发损失方面具有特殊效果。

3. 根际肥料

在土壤-作物体系中，根际的定义是接近根表层1～4 mm的土壤微区，可直接施于该区域的肥料为传统意义上的根际肥料。根际肥料通过改变形态结构可以达到养分缓释的作用，通过局部供应养分可以诱导大量根系的生长。根际肥料利用肥料缓释技术和促根技术，既可提高肥料养分的利用率，又可促进植物的根系生长，主要分为三类：①无土栽培用营养液及灌溉施肥用水溶肥料；②与种子直接接触的根际肥料；③用于集中施肥的根际肥料。

4. 抗倒伏、防病害肥料

为防止高肥水条件下作物倒伏，通常使用植物生长调节剂。它通过调节植物体内的激素系统使植株矮化，或提高茎秆强度和韧性，从而增强作物抗倒伏能力。具有抗倒伏、防病害作用的营养元素包括钾、硅、钙、镁、硫，其中，钾可促进微管束的发育，使角质细胞加厚；硅可使茎叶表层细胞壁加厚、角质层增加；钙是细胞生长所必需的元素，钙离子能降低原生胶体的分散度，调节原生质的胶体状态，使细胞充水度、黏滞性、弹性及渗透性等适合正常作物的生长；镁是叶绿素分子的中心原子，位于叶绿素分子结构的卟啉环中心，对光合作用必不可少；大部分蛋白质都有含硫氨基酸，因此硫虽不是叶绿素的成分，但会影响叶绿素的合成。由此衍生出的抗倒伏、防病害的肥料主要有钙镁磷肥、钙镁磷钾肥、硫酸脲复合肥等。

2.5 新型肥料与生态农业展望

新型肥料是针对传统肥料而言的，是在传统肥料的基础上借助新的科技成果和先进设备，包括新工艺、新技术、新配方、新物质、新形态、新功能、新效果，生产出来的养分利用高、营养均衡的肥料。当前，我国农业处于历史转折点，农产品生产正由追求产量向提升质量转变，有关新型肥料的研发也方兴未艾，其产量快速增长。

新型肥料的施用对生态农业的发展意义重大。生态农业对养分的施用量和养分的组成有严格要求，同时还要求减少化肥的流失浪费，从源头控制环境污染，对农作物来说意味着"既要吃得饱又要吃得好，且不剩余"，这就要求必须提高肥料利用率，丰富肥料养分组成，协调营养均衡，科学设计配方，这就是研发、生产和施用新型肥料的目的。

2.5.1 新型肥料前景广阔

利用现有的肥料种类可以为每种农作物配制出科学精准的营养配方，但是我国农业生产以农户小规模分散经营为主，为每家每户的农民设计出科学配方很难实现。但是，可以根据不同农作物的营养需求，将现有的化肥通过科学配比制作成每种农作物专用的新型肥料。通过施用新型肥料可以提高养分利用率，并精准地为不同农作物提供多样化的养分，在一茬农作物生长之后土壤中不残留养分。

实现化肥资源的高效利用，从源头控制化肥污染不仅是当务之急，也是现代农业和生态环境可持续发展的战略要求。近年来，我国在鼓励研发、生产和施用新型肥料方面推出了一系列政策和措施（表2-4），如在2012—2018年的"中央一号"文件中均指出，保障粮食等重要农产品供给与资源环境承载力的矛盾日益尖锐，要建立农业资源有效保护、高效利用的政策和技术支撑体系，要加强农业面源污染治理，支持化肥技术创新，加快高效安全肥料研发，启动高效缓释肥料使用补助试点，深入实施化肥农药零增长行动，实施种养业废弃物资源化利用、无害化处理区域示范工程，推进水肥一体化、有机肥替代化肥、畜禽粪污处理、农作物秸秆综合利用、重金属污染耕地防控和修复。2015年，农业部制定了《到2020年化肥使用量零增长行动方案》，提出主要农作物肥料利用率力争达到40%以上。2016年，工业和信息化部制定了《石化和化学工业发展规划（2016—2020年）》（工信部规〔2016〕318号），鼓励开发高效、环保新型肥料，要求新型肥料比重提升到30%左右。

表2-4 近年来国家发布的与新型肥料相关的政策文件

年份	相关政策文件	相关内容
2006	国务院：《国家中长期科学和技术发展规划纲要（2006—2020年）》	重点研究开发环保型肥料、农药创制关键技术，专用复（混）型缓释、控释肥料及施肥技术与相关设备
2007	国务院："中央一号"文件	发展新型农用工业，优化肥料结构，加快发展适合不同土壤、不同作物特点的专用肥料、缓释肥料
2008	全国农技推广中心：《关于做好缓控释肥示范推广工作的通知》	各地要站在推进社会主义新农村建设，发展资源节约型、环境友好型农业的高度，充分认识做好缓控释肥推广工作的重要性和紧迫性，切实做好缓控释肥料的试验、示范和推广工作
2010	国务院：《石化产业调整和振兴规划》	重点发展高效复合肥料、缓控释肥料等高端产品，提高肥料利用率

续表

年份	相关政策文件	相关内容
2011	国家发展改革委：《产业结构调整指导目录》	鼓励优质钾肥及各种专用肥料、缓控释肥料的生产
2012—2018	国务院："中央一号"文件	突出农业科技创新重点，着力突破农业技术"瓶颈"，在新型肥料等方面取得一批重大实用技术成果，在保障粮食等重要农产品供给与资源环境承载力的矛盾日益尖锐的情况下，要加强农业面源污染治理和防治，支持化肥技术创新，加快高效安全肥料研发，启动高效缓释肥料使用补助试点。深入实施化肥农药零增长行动，实施种养业废弃物资源化利用、无害化处理区域示范工程，推进水肥一体化、有机肥替代化肥、畜禽粪污处理、农作物秸秆综合利用、重金属污染耕地防控和修复
2013、2016	农业部：《水肥一体化技术指导意见》和《推进水肥一体化实施方案（2016—2020年）》	提出发展水肥一体化的总体思路、目标任务和基本原则，推动水肥一体化技术的普及应用，提高水肥资源利用效率
2015	农业部：《到2020年化肥使用量零增长行动方案》	紧紧围绕"稳粮增收调结构，提质增效转方式"的工作主线，大力推进化肥减量提效、农药减量控害。明确要求适应现代农业发展需要，引导肥料产品升级，优化氮、磷、钾配比，促进大量元素与中、微量元素配合，大力推广缓释肥料、水溶肥料、液体肥料、叶面肥料、生物肥料等高效新型肥料
2015	工业和信息化部：《关于推进化肥行业转型发展的指导意见》	为落实《中国制造2025》有关部署，促进化肥行业转型升级，鼓励企业开发高效、环保新型肥料，支持水溶肥料等新型肥料产业化试点，加快调整优化产品结构，提升行业创新能力

续表

年份	相关政策文件	相关内容
2016	科技部、财政部、国家税务总局：《高新技术企业认定管理办法》	将新型肥料、农药纳入国家重点支持的高新技术领域，新型肥料、农药企业符合政策规定条件的，可以申请高新技术企业资格认定，并享受15%的企业所得税优惠税率
2016	工业和信息化部：《石化和化学工业发展规划（2016—2020年）》	鼓励开发高效、环保新型肥料，重点是增效肥料，缓（控）释肥料，水溶肥料，液体肥料，中、微量元素肥等。新型肥料比重提升到30%左右
2016—2020	农业农村部、科技部："化学肥料和农药减施增效综合技术研发"国家重点研发计划重点专项	通过化学肥料和农药高效利用机理与限量标准研究、肥料农药技术创新与装备研发、化肥农药减施增效技术集成与示范应用，构建化肥农药减施增效与高效利用的理论、方法和技术体系
2017	农业部、国家发展改革委、财政部等六部委：《东北黑土地保护规划纲要（2017—2030年）》	加快农业废弃物资源化利用，增施有机肥，实行秸秆还田
2017	农业部：修订《肥料登记管理办法》和《肥料登记资料要求》	实行部、省两级登记和备案管理，进一步简化肥料登记资料要求，减轻企业负担，有力推动新型肥料产业发展

化肥产品结构向高效化、专用化、功能化发展，是未来我国化肥行业实现结构转型升级、供给侧结构性改革的主要内容之一。新型肥料的发展较好地解决了肥料利用率、营养均衡、环境保护等问题，对我国化肥施用零增长和农业绿色可持续发展目标的实现具有重要的推动作用，符合我国化肥行业产品结构改革的方向。

2.5.2 平衡施肥效益显著

现代农业的发展需要肥料的创新，需要重视肥料供给的养分和数量两方面的平衡，既提高养分利用率，又提高农产品品质，并解决农业面源污染问题。事实证明，提高肥料利用率、精准配制营养均衡的肥料、采用科学施肥方式具有明显的社会经济效益。例如，在江苏北部沿海地区对水稻施用新型缓控释肥料，按照控制总氮量一致的原则应用包膜肥料、脲甲醛缓释肥料、酶抑制剂肥料、微生物肥料等新型肥料，与常规施肥相比，新型肥料效益显著，其中缓控释肥料使水稻在不同的生长阶段都能获得养分，增产约15%，且省时省工，规模化施用后效益将更加明显。

根据作物养分需求均衡营养施肥的效果显著，表2-5是若干种主要粮食和经济作物的专用均衡营养新型肥料在不同省份进行大面积试验的效果。结果表明，在施肥量减少，特别是大幅减少氮、磷、钾施用量的情况下，无论是粮食作物还是水果等经济作物都没有减产，甚至还能够相对提高单产。

表2-5 部分农作物专用均衡营养肥料的试验效果

农作物/试验地	施肥种类	施肥量/(kg/亩)	N/(kg/亩)	P_2O_5/(kg/亩)	K_2O/(kg/亩)	产量/(kg/亩)	肥料成本/(元/亩)
水稻/浙江、江苏	水稻营养肥 常规施肥	40~50 60~90	7~10.5 19~29	2.7~3 5~6	9 5	550~870 500~800	120~150 140~180
玉米/河北、山东	玉米营养肥 常规施肥	50~55 60~70	3.2~4 19.8~20.5	3~3.5 6~6.5	9~9.5 6~6.5	720 600	150~165 180~200
小麦/江苏	小麦营养肥 常规施肥	40~50 50~70	8~9 16~19	2~2.4 6.3	4.5~6 6.3	500 450	100~125 150
马铃薯/内蒙古	马铃薯营养肥 常规施肥	70~80 150~250	4.5~5 26~28.8	4~4.5 16.8~18	12~13 20.8~22	3 500 3 500	240~300 350~500
棉花/新疆	棉花营养肥 常规施肥	55~60 140~180	3.7~4 40~50	2.6~3 20~25	8~9 15~20	290~350 280~320	230~250 350~500

施用营养均衡的新型肥料能大幅减少氮、磷、钾的施用量,以水稻为例,仅纯氮的施用量就可以节省一半以上,也就是150 kg/hm²左右,可以折合尿素300 kg/hm²以上。我国每年种植水稻的面积约3 330万hm²,如果每公顷稻田减少施用300 kg尿素,就可以减少约1 000万t尿素。如果每种农作物施用氮肥量均能减少一半,节约的氮肥将十分可观,环境效益将十分显著。

2.5.3 新型肥料是生态农业的基础

近年来,随着我国改革开放的不断深入,党和政府非常重视"三农"问题,农村经济也得到了飞速发展。"农村土地流转""社会主义新农村建设""美丽乡村建设""田园综合体""乡村振兴计划"等一系列惠农政策的出台,给农业发展注入了巨大的活力。特别是"绿水青山就是金山银山"的理念,给农业发展指明了方向,为我国生态农业制定了目标。

过量使用单一化肥或复合肥料虽然能够提高农产品产量,但会带来农产品品质下降、土壤板结硬化、理化性质失衡、生态破坏等一系列问题,特别是每年因大量未被农作物吸收利用的肥料渗入地下导致地下水污染、流失到江河湖海导致水环境污染、挥发到空气中导致大气污染,严重威胁着城乡居民的生活环境和身体健康。伴随着我国人民生活水平的日益提高,人们对农产品安全、生活环境、自然环境以及人体健康的要求越来越高,对优质农产品、健康食品、绿色食品、良好的空气环境、优美的自然环境、美丽的居住环境的要求也越来越迫切。

1. 绿色健康食品

有观点认为,只有施用有机肥料才能生产绿色农产品,其实这种说法存在很大误区。如果不施用化肥而仅施用有机肥料,在粮食、蔬菜和水果等作物的快速生长期,其释放出的营养是远远不能满足这些农作物的需求的,因而会影响农作物的正常生长发育;而在农作物不需要较多营养的生殖生长阶段反而又释放出过多营养,影响了作物籽实或果实的灌浆和成熟。此外,全面施用有机肥料将面临供应量巨大和重金属残留等现实问题。粗略估算,如果要满足农作物的营养需求,每亩田至少需要施用1~4 t有机肥料,我国2017年年底的耕地面积有20亿亩,因此就全国范围而言就必须增加20亿~80亿t的有机肥料施用量,而我国2017年的有机肥料产量约为500万t,只能满足千分之一的供应量。除了供应量缺口巨大外,由于有机肥料的收集和运输成本较高,大范围使用对于粮食作物生产而言无疑成本过高。更严重的是,为了促进畜禽快速生长,养殖业通常在饲料中过量添加铜等重金属元素,因此我国养殖业(除草原自然放牧外)的鸡、猪、鱼等排泄物中均含有大量的铜离子,如果使用养殖业的粪便作为有机肥原料,则会对食品安全造成威胁。

绿色食品是现代社会所追求的食物标准,是指无机盐含量不超标、重金属含量不超标、农药或除草剂残留不超标的农产品。任何农作物的生长发育都离不开氮、磷、钾、钙、镁、硫、铁等化学元素,绿色农产品或无公害农产品不在于是否施用了化肥,关键在于是否科学地施用了化肥。即使施用了有机肥料或菌肥,其为农作物提供的营养物质仍然是降解后所释放的氮、磷、钾、钙、镁、硫、铁等矿物元素,其有机质中所含的淀粉、糖类、蛋白质类、氨基酸类以及脂类物质基本上都被微生物在繁殖过程中消耗殆尽,能够被农作物吸收利用的部分非常有限。因此,无论是化肥还是有机肥料,能够被农作物吸收利用的离子或小分子没有本质上的区别,如无土栽培所使用的营养液主要含有氮、磷、钾以及其他中、微量元素,不但可以大幅提高农作物产量,而且还能够大幅提高农产品品质,生产出无公害的绿色农产品。

所以,绿色食品与施用的肥料种类没有关系,关键是所生产出的农产品无机盐和重金属含量不超标,无农药和除草剂残留。无论是有机食品还是绿色食品,安全无毒副作用才是健康食品的基本标准。

2. 科学发展生态农业

无论是有机食品还是绿色食品,都是人们追求健康和高品质生活的美好愿望和物质需求。人类社会伴随着不断改变和增长的物质追求而逐步发展。人们对健康生活的追求愈加迫切,对食品的口感、风味和健康的要求也越来越高,因此给农业发展提出了新的课题,在有限的土地上生产出能够满足近14亿人生活需要的食品已经有一定的难度,再兼顾"有机""绿色""健康""安全"则难度更大。因此,我们不可能回到全面施用有机肥料的传统农业生产形态,也不能全面依靠传统化肥实现高产稳产，只有发展生态农业才符合新时代的发展潮流。

　　就生态农业而言，农业生产所施用的肥料应是高效、精准、生态型的。未来的农业将伴随着农业产业的科学化、标准化、精准化、信息化和智能化发展进入生态农业时代，也就是所有的新产品、新设备以及新技术都将融入符合自然规律的生态农业发展范畴。未来的农业将更加生态、环保、高效和可持续，未来的农产品也将更加绿色、美味、安全和利于身体健康，未来的生态环境必将更加美丽、宜人并适于万物共存。

参 考 文 献

[1] 安迪，杨令，王冠达，等. 磷在土壤中的固定机制和磷肥的高效利用[J]. 化工进展，2013，32（8）：1967-1973.

[2] 陈昂. 缓释氮肥丁烯叉二脲的制取[J]. 化肥工业，1984（3）：28，49-50.

[3] 陈德明，王亭杰，雨山江，等. 缓释和控释尿素的研究与开发综述[J]. 化工进展，2002，21（7）：455-461.

[4] 龚雪飞. 测土配方施肥技术应用现状与趋势[J]. 中国农业信息，2013（5）：96.

[5] 郭义恭. 广志[M]. Kindle 电子书，2016.

[6] 郭志刚，韦杏花，沈补根. 水稻均衡营养肥对杂交稻生长发育的影响及养分吸收特性[J]. 中国稻米，2017，23(5)：54-57.

[7] 郭志刚，韦杏花，沈补根. 新型水稻专用配方肥施用效果及施肥方式研究[J]. 中国稻米，2017，23（1）：46-50.

[8] 国家统计局. 第一次全国污染源普查公报[EB/OL].［2010-02-11］. http：//www.stats.gov.cn/tjsj/tjgb/qttjgb/qgqttjgb/201002/t20100211_30641.html.

[9] 国家统计局. 中国统计年鉴2018［M］. 北京：中国统计出版社，2018.

[10] 黄照愿. 科学施肥（第二次修订版）［M］. 北京：金盾出版社，2007.

[11] 金亮，周健民，王火焰，等. 石灰性土壤肥际磷酸一铵的转化及其机制探讨［J］. 中国土壤与肥料，2008（6）：5-10.

[12] 康宗利,刘延吉,杨玉红.增效剂和腐植酸肥料对番茄产量和品质的效应[J].北方园艺,2006(2):4-6.
[13] 李代红,傅送保,操斌.水溶性肥料的应用与发展[J].现代化工,2012,32(7):12-15.
[14] 李方敏,樊小林,张桥,等.控释肥料的制造工艺及包膜的结构特征[J].磷肥与复肥,2005,20(5):47-48.
[15] 李平,王文合.不同缓(控)释肥料在玉米种植上的应用与研究[J].基层农技推广,2016(10):23-26.
[16] 李仲春.我国农业面源污染现状及防治对策[J].现代农业科技,2012(14):213-214.
[17] 梁燕勋,董俊贤.论蔬菜安全问题与化肥污染[J].时代报告(学术版),2015(2):285.
[18] 刘立新.腐植酸在植物营养元素上的作用[J].腐植酸,2002(2):14-16.
[19] 刘永辉,王亭杰,阚成友,等.聚合物乳液包膜控释肥料技术研究进展[J].化工进展,2009,28(9):1589-1595.
[20] 毛小云,李世坤,廖宗文.有机-无机复合保水肥料的保水保肥效果研究[J].农业工程学报,2006,22(6):45-48.
[21] 孟子.孟子[M].方勇,译注.北京:中华书局,2010.
[22] 农业部.科学施肥促进肥料利用率稳步提高 我国肥料利用率达33%[EB/OL].[2013-10-11].http://www.moa.gov.cn/fwllm/qgxxlb/hn/201310/t20131011_3626389.htm.
[23] 邱君.我国化肥施用对水污染的影响及其调控措施[J].农业经济问题,2007(SI):75-80.
[24] 万连步,张晓义,徐恒军.一种包膜控释肥连续式生产方法和装置:101391923A[P].2009-03-25.
[25] 汪家铭.水溶肥发展现状及市场前景[J].氮肥技术,2011,32(5):27-31.
[26] 王薇,李东坡,王术,等.缓/控释尿素在稻田土壤中养分释放与转化特点及脲酶响应[J].水土保持学报,2010,24(2):116-121,145.
[27] 姚俊杰,王亭杰,潘健平,等.用聚合物乳液为包膜剂制备缓释尿素[J].化工进展,2005,24(6):666-670.
[28] 姚俊杰.包膜缓释尿素制备及释放机理研究[D].北京:清华大学,2005.
[29] 佚名(春秋).诗经[M].南京:江苏凤凰美术出版社,2017.
[30] 张北赢,陈天林,王兵.长期施用化肥对土壤质量的影响[J].中国农学通报,2010(26):182-187.
[31] 张民,史衍玺,杨守祥,等.控释和缓释肥的研究现状与进展[J].化肥工业,2001,28(5):27-30,63.
[32] 张文学,孙刚,何萍,等.脲酶抑制剂与硝化抑制剂对稻田氨挥发的影响[J].植物营养与肥料学报,2013(6):1411-1419.

[33] 周霞萍. 腐植酸应用中的化学基础[M]. 北京：化学工业出版社, 2007：170-197.

[34] 朱孔志, 陈锦珠, 杨世才, 等. 新型缓控释肥料在苏北沿海地区水稻上的应用效果研究[J]. 现代农业科技, 2018(4)：2-3.

[35] Azeem B, KuShaari K, Man Z B, et al. Review on materials & methods to produce controlled release coated urea fertilizer[J]. Journal of Controlled Release, 2014(181)：11-21.

[36] Bauer S E, Tsigaridis K, Miller R. Significant atmospheric aerosol pollution caused by world food cultivation[J]. Geophysical Research Letters, 2016, 43(10)：5394-5400.

[37] Burt C, Connor K O, Ruehr T. Fertigation[M]. San Luis Obispo, CA：Irrigation training and research center, California PolytechnicState University, 1998：106.

[38] Costa M M E, Cabral-Albuquerque E C M, Alves T L M, et al. Use of polyhydroxybutyrate and ethyl cellulose for coating of urea granules[J]. Journal of Agricultural and Food Chemistry, 2013, 61(42)：9984-9991.

[39] Davidson D, Gu F X. Materials for sustained and controlled release of nutrients and molecules to support plant growth[J]. Journal of Agricultural and Food Chemistry, 2012, 60(4)：870-876.

[40] Donida M W, Rocha S C S. Coating of urea with an aqueous polymeric suspension in a two-dimensional spouted bed[J]. Drying Technology, 2002, 20(3)：685-704.

[41] Fujita T, Takahashi C, Ohshima M, et al. Method for producing coated fertilizer：US, 4019890[P]. 1977-04-26.

[42] Geng J, Ma Q, Chen J, et al. Effects of polymer coated urea and sulfur fertilization on yield, nitrogen use efficiency and leaf senescence of cotton[J]. Field Crops Research, 2016, 187：87-95.

[43] Huang R J, Zhang Y, Bozzetti C, et al. High secondary aerosol contribution to particulate pollution during haze events in China[J]. Nature, 2014, 514(7521)：218.

[44] Ibrahim K R M, Babadi F E, Yunus R. Comparative performance of different urea coating materials for slow release[J]. Particuology, 2014, 17：165-172.

[45] Ko B S, Cho Y S, Rhee H K. Controlled release of urea from rosin-coated fertilizer particles[J]. Industrial & Engineering Chemistry Research, 1996, 35(1)：250-257.

[46] Liebig J. Organic chemistry in its applications to agriculture and physiology[M]. London：Printed for Taylor and Walton, 1840：254.

[47] Naz M Y, Sulaiman S A. Slow release coating remedy for nitrogen loss from conventional urea：a review[J]. Journal of Controlled Release, 2016, 225：109-120.

[48] P Heffer, M. Prud'homme. Fertilizer outlook 2016-2020 [C]. Moscow: The 84th IFA Annual Conference, 2016.

[49] Riddick S, Ward D, Hess P, et al. Estimate of changes in agricultural terrestrial nitrogen pathways and ammonia emissions from 1850 to present in the Community Earth System Model [J]. Biogeosciences, 2016, 13(11): 3397.

[50] Sadlowski M, Grzmil B U, Lubkowski K, et al. Separation of urea adducts in the analysis of complex mineral fertilisers [J]. Chemical Papers, 2016, 70(3): 315-324.

[51] Shirley Jr A R, Cochran K D, Lynch T B, et al. Multi-stage process for continuous coating of fertilizer particles: US, 5211985 [P]. 1993-05-18.

[52] Sneh M. The history of fertigation in Israel [M]. Haifa, Israel: Dahlia Greidinger International Symposium on Fertigation, 1995: 1-10.

[53] Thompson H E, Kelch R A. Encapsulated slow release fertilizers: US, 005089041 [P]. 1992-02-18.

[54] Tsunehisa S, Yasuyuki N. Coated granular fertilizer: JP, 04016581 [P]. 1992-04-01.

[55] Warner J X, Dickerson R R, Wei Z, et al. Increased atmospheric ammonia over the world's major agricultural areas detected from space [J]. Geophysical research letters, 2017, 44(6): 2875-2884.

[56] Wurster D E. Method of applying coatings to edible tablets or the like: US, 2648609 [P]. 1953-08-11.

[57] Yang Y, Zhang M, Li Y, et al. Improving the quality of polymer-coated urea with recycled plastic, proper additives, and large tablets [J]. Journal of Agricultural and Food Chemistry, 2012, 60(45): 11229-11237.

[58] Zhao C, Shen Y, Du C, et al. Evaluation of waterborne coating for controlled-release fertilizer using wurster fluidized bed [J]. Industrial & Engineering Chemistry Research, 2010, 49(20): 9644-9647.

第3章

农用地膜、棚膜及其覆盖技术

3.1 农用地膜覆盖技术

为了提高作物产量，特别是干旱和高寒地区的作物产量，需要对土壤进行保温保墒，创造适宜作物生长的环境。农用地膜覆盖技术可以同时实现增加地温和防止水分蒸发的作用，因而可以在高寒地区实现提前播种、在干旱地区保持土壤墒情，不仅提高了作物产量，也有助于跨地区作物种植。

3.1.1 农用地膜覆盖技术的发展与现状

20世纪中期，农用地膜覆盖技术得以开发并逐渐得到应用，在90年代以后获得迅猛发展，特别是在我国广阔的国土上得到普遍应用，从海南到漠河、从东海之滨到青藏高原都能见到地膜的应用。农用地膜覆盖技术使农业的生产方式发生了巨大的变化，是农业生产的一场白色革命。

1. 国外地膜覆盖技术

日本是研究农用地膜覆盖技术最早的国家之一，并于20世纪中期首先实现应用。20世纪50年代初，日本在地膜材料的研发方面取得重要进展，可以生产符合农业使用需求的强度高、透光性好且价格低廉的塑料地膜材料，并率先在草莓种植上开始试验地膜覆盖技术。之后的十余年，研究者又对洋葱、甘薯、烟草、番茄、花生、陆稻等多种作物开展了地膜覆盖栽培试验，取得了显著的增产效果，并很快在春菜、夏菜、秋菜、花生、玉米、水稻、甘薯、马铃薯、大豆等作物上进行推广应用。日本对与地膜覆盖相关的科学与技术问题都有比较深入的研究，包括地膜覆盖条件下环境因素的变化，作物生长发育的影响，土壤物理、化学性质的变化，覆盖的方法和具体栽培技术措施，以及覆盖栽培的机械化等。大面积的生产应用和多年的科学研究证明：地膜覆盖栽培在调节地温、防止干燥、避免肥料流失、提高土壤肥效、防止土壤板结、减轻病害、抑制杂草生长、促进作物生长发育和早熟高产方面均有良好作用。截至1977年，日本旱作物覆盖面积已达20万hm^2，约占全部旱作物栽培面积的1/6。

日本在功能性农用地膜的研究中成绩斐然，开发了普通透明地膜、黑色膜、黑白条膜、银线膜、绿色膜、混铝膜、镀铝膜、有孔膜、切口膜、蓝光膜、黑白双面膜、银黑双面膜等,并在农业生产中普及应用。20世纪80年代以后,日本又开发出有避蚜防病功能的"KO"系特殊地膜、微孔膜、配色地膜、多孔质纤维材料及降解膜、肥效地膜等系列新材料,充分满足了不同地区、不同季节、不同作物及不同栽培目的的地膜覆盖需求,促进了地膜覆盖栽培技术的进步。

出于环境保护的考虑,日本政府对地膜使用的监督管理相当严格,废弃后的地膜不允许焚烧,也不允许弃于田间,须交给有资质的专业回收机构进行统一处理,并交纳一定数额的处理费。与此同时,日本对生物降解地膜的研究和开发也给予了极大的关注,由企业、学校等57个部门联合成立了生物降解性塑料研究会,开展生物降解地膜的合成与应用研究,并尝试研发不同类型的纸质地膜以替代塑料地膜。日本从事农业生产的人员不多,且以中老年人为主,这也进一步提高了农业生产的成本。为了降低成本,日本农户十分注意节约资源和保护环境,塑料地膜(较厚的中膜)一般要使用3~4次,并支持以不需要回收的环保型地膜替代传统不可降解的塑料地膜。

除日本外,美国、法国、德国、意大利等国家在地膜覆盖技术的研究、应用及覆盖材料的开发方面也取得了重要进展。美国虽然在覆盖作物的种类与面积上不及日本,但在地膜覆盖栽培技术的研究及新覆盖材料的研发方面也做了大量工作,如研究应用了改变地面覆盖小气候和土壤条件的农口保苗覆盖膜、加入杀菌剂后制成的防病杀菌膜、使用后可破碎成能被植物吸收利用的农用地膜,还有能在自然环境中分解的由纤维素材料组成的多孔性薄膜片——地膜覆盖片,可保护种子及土壤不受侵蚀。2000年,法国的地膜覆盖面积达到10万hm^2,每年需要更新6 000 hm^2的农用地膜,覆盖作物主要为蔬菜和花卉。意大利从1965年起就将地膜覆盖栽培技术应用在草莓、菠萝、烟草、咖啡等经济价值较高的作物生产上。

地膜覆盖栽培技术原仅限于在半干旱地区应用,但后来在欧洲水源丰富的地中海沿岸国家也被大量采用。英国于1978—1980年在试验中用塑料地膜覆盖马铃薯,实现了马铃薯早熟增产。苏联在低温干旱的早春季节会采取小面积的覆盖,主要是为了提高地温、保持水分。法国于1961年首先在数百平方米的黄瓜地上采用地膜覆盖栽培技术，10年后将覆盖面积发展到2 500 hm²，作物种类有黄瓜、番茄、草莓等。

据国际农用塑料委员会的资料统计，其成员国每年约将100万t塑料用于农业生产。其中，用于地膜生产的占70%～80%，且覆盖面积逐年增加。为了解决常规塑料地膜增温过高、不渗水、土壤污染严重的缺点，从20世纪70年代初各国研究者就开始着眼于开发降解性塑料地膜。目前，许多国家都在这方面投入了大量的人力、物力。美国是此项研究的主要国家之一，以美国马萨诸塞大学（University of Massachusetts Lowell）为首的聚合物降解联合体（PDRC）联合了几十家研究所和大学，指导生物降解塑料地膜的大规模研究以加速产品试验和评价方法的研究与完善。在欧洲，生物降解塑料地膜的研究开发也发展得很快，欧盟投入巨资进行跨国境的联合研究和开发。迄今为止，塑料地膜覆盖技术已成为世界上应用面积最广且行之有效的节水保墒技术。

2. 我国地膜覆盖技术

1978年，我国首次从日本引进了塑料地膜技术，并在黑龙江和山西两省进行了44 hm²的地膜覆盖栽培试验，获得了增产30%～50%的显著效果。1980年，该试验扩大到1 666.7 hm²。1981年，我国利用国产低密度聚乙烯（LDPE）树脂生产地膜，并进行了多种作物的栽培试验，最初应用于蔬菜，1982年扩大到棉花、花生，1983年对西瓜、甘蔗、烟草等40多个品种的经济作物进行了覆盖试验，均获得成功。自此，从北方到南方、从低海拔的沿海平原到高海拔的高寒山区，农用地膜覆盖技术迅速得到了推广，在我国的农业生产上引起了一场"白色革命"，每年以15%～20%的速度在全国扩大。1998年，我国地膜的覆盖面积达到660多万hm²，其中，用于玉米的为380万hm²，使之增产超过1 500 kg/hm²；用于小麦的为57万hm²，使之增产1 200 kg/hm²。据统计，1982—1994年，我国因使用塑料地膜栽培技术累计增产粮食264.2亿kg、棉花21.0亿kg、花生35.5亿kg、糖料65.5亿kg、蔬菜208.9亿kg，这12年的农作物增产总量相当于扩大播种面积666.7万hm²。

近年来，我国地膜覆盖理论和技术有了较大的突破和创新，如出现了黑膜或白膜覆盖、全膜或半膜覆盖、阶段性或全生育期覆盖、双垄沟或小垄覆盖、地下覆盖、微孔膜、光降解膜、生物降解膜等。严昌荣等的调研指出，我国农用地膜的使用面积和强度正在不断提高。根据2000—2011年农用地膜覆盖面积的统计数据，我国农作物地膜覆盖面积一直保持持续的增长态势，2000年农作物覆盖面积仅为1 062万hm²，2003年达到1 196万hm²，2005年上升到1 351万hm²，2008年进一步达到1 530万hm²。截至2017年，我国农用地膜覆盖面积已达到1 866万hm²，是2000年覆盖面积的1.76倍。农用地膜的使用强度（单位面积地膜使用量）也在不断提高：1991年，全国地膜使用强度均小于7.0 kg/hm²；2001年，出现了北京、山东、新疆三个地膜使用强度超过13.0 kg/hm²的地区，而且很多其他地区的使用强度也超过了7.0 kg/hm²；2001年以后，使用强度超过13.0 kg/hm²的地区进一步增多。

大面积和高强度使用塑料地膜，虽然提高了农作物的产量，但其残留问题同样不容小觑（图3-1）。为了降低覆盖成本，我国地膜生产企业开始生产4 μm的农用地膜，并大量使用。由于聚乙烯（PE）不耐光、易老化，使用后强度急剧降低并破碎成小块残存在土壤中。随着地膜使用面积和强度的不断提高，其残留污染将

图3-1　地膜残留污染

越发严重，一方面是由于现阶段我国农户对残留地膜污染的危害认识有限，缺乏环保意识；另一方面是由于当前的残膜回收技术简单，只依靠人工或简单的机械回收，劳动强度大且回收效果不佳，并不能满足实际的回收需求，同时降解地膜等替代产品技术不够成熟或价格较高，无法在市场上与传统的不可降解地膜形成有效的竞争。为了规范地膜的使用、减少环境污染，从2018年5月起，超薄地膜被限制生产与使用。

残留地膜会造成多方面的问题：

一是不利于农业生产。地膜残留在土壤中会对土地的理化性质造成复杂的影响，有很多学者对此进行了系统性的研究。老化后的地膜力学性能下降，易发生破损，会以薄膜的状态长期存留于土壤中。由于地膜本身的阻隔性能良好，残留在土

壤中的地膜会影响土壤中水分和肥料的运动，进而影响作物的生长发育。残膜污染对玉米生长发育影响的研究表明，其对玉米茎粗的影响在苗期、拔节期和成熟期较为显著，残膜量越大，玉米茎粗越小；同时，玉米产量也会随着土壤中残膜量的增多而近乎线性地减小。新疆棉花试验也表明，残留的地膜会影响棉花的出苗与生长，而且还会降低棉花的抗旱能力，导致棉花产量减少。地膜残留在土壤里，有时会堵塞播种机，使播种不匀，缠在犁头上还会影响耕地和整地质量。另外，残膜可能混入青草或农作物秸秆中而被牛、羊等家畜误食，影响其胃肠功能，甚至会导致其因厌食或进食困难而死亡。

二是会造成环境污染。地膜残片被风吹起悬挂在田间地头，易造成严重的感官污染，甚至会被野生动物误食，影响生态平衡。同时，残留的地膜可能会混入秸秆内被一起焚烧，其中含有的多种添加剂在燃烧时会产生一氧化碳等有毒气体，造成大气污染。其他残存在土壤中的地膜会随着时间的推移在自然环境中风化、降解为微小的塑料颗粒，这种塑料微粒危害极大，研究表明，平均每10 g人类粪便就可以检出20颗塑料微粒，而且这些微粒可能会进入血液和淋巴系统，小部分进入肝脏，还可能对肠道造成损害。塑料微粒对人体健康的具体影响目前还在研究中。

综上可知，地膜残留已成为一个日益严重且危害深远的环境污染问题，已经引起社会各界的高度重视并在以下多个方面开展了工作。

一是系统性地研究残留地膜（包括塑料微粒）的时空分布特点及其主要危害，为残留地膜污染的治理工作提供理论依据。仅2018年，就有20余篇中文文献研究了新疆、山东、陕西、四川、福建等地的地膜残留现状，并分析了残膜污染对不同种类作物生长的影响。

二是开发残留地膜回收技术，设计先进、高效的地膜回收机械，降低地膜回收成本。目前大量使用的聚乙烯地膜（PE地膜）由于自身强度和耐老化性不足，使用后易破裂，造成机械或人工回收困难。因此，华南理工大学瞿金平院士的团队通过在PE地膜内添加抗氧化剂以及采用特殊挤出工艺，实现了地膜的高稳定性及高强度，其在新疆地区的试验表明，使用后机械回收率可以达到95％以上。

三是研发不会对环境造成污染的可降解地膜，并改善可降解地膜的性能和生产工艺，在保证其使用效果与传统塑料地膜相当的同时，成本也尽量接近。

四是政府有关部门出台相关政策并开展环保宣传，引导农户对残留地膜进行有效回收或使用新型可降解地膜替代传统的不可降解塑料地膜。为了提高残膜的回收效率，一方面应使用地膜强化技术，使其不易破碎，降低回收难度；另一方面应开发残膜回收技术，用机械化回收替代人力回收。地膜强化技术包括添加抗氧化剂以减缓地膜老化的过程，双向拉伸提高地膜强度等；残膜回收技术方面，我国已开发了农作物苗期前地膜回收机械、农作物收割后地膜回收机械与农作物播种前地膜回收机械等多种残膜回收机械，还需进一步提高残膜分离技术并丰富回收机械种类。

3.1.2 农用地膜覆盖增产原理

农用地膜覆盖可以显著改变农作物根系附近的微环境，包括土壤中的水肥含量与分布、土壤温度、土壤呼吸，从而间接影响土壤中的微生物活性和酶活性，这些因素都会对农作物的生长造成影响。农用地膜对农作物生长的影响大部分是有利的，但也有研究发现，如果地膜使用的方法有误也会给农作物的生长带来负面影响，导致其减产。

1. 地膜覆盖对土壤水分的影响

地膜覆盖对土壤水分的影响主要来自高分子材料对于水分的物理阻隔作用。在没有地膜覆盖时，阳光辐射使土壤表层温度升高，水分挥发，同时空气流动会将这些水蒸气带走，进一步加剧土壤中水分的流失；而在有地膜覆盖时，地膜在大气与土壤间形成物理阻隔，土壤中的水分蒸发抵达地膜下表面后无法透过，积聚在地膜与土壤表面之间，且地膜上表面的空气流动也无法带走下表面的水分，从而使土壤和地膜之间的空气湿度显著提高，甚至会在地膜下表面凝结成水珠滴落或流下，重新回到土壤中。

研究表明，不同降水年份地膜覆盖对土壤水分的影响也不尽相同。就0～20 cm的表层土壤而言，在降水相对充沛的年份，V6期（6叶期）地膜覆盖的土壤与未覆盖的土壤相比含水量没有显著性差异，在R1（吐丝期）和收获时地膜覆盖的土壤含水量比未覆盖的土壤分别要高27.7%和7.4%。而在相对干旱的年份，V4期（4叶期）地膜覆盖的土壤含水量比未覆盖的土壤高63.6%，R1期和收获时分别高53.7%和64.2%。由此可见，在降水匮乏的年份或广大干旱地区，由于大气湿度低，如果没有地膜覆盖，在土壤和农作物的蒸腾作用下，土壤含水量会显著下降；而地膜覆盖可以有效减少土壤表层水分的流失，保持更多的水分供农作物吸收，从而保证了农作物的生长和丰收。在降水充沛的年份，由于土壤获得的雨水补充比较多，且天气湿度大、气温低，土壤蒸腾作用较弱、含水量较高，突降暴雨时可能会出现水量时间分布不均的现象；而地膜覆盖的土壤，在突降暴雨时受地膜的物理阻隔在一定程度上可以延缓雨水进入土壤，而在暴雨过后的晴天又可以延缓水分的挥发，从而使水量时间分布更加均匀，有利于农作物的生长。综上所述，地膜可以将土壤表层含水量保持在一个适于农作物生长的范围内，使其不易因缺水而干枯，也不易因雨水过多被涝，改善了降水的时间不均匀性。在过于干旱的地区，配合膜下滴灌技术，可以在保证农作物正常生长的同时减少用水量。

地膜在改变土壤表层水分含量的同时，还会间接影响水分在土壤中纵深 2 m 内的含量分布，进而又会影响到土壤中的水分和溶解在水中的无机盐的运动方向，在干旱地区可以在一定程度上减轻盐渍化问题。此外，其他更为复杂的影响在此就不再赘述。

2. 地膜覆盖对土壤温度的影响

除了改变土壤的水分含量，地膜覆盖对土壤温度也有显著的影响，主要包括对土壤日均温度和一日之内土壤温度变化规律的影响。

就日均温度而言，地膜覆盖可以显著提高土壤温度。这是由于地膜一方面降低了土壤表面和大气之间的空气对流，起到了保温作用；另一方面土壤水分在光照下蒸发时又凝结在地膜的内表面，释放相变热，同时太阳光穿过地膜后，土壤吸收了一部分热量，又对反射光线有一定的拦截作用。从图3-2中可以看出，M（覆盖地膜）土壤日均温度要显著高于CK（对照组）土壤日均温度，而CK土壤日均温度更高于气温。由于大气的平均温度是低于地温的，因此地膜对空气对流的阻隔可以减少土壤中的热量向大气散失，从而保持较高的温度。在农作物发育前期增温效

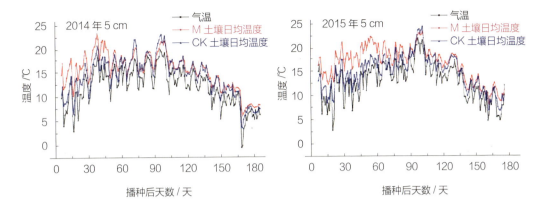

图3-2 2014年和2015年气温和处理5 cm深处土壤日均温度的变化

(图片来源：孔猛《半干旱黄土区地膜覆盖对玉米生长及土壤生态环境的影响》)

果显著，可以提高土壤平均温度2~3℃。这种适度的升温可以提高农作物细胞酶活性，加快农作物的生长发育，使其提早成熟。同时，对于寒冷地区，可以提早播种，增加作物的生长期，提高作物产量。

就土壤的日均温度变化而言，地膜的影响则更加有趣。如图3-3所示，在播种后0~57天，覆盖地膜在全天内的增温效果都十分显著，而播种后58天到收获期间的日均增温则不显著，但呈现出夜间保温、日间抑制气温增长的作用。要解释这种现象，需要从传热方式的角度进行考虑。众所周知，热传递方式有三种，包括热传导（主要是固体间的热量从高温传向低温）、热对流（空气或液体流动带动热量传递）、热辐射（热量以光、微波的形式传递）。对于热传导，只发生在表层土壤和深层土壤之间，其相对影响较小。在白天，阳光强烈，热辐射占主导地位，在阳光照射下土壤温度升高；在夜间，对流传热占主导，由于大气温度低，土壤会在辐射和对流的作用下向大气中散热。而地膜覆盖可以在土壤和大气之间形成物理阻隔，有效降低土壤对大气的对流散热，同时由于塑料地膜的导热系数低，其热传导散热量也较低；此外，如上文所述，地膜覆盖对辐射传热也有加强效果。两种传热效应均导致地膜覆盖下的土壤温度升高，如图3-3所示，任何时段地膜覆盖下的土

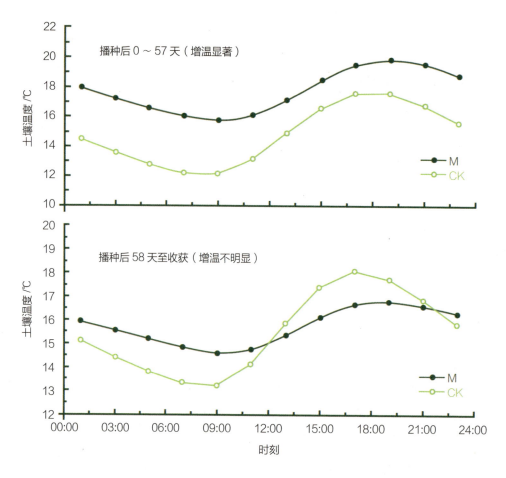

图3-3 2014年不同时期各处理 15 cm 深土壤温度日变化

(图片来源：孔猛《半干旱黄土区地膜覆盖对玉米生长及土壤生态环境的影响》)

壤温度都有显著提高。那么，为何在播种57天之后这种规律被打破了呢？关键在于播种57天后，伴随着农作物的生长，农作物高于地膜的枝干越来越茂盛，尤其是有地膜覆盖的农作物，高度已经超过了50 cm，枝繁叶茂遮挡了阳光，阻碍太阳向土壤进行辐射传热。这时，白天的辐射传热成为配角，对流传热占据主导作用。如上文中一再强调的，地膜对对流传热有阻碍作用。白天的大气温度较高，可以通过对流作用向土壤传热，而地膜却阻碍了这个过程，因此我们在图3-3中看到，白天地膜覆盖下的土壤温度要低于无覆盖的土壤温度，而夜间由于大气温度低，地膜覆盖下的土壤温度则高于无覆盖的土壤温度。

综上所述，地膜覆盖在农作物生长发育初期，可以在全天时段内有效提高土壤温度，而适度增温可以提高作物细胞中酶的活性，促进作物生长发育、提早成熟；在农作物生长发育后半期，地膜覆盖则可以在一定程度上提高土壤平均温度并改善土壤中热量时间分布的不均匀性，有利于植物的继续生长并提高收成。

3. 地膜覆盖对土壤的其他影响

地膜覆盖还会对土壤养分和土壤中的微生物环境造成影响。

研究表明，地膜覆盖后土壤中有机碳的含量变化不显著；施肥后，硝态氮含量先升高后降低，地膜覆盖的土壤硝态氮含量显著高于未覆盖地膜的土壤，且在作物快成熟时迅速降低，回到未覆盖地膜的同一水平；对于施加的速效磷肥，地膜覆盖的土壤磷肥含量显著低于未覆盖的土壤，可能与作物生长时根系对磷肥的吸收利用有关；地膜覆盖对土壤的全氮和全磷含量没有显著影响。

平均颜色变换率（AWCD）曲线可以指示土壤中微生物的整体活性，地膜覆盖显著提高了微生物的整体活性，与此同时还改变了农作物生长期内微生物活性的变化规律。地膜覆盖土壤中的微生物在农作物不同生长期内的整体活性顺序为苗期＞大喇叭口期＞收获期＞吐丝期，而无地膜覆盖土壤中的微生物的整体活性顺序则为大喇叭口期＞收获期＞吐丝期＞苗期，顺序几乎发生了颠倒。造成这种现象的原因和对农作物的影响还有待进一步的研究揭示。香农（Shannon）指数可以反映微生物群落物种变化度和差异度，并用来评价群落的物种丰富度。在苗期，地膜覆盖土壤的Shannon指数显著高于无地膜覆盖的土壤，而在大喇叭口期、吐丝期、收获期则差异不显著。

3.1.3 农用地膜的分类与功能

经过了几十年的发展，传统塑料地膜的生产工艺已经非常成熟，新型可降解地膜的生产工艺也在逐渐成熟并进入市场。经过长期发展与不断进步，科技人员和农事工作者研制了种类繁多的功能化地膜，以满足不同气候环境和不同种类农作物的覆盖需求。对于地膜的分类，目前并无统一认可的方法，人们通常根据不同的原则，如原料来源、化学组成、降解的引发条件等进行分类：根据来源，可分为化石基地膜和生物基地膜；根据降解性，可分为不可降解地膜和可降解地膜，其中不可降解是一个相对概念，通常把环境降解极其缓慢的普通PE地膜等归为该类。

1. 不同基材的地膜

本书依据地膜的降解性来介绍不同种类的地膜。地膜一般由一种材料为主要成分，再配合多种添加剂制备而成，其中作为主要成分的材料被称为基材，一般为高分子材料，包括人工合成高分子材料和天然高分子材料。地膜的力学性能和降解性能主要由基材决定，为了降低成本，农用地膜一般非常薄，这就要求基材有足够的强度和韧性，以保证在使用过程中不易破损。根据地膜基材的降解性能，可以将地膜分为不可生物降解地膜、可降解地膜和可完全降解地膜等。

（1）不可生物降解地膜

目前广泛使用的地膜是采用人工合成高分子制得的薄膜，根据膜厚以及原材料的不同可以选用压延或吹塑成膜工艺。要制得厚度薄且均匀、性能良好的地膜，需要材料在加工时具有良好的熔融流动性能，在冷却固化后具有足够的强度和韧性。常用的材料包括聚氯乙烯（PVC）、低密度聚乙烯（LDPE）和线型低密度聚乙烯（LLDPE）。这类地膜由于结构稳定，完全被环境消纳需要很长时间（通常在土壤中达到100年以上）。

PVC地膜具有机械强度高、弹性好、抗老化性能好等优势，保水、保温性能良好，在我国农业生产上应用时间最长。PVC原料可以来自石油化工和煤化工，通过聚合技术实现产品制备并控制产品质量。PVC材料的熔融流动性不好，制品也硬而脆，要制成弹性好的薄膜需要在其中加入大量的增塑剂。通常所选用的增塑剂为邻苯二甲酸酯类，由于其为小分子增塑剂，存在易迁移导致地膜性能脆化的问题，如果选用的不是环境友好型的增塑剂，就会对环境造成一定影响。同时，由于PVC本身含有大量的氯元素，其废膜如果采用不恰当的简单焚烧方式处理会产生有毒气体，对环境产生较大危害。目前，PVC地膜已经很少使用了。

PE地膜（图3-4）与PVC地膜相比，具有质轻、制备工艺简单等优势，且不含增塑剂，没有因增塑剂渗出导致的环境影响。PE材料又可以分为LDPE和LLDPE。LDPE是由乙烯在高压下发生自由基聚合反应制得的，具有较多的长链支化结构，影响其结晶，因此密度相对较低且韧性较

图3-4　PE地膜

好；LLDPE则是由乙烯与少量α-烯烃（约8%）共聚制得的，在线型聚乙烯主链上带有短小的共聚单体支链。与LDPE相比，LLDPE具有强度高、韧性好、刚性强、耐热、耐寒等优点，还具有良好的耐环境应力开裂、耐撕裂强度高等性能，并可耐酸、碱、有机溶剂等。但与PVC地膜相比，PE地膜仍存在机械性能和抗老化性能较差的缺点。在紫外线（UV）的照射下，PE的支化点容易产生自由基，进而发生氧化反应，导致强度下降。由于农业生产中使用的大部分PE地膜较薄，厚度在10μm以内，强度降低后极易破损，一般作为一次性使用，破损后碎成的小块残留在土壤中难以回收，从而易造成残膜污染。

工业上生产LLDPE的方法通常是在反应釜中加入一定比例的线型α-烯烃共聚单体，如1-己烯、1-辛烯、1-癸烯等，再通入乙烯（C_2H_4）进行二元或三元共聚。近年来，原位共聚法成为LLDPE生产领域中备受关注的热点之一。所谓原位共聚法是在反应体系中以C_2H_4为唯一原料，利用齐聚催化剂让C_2H_4单体首先齐聚为α-烯烃，然后（或同时）加入共聚催化剂，使之与C_2H_4单体原位共聚制备出LLDPE：

$$C_2H_4 \xrightarrow[C_2H_4齐聚反应]{齐聚催化剂} \alpha\text{-烯烃} \xrightarrow[C_2H_4共聚反应]{共聚催化剂} LLDPE$$

采用原位共聚法可以简化生产工艺，大大降低生产成本。利用这种方法还可以

通过改变齐聚催化剂与共聚催化剂的组合、配比及加入方式，反应温度，助催化剂用量等反应条件，达到对聚合物进行分子剪裁并调控产品结构与性能的目的。

（2）可降解地膜

为了减轻残膜污染，人们在不断努力，先后开发了包括光降解地膜、氧化降解地膜、生物崩解型地膜、光-生物双降解地膜等多种可降解地膜。图3-5给出了可降解高分子材料的分类。

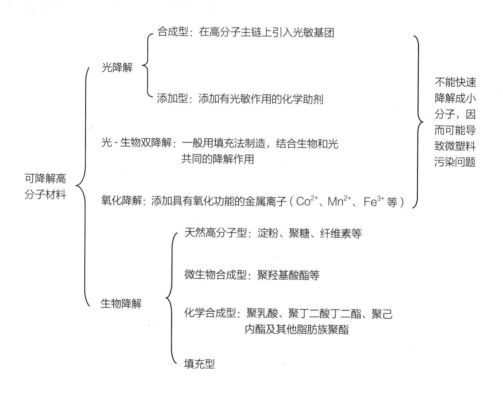

图3-5 可降解高分子材料分类

①光降解地膜

为了解决感官污染问题，人们开发了光降解地膜。通过光催化降解使膜片破碎，以消除地表、灌木和草丛上的塑料膜类材料的感官污染。光降解地膜包括将光敏基团直接聚合到聚合物分子链上的乙烯—一氧化碳共聚物、乙烯-乙烯基酮共聚物等，但是这类地膜一旦埋到土壤里降解速度就会很慢或者不再降解，从而导致土壤的污染。

合成型的光降解塑料是在高温、高压作用下将乙烯与一氧化碳共聚获得的，该技术首先由德国拜耳公司开发，其后由杜邦等公司进行技术完善，并在联合碳化物公司进行工业化制备。通过调节一氧化碳含量，可以调控该树脂的光降解速度和材料的力学性能，一般该聚合物产品中的一氧化碳含量小于5%。同时，为了调控产品的光降解速度，还可以将该产品与LDPE进行共混改性，以获得期望的性能。该反应机理为分子链上的羰基吸收紫外线后被激发，与分子链亚甲基上的氢形成六元环的过渡态，引发分子链的断裂，如图3-6所示。基于上述机理，人们可以自然想到在PE分子链上引入羰基，以实现PE的光降解。如将乙烯与乙烯基酮（甲基乙烯基酮、乙基乙烯基酮等）进行共聚，可以制备一系列具有光降解性能的共聚PE材料，同时可以将具有高羰基含量的共聚PE作为添加剂，与普通PE进行共混。由于它们之间的相容性好，可以制备一系列光降解PE合金材料。

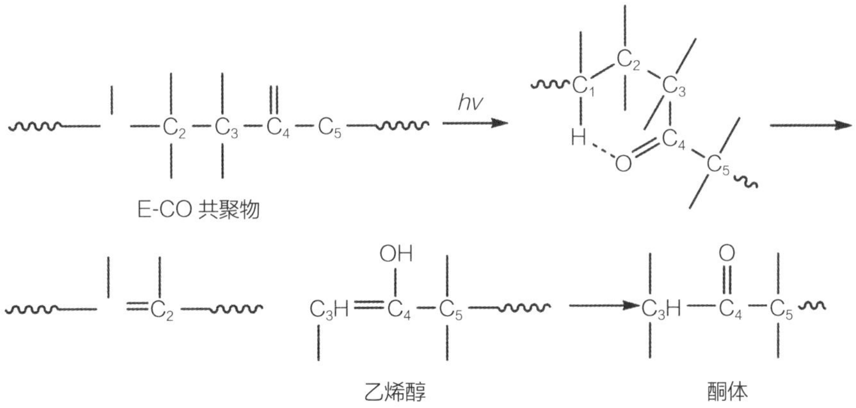

图3-6　乙烯-一氧化碳（E-CO）地膜的降解机理

②氧化降解地膜

氧化降解地膜是在传统的PE地膜中加入稳定剂和光引发剂（或光敏催化剂）制成的，通过光引发剂在光照下激发产生自由基而引发聚合物的降解反应，或在光敏催化剂吸收能量激发后,将其吸收的能量转移给聚合物并引发聚合物降解。过渡金属化合物中的铁、钴、镍等为主要的光引发剂。PE等聚合物被金属离子氧化后,产生过氧化氢和羰基并进一步促进降解,从而使聚合物分子链断裂导致降解。铁的氧化物、盐或络合物因其价格较便宜、土壤毒性低而被广泛应用,如硬脂酸铁、二丁基二硫代氨基甲酸铁。稀土类光敏催化剂也是可降解地膜的重要添加剂,如硬脂酸铈、辛酸铈,以及以其他羧酸、二硫代氨基甲酸和硫磷酸为配体的铁、铈和共生稀土(RE)的络合物;芳香酮类也是重要的光敏催化剂,如二苯甲酮、4,4'-二叔丁基二苯甲酮、4-叔丁基二苯甲酮、蒽酮、蒽醌、3,4-二羟基苯甲醛、1-氯代苯甲醛和4-羟基-3-甲氧基苯甲醛等。该类光敏催化剂的光催化降解效果与添加量、配合剂等关系很大,有些在高含量时可起到光稳定作用。

添加了光引发剂和稳定剂的PE制备成地膜后,在稳定剂的作用下可以在使用期内维持力学强度,而在稳定剂消耗殆尽后则会在光敏催化剂的作用下发生氧化降解。其存在的问题与光降解地膜类似,必须在阳光的作用下才能发生氧化降解,一旦被埋入土壤则很难继续降解,且即便是暴露在阳光下的部分也很难保证完全降解。

③生物崩解型地膜

为了解决土壤内地膜的降解问题,人们又开发了生物崩解型地膜。这种地膜一般由天然可降解的高分子材料与传统使用的不可降解材料共混制成,如由可生物降解的淀粉、纤维素等材料与PE材料共混制成,也被称为添加型生物降解地膜。其中,可生物降解的部分可以在土壤微生物的作用下分解为二氧化碳和水,不会造成环境污染。

淀粉基的可降解地膜经历了三代产品:第一代是用少量淀粉(6%~20%)填充在PE或聚丙烯(PP)塑料中制得的;第二代是用大于50%的淀粉和亲水性聚合物共混制得的;第三代则几乎全部由热塑性淀粉、直链淀粉等共混制得,但其机械性能相对较差,保水性能也很难满足要求。改性淀粉与聚乙烯醇(PVA)共混制得的可降解地膜虽然仍为添加型生物降解地膜,但PVA的降解需要特定的改性和相关条件,高分子量PVA很难生物降解。

不完全降解塑料可以在一定程度上满足使用后降解的需求，但仍存在不少问题，如降解速率的可控性、崩解后的微塑料污染问题。同时，使用的可生物降解天然材料，如淀粉，由于其与PE等相容性差，且存在高温加工导致变性的问题，使其在使用前需要做改性处理；再如纤维素，因利用困难而导致不完全降解地膜性能较差。此外，其中不可降解的PE材料仍残留在土壤中，其分子量并没有得到显著降低，并不能从根本上解决环境污染的问题。

④光-生物双降解地膜

光-生物双降解地膜是综合运用了光降解技术和生物崩解技术开发而成的。该类材料通过向PE中添加光引发剂或光敏催化剂，再复合大量淀粉，使其地上部分在光照下引发降解而破碎，其地下部分如淀粉等在微生物的作用下可发生生物降解，破坏地膜的连续结构而造成崩解。该技术似乎从感官上解决了地膜使用后的污染问题，但也综合了光降解地膜与生物崩解地膜的缺点，力学性能差、保墒效果差，且存在微塑料污染问题，目前在地膜应用中也逐年减少。

（3）可完全降解地膜

可完全降解地膜指在自然环境中能够在一定时间内分解为二氧化碳、水和可以被微生物消化的有机物等小分子物质的地膜，使用结束后被废弃在田地中可以较快分解为无毒无害的小分子，符合环境保护的要求。可完全降解地膜的降解机理主要包括光热催化降解和生物降解，前者是在光照的催化作用下发生光化学反应，逐渐分解为小分子；后者则是在自然界微生物分泌的酶的作用下发生反应（一般为水解反应），降解为小分子。光热催化降解地膜主要靠光催化降解，被阳光照射的部分降解快，地下部分受环境温度等影响降解速度变慢，甚至不降解；同时，基于其降解机理，很可能出现降解不完全的情况，因而存在微塑料的污染风险。生物降解地膜则恰恰相反，埋藏在土壤中的部分可以接触到更多的微生物，保证在短时间内能够降解，不存在残膜污染和微塑料污染等问题，是解决地膜、残膜污染的优选方案。生物降解地膜种类丰富，包括生物降解塑料地膜、纸地膜以及麻地膜。

①生物降解塑料地膜

生物降解塑料地膜的生产工艺主要为吹塑成型，与传统的塑料地膜加工工艺类似，只是将基材换成了可生物降解的材料，包括人工合成的生物降解高分子材料、天然高分子材料以及二者的混合材料。人工合成的生物降解高分子材料主要包括聚β-羟丁酸酯（PHB）或聚羟基脂肪酸酯（PHA）、聚乳酸（PLA）、聚己内酯（PCL）、聚对苯二甲酸丁二醇-己二酸丁二醇共聚酯（PBAT）、聚丁二酸丁二醇酯（PBS）和聚甲基乙撑碳酸酯（PPC）等。

PHB或PHA是一种生物降解特性优良的热塑性树脂，以有机物为碳源，经过发酵合成。PHA是一种可由多种细菌合成的胞内聚酯，在生物体内主要作为碳源和能源的贮藏性物质而存在，具有类似于合成塑料的物化特性及一般合成塑料所不具备的可生物降解性、生物相容性、光学活性、压电性、气体阻隔性等许多优秀性能。PHA的结构通式如下：

$$\left[O-\underset{H}{\overset{R}{C}} -(CH_2)_n -\overset{O}{\overset{\|}{C}} \right]_m$$

PHB的冲击强度、耐溶剂性差，难以实际应用。国际及国内有很多关于PHB改性的研究，包括在作为发酵营养源的葡萄糖中添加丙酸制得3-羟基丁酸（HB）与3-羟基戊酸（HV）的无规共聚物（PHBV）。目前，PHA类材料成本较高，但已经有报道称通过海水发酵可制备PHA，这将具有较强的价格竞争性。

PLA是由丙交酯开环化学合成的。首先由玉米发酵制备乳酸，乳酸聚合得到聚乳酸的低聚物，然后再裂解得到丙交酯，丙交酯再开环聚合制得的部分结晶为高分子量聚乳酸。丙交酯开环聚合的反应式如下：

PLA制备的膜类产品可以在水和土壤中完全降解。但聚乳酸刚性强，一般需要与其他柔性全生物降解材料复合制备地膜。由于具有脂肪族聚酯结构，PLA在湿热环境中易水解，从而导致其性能降低，保存时需进行稳定化处理。由于PLA成本较高，在农业的实际应用中同样受到一定的限制。

PBAT属于以化石基为原料合成的热塑性生物降解塑料，是脂肪族己二酸丁二醇酯和芳香族对苯二甲酸丁二醇酯的共聚物，其反应式如下：

PBAT综合了脂肪族聚酯和芳香族聚酯的特性，有良好的可延展性和拉伸性能，也有较好的耐冲击性能和耐热性，与LDPE的加工性能和机械性能类似，是目前最有前景的替代PE的材料。

PBAT、PBS等聚酯型生物降解树脂的工业生产一般分为两步：第一步为二醇和二酸类的单体于150℃左右、常压或较低真空度下，在催化剂的作用下发生酯化反应，合成低分子量的寡聚物；第二步则是提高反应温度和真空度，使寡聚物进一步发生缩聚和酯交换反应而脱出小分子，得到具有较好力学强度的高分子量聚合物。同时，由于其为二元酸和二元醇的聚合物，可以通过调整不同的二元酸或二元醇的比例，实现产物力学性能和生物降解速率的调控，并针对不同作物的生长要求，实现不同的破膜时间，保证作物的稳产、高产。例如，在PBAT中增加己二酸的含量可以实现加速降解，增加对苯二甲酸含量可以减缓降解速度；在PBS体系中加入己二酸共聚得到的聚丁二酸-己二酸丁二酯（PBSA）具有较快的生物降解速率，加入对苯二甲酸将减缓生物降解速率。该脂肪-芳香聚酯系列还可以引入1,3-丙二醇、1,3-丁二醇、富马酸、衣康酸等多种二元醇与二元酸，实现对体系性能的精准调控。

通过对PBAT全生物降解地膜的使用发现，对于玉米种植，为了使土壤更好地吸水，在每年的6月中旬要对传统PE地膜进行破膜；若采用可降解地膜，则可以控制其在此期间发生崩解，无须人工破膜。同时，玉米在进行气根生长时，传统PE地膜不降解不利于气根扎入土壤，而通过控制可降解地膜可在遇到作物根系时破裂，有利于根系的生长。对于番茄种植，可降解地膜在采收期具有独特的优势。采收时要求地膜破裂，番茄不能被地膜包覆，传统PE地膜在采收时因大部分被卷入采收机中而导致机器无法运行，从而降低采收效率；若为了地膜回收方便，就需要增加地膜的厚度，这样在采收期就会将番茄包覆，无法进行采收。因此，在番茄种植中推广使用可降解地膜，就可以使其在采收期发生降解，既不影响采收，又不会对土壤造成污染。对于甜菜种植，通过控制可降解地膜的降解时间，使其在适宜时期发生破膜，可以降低地温，省去了采用传统地膜所需进行的破膜操作，减少了人工劳作，提高了作物产量。

由图3-7可见，使用PBAT地膜的初期作物长势与普通地膜没有差别，但后期使用PBAT地膜的番茄产量比PE地膜增加5%～20%，甜菜产量增加约20%，玉米产量相当。

无膜　　　　　　　　　　　PE地膜　　　　　　　　　　　PBAT地膜

图3-7　无膜、PE地膜和PBAT地膜作物长势对比

从图3-8可见，可完全降解地膜在土壤微生物的作用下已经大面积降解，最终变为二氧化碳、水和可以被环境消纳的有机物，其降解机理为通过微生物体内的脂肪酶、蛋白酶等切断生物降解聚酯的酯键，然后被机体消化与吸收。

图3-8 使用可完全降解地膜60天后的降解情况

由图3-9可见,PBS单晶在0.2 mg/mL的蛋白酶溶液中60分钟可降解成更微小的碎片,且大部分在原子力显微镜下已经无法观察到,并将继续降解为小分子。

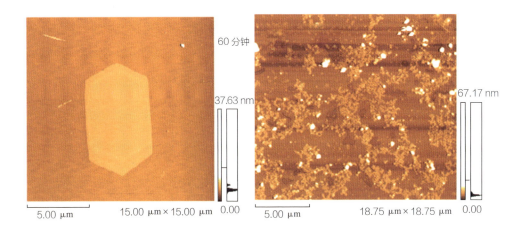

图3-9 PBS单晶的蛋白酶降解

PPC是二氧化碳与环氧丙烷在催化剂下反应共聚得到的,现已建成万吨级生产线。PPC与其他可完全降解地膜相比,具有较好的水汽阻隔性能,有利于土壤保墒。由于PPC材料本身的性能特点,一般需要配合PBAT才能制备满足要求的可完全降解地膜。所制备的地膜可根据不同作物要求进行结构和配方调整,形成覆盖后在不同时间段进行生物降解的系列地膜产品。PPC在合成过程中吸收二氧化碳,在使用结束后可以完全降解为二氧化碳和水,实现二氧化碳的循环利用、变废为宝,是一种符合可持续发展理念的新型可完全降解材料。

②纸地膜

纸地膜是以植物纸浆为基本原料，采用常规的造纸工艺生产出原纸，然后再对其进行特殊处理制得的地膜。纸地膜在制造过程中要添加湿强剂、防腐剂和透明剂等助剂，以使其具有符合地膜要求的机械性能和透光、透水、增温、保墒等功能。在使用过后，其植物纤维可以被微生物降解，不会对环境造成破坏。

日本对纸地膜的研究和应用较多，开发了多种不同类型的纸地膜，包括不同力学性能的地膜和含有不同化学成分的功能性地膜。纤维网型地膜是对纸地膜进行了纤维增强，具有较好的耐磨性能和弹性，可以伸缩，抗冲击强度高。在纸地膜中混入天然有机磷肥和天然抗菌物质可制得有机肥料型纸地膜，可以配合不同作物使用。加入壳聚糖和纤维素等成分可制得生化型纸地膜，可以促进土壤中有益细菌的繁殖，控制病害传播。此外，还有高分子型纸地膜，是在纸地膜中添加人工合成的生物降解高分子材料而制得的，可以有效提高纸地膜的力学性能。

③麻地膜

麻地膜是由麻类纤维为主要原料，经过梳理成网和轧黏合加固工艺制成的环保型地膜。2004年，中国农业科学院首次研制出处于国内外领先水平的麻地膜，但当时使用的黏合材料还是传统的PE、PP等不可降解的高分子材料。之后，东华大学的研究者对麻地膜进行了改进，使用生物降解高分子PLA代替不可降解高分子材料作为黏合材料，彻底实现了完全生物降解的目标。

麻地膜的性能优异：在力学性能方面，具有优越的拉伸和抗撕裂强度，在铺设和使用过程中不易破损；在生态友好方面，麻纤维本身为天然环保材料，可以完全生物降解，而且降解产物是有机质、二氧化碳和水，不仅不会污染环境，甚至可以改善泥土环境，促进微生物的成长，提高土壤中酶的活性；在功能方面，具有保温、透气的功能，覆盖范围内温度变化平稳，夏天铺设有利于农作物降温。

在研究者们的不懈努力下，可降解地膜的力学性能有了显著的提高，降解时间可以在较大范围内调控，单从使用效果而言，已经完全可以替代传统的PE地膜。但是，生物降解地膜的成本相对较高，价格居高不下，在实际应用方面受到了一定限制。想要大面积推广使用生物降解地膜，还需要合成路线和生产工艺的进一步优化与相关政策的支持。

2. 不同功能的地膜

通过添加特殊助剂或改变成型工艺，可以使地膜在原有保温、保湿等功能的基础上增添其他特殊功能，从而制成具有复合功能的地膜。

（1）有色地膜

通过向地膜内加入不同颜色的助剂可制成不同颜色的地膜。不同的颜色赋予地膜不同的功能。

黑色地膜：整体为黑色，是向地膜基材中添加3%左右的炭黑再经过吹塑工艺制成的。黑色地膜透光率低，热辐射只有透明地膜的30%，可以有效降低地温。阳光被阻隔后，膜下的杂草难以进行光合作用，无法生长，具有限草功能，宜在草害重、对增温效应要求不高的地区和季节作为地面覆盖或软化栽培使用，特别适于夏秋季节的防高温栽培，可以为作物根系创造一个良好的生长发育环境，提高产量。

黑白两色地膜（图3-10）：一面为乳白色，一面为黑色，使用时黑色面贴地，可以抑制杂草生长；乳白色面朝上，可增加光反射和作物中下部叶片的光合作用强度。黑白两色地膜的降温效果比黑色地膜更好，适用于高温季节覆盖栽培。

图3-10　草莓种植时使用黑白两色地膜覆盖栽培

银黑两面地膜：一面为银灰色，一面为黑色，使用时银灰色面朝上，可以反射可见光、红外线和紫外线，其降温、保墒功能更强，还有很强的驱避蚜虫、预防病毒的功能，对花青素和维生素C的合成也有一定的促进作用，适用于夏秋季节地面覆盖栽培。

绿色地膜：是向地膜基材中加入少量绿色母料再经吹塑工艺制成的。绿色地膜能阻止绿色植物所必需的可见光通过，具有除草和抑制地温增加的功能。与黑色地膜相比，绿色地膜同样具有除杂草功能，且保温效果更好，适用于经济价值高、需要除草但不需要降温的农作物覆盖栽培。

蓝色地膜：是加入蓝色母料制成的。在弱光照射下，其透光率高于普通地膜；在强光照射下，其透光率低于普通地膜。因而，蓝色地膜可以稳定地温，抑制十字花科蔬菜的黑斑病菌生长，具有明显的增产和提高作物品质的功效。

红色地膜：是加入红色母料制成的，能够透射红光，阻挡不利于作物生长的其他色光。与黑色地膜相比，红色地膜更能促进部分种类农作物的生长，如可以使甜菜含糖量提高、韭菜叶宽肉厚等。

配色地膜：是根据蔬菜作物根系的趋温性研制的特殊地膜。通常是黑白双色的，栽培行用白色，行间用黑色。白色部分增温效果好，在作物生长前期可促其早发快长；黑色部分虽然增温效果较差，但因离作物根际较远，基本不影响蔬菜早熟，并具有除草功能，进入高温季节可使行间地温降低，诱导根系向行间生长，防止作物早衰。

（2）耐老化长寿地膜

耐老化长寿地膜是在PE树脂中加入适量的耐老化助剂，其使用寿命可较普通地膜延长45天以上，非常适用于"一膜多用"的栽培方式，而且还便于旧膜的回收、加工和再利用，不易使地膜残留在土壤中。

（3）除草地膜

除草地膜是在地膜基材中加入适量的除草剂再经吹塑制成的。在使用过程中，除草剂会逐渐溶解在地膜表面的凝结水中以抑制杂草的生长。

（4）微孔地膜

每平方米微孔地膜上有2 500个以上的微孔。这些微孔类似于植物的气孔，夜间可被地膜下表面的凝结水封闭，阻止土壤与大气的气热交换，具有一定的保温性能；白天吸收太阳辐射后凝结水蒸发，微孔打开，保证了土壤与大气间的气热交换，避免覆盖地膜使根际因二氧化碳淤积而抑制根呼吸，从而影响产量。这种地膜的增温、保湿性能不及普通地膜，适于在温暖湿润地区应用。

（5）切口地膜

把地膜按一定规格切成带状切口，称为切口地膜。这种地膜的优点是，幼苗出土后可从地膜的切口处自然长出膜外，不会发生烤苗现象，也不会造成作物根际的二氧化碳淤积，但是其增温、保墒性能不及普通地膜，可用于撒播、条播蔬菜的膜覆盖栽培。

3.1.4 农用地膜覆盖配套技术与实例

1. 地膜覆盖的实施技术

农业种植的要点在于因地制宜，需要根据当地的实际气候环境选择种类适合的地膜，并配合相应的田间管理作业，以充分发挥地膜覆盖的作用，达到增产的效果。

（1）整地

在充分施用有机肥的前提下，提早并连续进行翻耕、灌溉、耙地、起垄和镇压工作，有条件的地区最好进行秋季深耕。

（2）起垄

垄要高，一般做成"圆头形"，也就是垄的中央略高、两边呈缓慢坡状且忌呈直角，如此铺盖的地膜容易绷紧，可与地表紧密接触。

（3）盖膜

一般先铺膜后播种，最好在无风晴天作业。要求拉紧地膜并铺平，紧贴畦面，在两侧用土压紧，垄沟作业处不必铺覆。膜面上适当间隔处压些小土块，防止因被风掀起而破坏地膜。

地膜的覆盖形式有多种，如平畦覆盖，高垄、高畦覆盖，高畦沟覆盖，沟畦覆盖，马鞍畦覆盖等，各有不同的功效，需因地制宜，选择合适的覆盖形式。

(4)灌溉

与地膜覆盖配套的灌溉技术包括滴灌、微喷和覆膜灌等。因地制宜地选择先进的灌溉技术可以有效节水。

滴灌是利用塑料管道将水通过直径约10 mm的毛管上的孔口或滴头送到作物根部进行局部灌溉。它是目前干旱缺水地区最有效的一种节水灌溉方式,水的利用率可达95%。滴灌较喷灌具有更高的节水增产效果,同时可以结合施肥,提高肥效一倍以上,其不足之处是滴头易结垢和堵塞,因此应对水源进行严格的过滤处理。

大田膜下滴灌技术是引进并改良发展的一种适应当地干旱气候条件且价廉、高效的灌溉新技术。在拖拉机的牵引下,通过改装后的播种机一次复合作业完成布管、铺膜与播种,然后按照与常规滴灌系统相同的方法将滴灌带(滴灌系统的末级管道和灌水区的复合体)与滴灌系统的支管相连。灌溉时,有压水通过滴灌带上的滴灌器变成细小的水滴,根据作物的需要适时、适量地向作物根系范围内局部供应水分和养分。其优点包括节水、节肥、节农药、节地;保土、保肥、增温、调温;节省人工和机力,降低生产成本,提高劳动生产率;提高产品品质,增加产量;防治盐碱,适应盐碱能力强等。

微喷是新发展起来的一种微型喷灌形式,是利用塑料管道输水,通过微喷头喷洒进行局部灌溉的。它比一般喷灌更省水,可增产30%以上,能改善田间小气候,可结合化肥施用,能够提高肥效。

膜上灌溉是用地膜覆盖田间的垄沟底部,引入的灌溉水从地膜上面流过,并通过膜上小孔渗入作物根部附近的土壤中进行灌溉的方法,在新疆等地已大面积推广。采用此种灌溉技术可实现深层渗漏且蒸发损失少、节水显著,在地膜栽培的基础上无须再增加材料费用,并能起到对土壤增温和保墒的作用。在干旱地区可将滴灌管放在膜下,或利用毛管通过膜上小孔进行灌溉,称为膜下灌。这种灌溉方式既具有滴灌的优点,又具有地膜覆盖的优点,节水增产效果更好。

2. 地膜覆盖的应用实例

(1)黄瓜地膜覆盖栽培

黄瓜是栽培面积最广、栽培方式多样、全年供应的一种蔬菜,可进行早春、炎夏、晚秋等多季栽培，而且产量高、产值高、收效快。黄瓜地膜覆盖多采用温室及小拱棚育苗，在4片真叶时定植，一般是在谷雨节气前采用高畦或沟畦覆盖，比露地栽培早熟5～15天、产量提高30%以上。山东、辽宁、新疆、甘肃等地的产量提高50%以上，亩产值增加100元，最多可达500～600元。黄瓜除春季进行地膜覆盖栽培以外，夏播、秋播采用地膜覆盖也有良好效果。

黄瓜种植在炎夏进行地膜覆盖时，播种初期地温较高，但因土壤潮湿不会造成高温危害，到瓜秧长高时为地面遮阴，土温略高于露地。由于地膜可以保持土壤的适宜温度并起到护根保秧的作用，因此瓜秧生长十分健壮，可以正常结瓜。由此可见，地膜覆盖是夏播黄瓜的必要栽培措施。

番茄、茄子、甜椒等蔬菜亦可采用黄瓜种植的地膜覆盖方式进行栽培。甜椒采用小高畦覆盖银灰色反光地膜可起到避蚜、防止病毒感染的作用，从而获得显著增产的效果。

（2）西葫芦地膜覆盖栽培

西葫芦喜温和气候，多于春季进行早熟栽培。春季二月下旬到三月上旬进行育苗，谷雨前采用高垄、小高畦覆盖，或采用沟畦覆盖、地膜小拱覆盖及穴坑覆盖。近年来以沟畦地膜小拱覆盖者居多，因其可提早定植期，从而获得早熟、高产的效果。亩产值提高100～400元，深受使用者欢迎，同时也增加了市场上的花色品种。

（3）花生地膜覆盖栽培

花生地膜覆盖栽培已在华北、东北地区大面积推广应用，其经济效益显著。据各地报告的不完全统计，全国已有6 000余亩花生经地膜覆盖栽培亩产超过千斤（1斤=500 g）。

通过地膜覆盖栽培的花生多以垄栽为主，要求施足底肥和灌足底墒水。现在已有相应的机械可一次完成几种作物的栽培。

（4）水稻田地膜覆盖栽培

地膜应用于水稻育秧的使用方法大致与先前的塑料地膜育秧相同，经简易覆盖，秧田长在由地膜形成的小棚内，但所用的地膜覆盖技术是一项抗旱、节水、省工、高效的新技术，南北各省份均有推广。

从上述几个实例中可以看出，使用地膜可以带来显著的增产效果，其带来的经济收益平均每亩几百元。传统地膜每亩用量一般小于10 kg，价格在每吨1万元，据此计算成本一般在100元/亩以内，由此可以得出利润平均超过100元，经济效益显著。

3.2 塑料大棚技术

3.2.1 塑料大棚技术概述

塑料大棚俗称冷棚，是一种简易实用的保护地栽培设施，由于其建造容易、使用方便、投资较少，随着塑料工业的发展而被世界各国普遍采用。一般利用竹木、钢材等材料作为支撑骨架，并覆盖不同种类的塑料薄膜，再搭成拱形棚，供蔬菜栽培使用，能够提早或延迟供应，提高单位面积产量，有利于防御自然灾害，特别是使北方地区能在早春和晚秋淡季供应鲜嫩蔬菜。

1. 塑料大棚的发展历史

随着高分子聚合物——PVC、PE的产生，塑料薄膜广泛应用于农业。日本及欧美国家于20世纪50年代初期应用薄膜覆盖温床获得成功，随后在覆盖小棚及温室方面也获得良好效果。我国于1955年秋引进PVC农用薄膜，首先在北京用于小棚覆盖蔬菜，获得了早熟增产的效果。1957年，由北京向天津、沈阳及东北其他地区、太原等地推广使用，受到各地的欢迎。1958年，我国已能自行生产农用PE薄膜，因而小棚覆盖在蔬菜生产中得到广泛应用。20世纪60年代中期，小棚已定型为拱形，高1 m左右，宽1.5~2.0 m，故称为小拱棚。由于棚型矮小不适于在东北寒冷地区应用，1966年长春市郊区首先把小拱棚改建成2 m高的方形棚，但因其抗雪能力差而倒塌，经过多次改建试用终于创造了高2 m左右、宽15 m、占地为1亩的拱形大棚。1970年，开始向北方各地推广。1976年，太原市郊区建造了29种不同规格的大棚，为大棚的棚型结构、建造规模提供了丰富的经验。2016年年末，全国温室占地面积33.4万hm^2，比2006年年末增长312.6%；大棚占地面积98.1万hm^2，比2006年年末增长111.0%。我国温室大棚占地面积稳居世界第一，工厂化种养也呈快速发展态势。

大棚原是蔬菜生产的专用设备，随着生产的发展，其应用也愈加广泛。当前，大棚已用于各种农业分支，如鲜花业的盆花及切花栽培，果品生产业的葡萄、草莓、西瓜、甜瓜、桃及柑橘等栽培，林木生产业的林木育苗、观赏树木培养等，养殖业的养蚕、养鸡、养牛、养猪、养鱼及鱼苗等。

大棚覆盖的材料通常为塑料薄膜，因其质量轻、透光保温性能好、可塑性强、价格低廉，适于大面积覆盖；又由于可使用轻便的骨架材料，容易建造和造型，因而建筑投资较少、经济效益较高。塑料大棚可起到防寒保温、抗旱防涝、提早或延后栽培、延长作物生长期的作用，达到早熟、晚熟、增产稳产的目的，因此在我国北方旱区发展很快。2018年，山东省德州市开发建设了亚洲最大的农业大棚，单体面积230亩，总规划面积805亩，除规模大外，还配套了许多智慧农业设施和系统，将我国大棚农业推向了一个新的高度。

2. 塑料大棚的性能特点和要求

（1）温度条件

塑料薄膜具有保温性。覆盖薄膜后，大棚内的温度将随着外界气温的升高而升高，随着外界气温的下降而下降，并存在明显的季节变化和较大的昼夜温差，越是低温期温差越大。一般在寒季，大棚内的日增温可达3～6℃，阴天或夜间的增温能力仅1～2℃；春暖时节，棚内和露地的温差逐渐加大，增温可达6～15℃。外界气温升高时，棚内增温相对加大，最高可达20℃以上，因此大棚内存在高温及冰冻危害，需进行人工调整。在高温季节，棚内可产生50℃以上的高温，需进行全棚通风，在棚外覆盖草帘或搭成"凉棚"，可比露地温度低1～2℃。冬季晴天时，夜间最低温度可比露地温度高1～3℃，阴天时几乎与露地温度相同。因此，大棚的主要生产季节为春、夏、秋季，通过保温及通风降温可使棚温保持在15～30℃的适宜作物生长的温度。

（2）光照条件

新的塑料薄膜透光率可达80%～90%，但在使用期间由于灰尘污染、吸附水滴、薄膜老化等原因，透光率将会减少10%～30%。大棚内的光照条件因季节、天气状况、覆盖方式（棚形结构、方位、规模大小等）、薄膜种类及使用新旧程度等情况的不同而产生很大差异。大棚越高大，棚内垂直方向的辐射照度差异越大，棚内上层及地面的辐照度相差可达20%～30%。在冬春季节，东西延长的大棚光照条件比南北延长好，但东西延长的大棚南北两侧辐照度相差可达10%～20%。不同棚型结构对棚内受光的影响很大，双层薄膜覆盖的大棚虽然保温性能较好，但受光条件比单层薄膜覆盖的大棚减少一半左右。此外，连栋大棚及采用不同的建棚材料等对受光也会产生很大的影响，单栋钢材及硬塑结构的大棚受光较好，透光率只比露地减少28%，连栋大棚受光条件较差。因此，建棚采用的材料在能承受一定的荷载条件下，应尽量选用轻型材料并简化结构，既不能影响受光，又要坚固、经济实用。薄膜在覆盖期间由于灰尘污染会大大降低透光率，新薄膜使用两天后灰尘污染可使其透光率降低14.5%，10天后会降低25%，半个月后可降低28%。一般情况下，因灰尘污染可使透光率降低10%～30%。严重污染时，棚内受光量只有7%，导致大棚不能使用。一般薄膜由于亲水性差，水蒸气会在薄膜上凝聚成水滴，使薄膜的透光率减少10%～30%。因此，防止凝聚水滴是防止薄膜污染的重要措施。再者，薄膜在使用期间由于高温、低温和受太阳光紫外线的影响而易老化，使透光率降低20%～40%，甚至失去使用价值。因此，大棚覆盖的薄膜应选用耐温防老化、除尘无滴的长寿膜，以增强棚内受光、温升，并延长使用期。

（3）湿度条件

一般塑料薄膜的气密性较强，因此在覆盖后由于棚内土壤水分蒸发和作物蒸腾作用，棚内空气湿度会有所升高，如不进行通风，棚内相对湿度会很高。当棚温升高时，相对湿度降低；棚温降低时，相对湿度升高。在不通风的情况下，棚内白天相对湿度可达60%～80%，夜间经常在90%左右，最高可达100%。棚内适宜的空气相对湿度依作物种类不同而异，一般白天要求维持在50%～60%，夜间在80%～90%。为了减轻病害，夜间的湿度宜控制在80%左右。棚内相对湿度达到饱和时，提高棚温可以降低湿度，如温度在5℃时，每提高1℃气温，约降低5%的湿度；当温度在10℃时，每提高1℃气温，湿度则降低3%～4%。由于棚内空气湿度大，土壤的蒸发量小，因此在冬春寒季要减少灌溉量。但是在大棚内温度升高或湿度过高时通风又会造成湿度下降，加速作物的蒸腾，致使植物体内缺水或造成生理失调。因此，棚内必须按作物的需要保持适宜的湿度。

（4）空气成分

由于薄膜覆盖，棚内的空气流动和交换受到限制，在蔬菜植株高大、枝叶茂盛的情况下，棚内空气中的二氧化碳浓度变化剧烈，尤其是在土壤有机质不够充沛的情况下，二氧化碳容易不足。在土壤有机质含量一般的情况下，日出之前由于作物呼吸和土壤释放，棚内的二氧化碳体积分数可以达到大气的2～3倍（1 000 ppm[1]左右）；8:00—9:00以后，随着叶片光合作用的增强可降至200 ppm以下（大气中为400 ppm以上）。因此，日出后就要酌情进行通风换气，及时补充棚内的二氧化碳。如果土壤的有机质足够充分，其释放的二氧化碳可保证植物发生充分的光合作用，经测试，高有机质土壤可使大棚内的二氧化碳始终处于1 000 ppm以上，接近或达到光合作用的饱和点，而人工施用二氧化碳也能达到类似的效果。在低温季节，大棚经常密闭保温，很容易积累有毒气体，如氨气、二氧化氮、二氧化硫、乙烯等，并造成危害。当大棚内的氨气达5 ppm时，植株叶片先端会产生水浸状斑点，继而变黑枯死；当二氧化氮达2.5～3 ppm时，叶片会出现不规则的绿白色斑点，严重时除叶脉外全叶都会被漂白。氨气和二氧化氮的产生主要是由氮肥使用不当所致，一氧化碳和二氧化硫的产生主要是由用煤火加温、燃烧不完全或煤的质量差造成的。为了防止棚内有害气体的积累，不能使用新鲜厩肥作基肥，也不能用尚未腐熟的粪肥作追肥；严禁使用碳酸铵作追肥，用尿素或硫酸铵作追肥时要掺水浇施或穴施后及时覆土；肥料用量要适当，不能施用过量；低温季节也要适当通风，以排除有害气体。另外，用煤质量要好，需充分燃烧。有条件的要用热风或热水管加温，把燃烧后的废气排出棚外。

（5）土壤湿度和盐分

大棚土壤的湿度分布不均匀：靠近棚架两侧的土壤，由于棚外水分渗透较多，加上棚膜上水滴的流淌而湿度较大；棚中部则比较干燥。春季大棚种植的黄瓜、茄子，特别是用地膜栽培的，常因土壤水分不足而严重影响质量。最好能铺设软管滴灌带，并根据实际需要随时施放肥水，这是一项有效的增产措施。由于大棚长期覆

---

[1] ppm为parts per million的缩写，表示10^{-6}。

盖，缺少雨水淋洗，盐分随地下水由下向上移动，容易引起耕作层土壤盐分过量积累，造成盐渍化。因此，要注意适当深耕，并施用有机肥，避免长期施用含氯离子或硫酸根离子的肥料。追肥宜淡，最好进行测土施肥。每年要有一定的时间不盖膜，或在夏天只盖遮阳网进行遮阳栽培，以使土壤得到雨水的淋溶。土壤盐渍化严重时，可采用淹水压盐，效果很好。另外，采用无土栽培技术是防止土壤盐渍化的一项根本措施。

3.2.2 塑料大棚的结构和材料

1. 塑料大棚的骨架类型

由于塑料大棚的表层薄膜具有良好的保温作用，并可以通过卷膜在一定范围调节棚内的温度和湿度，因此在我国北方地区塑料大棚可起到春提前、秋延后的保温栽培作用，一般春季可提前30~35天，秋季能延后20~25天，但不能进行越冬栽培；在我国南方地区，塑料大棚除了冬春季节用于蔬菜、花卉的保温和越冬栽培，还可以通过更换遮阳网用于夏秋季节的遮阳降温和防雨、防风、防雹等的设施栽培。

图3-11 塑料大棚蔬菜基地

塑料大棚（图3-11）的基本结构包括支撑骨架和塑料薄膜两大部分，根据需要还可以在大棚外表面增加另外的覆盖物，起到额外的调节光照、温度的效果。根据骨架结构的不同，可将塑料大棚分为竹木结构大棚、悬梁吊柱竹木拱架大棚、拉筋吊柱大棚、无柱钢架大棚和装配式镀锌薄壁钢管大棚，不同的骨架结构具有不同的结构特点和搭建方式，可根据需求因地制宜地选择合适的骨架结构。

（1）竹木结构大棚

这种大棚一般跨度为12~14 m，矢高2.6~2.7 m，以3~6 cm粗的竹竿为拱杆，拱杆间距1~1.1 m，每一拱杆由6根立柱支撑，立柱使用木杆或水泥预制柱。其优点是建筑简单，拱杆有多柱支撑，比较牢固，建筑成本低；缺点是立柱多，易导致遮光严重，且作业不方便（图3-12、图3-13）。

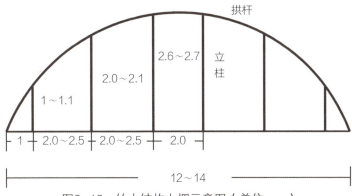

图3-12　竹木结构大棚示意图（单位：m）

图3-13　竹木结构大棚内部

（2）悬梁吊柱竹木拱架大棚

这种大棚是在竹木结构大棚的基础上改进而来的，中柱由原来的1~1.1 m一排改为3~3.3 m一排，横向每排4~6根，用木杆或竹竿作纵向拉梁把立柱连接成一个整体，在拉梁上的每个拱架下设一根立柱，下端固定在拉梁上，上端支撑拱架，通称"吊柱"。图3-14、图3-15显示了悬梁吊柱竹木拱架大棚的基本结构。

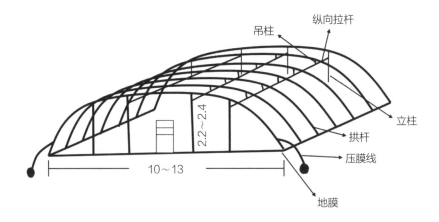

图3-14 悬梁吊柱竹木拱架大棚示意图（单位：m）

图3-15 悬梁吊柱竹木拱架大棚

（3）拉筋吊柱大棚

这种大棚一般跨度为12 m左右，长40～60 m，矢高2.2 m，肩高1.5 m，水泥柱间距为2.5～3 m，水泥柱用6#钢筋纵向连接成一个整体，在拉筋上穿设2 cm长吊柱支撑拱杆，拱杆用3 cm左右的竹竿，间距1 m，是一种钢竹混合结构。夜间可在大棚上面盖草帘。图3-16显示了拉筋吊柱大棚的基本结构。

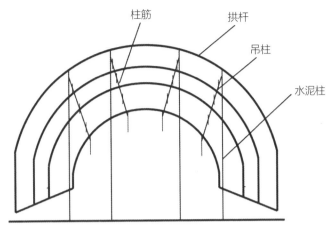

图3-16 拉筋吊柱大棚示意图

（4）无柱钢架大棚

这种大棚一般跨度为10～12 m，矢高2.5～2.7 m，每隔1 m设一道桁架，桁架上弦用16#钢筋，下弦用14#钢筋，拉花用12#钢筋焊接而成，桁架下弦处用5道16#钢筋作纵向拉梁，拉梁上用14#钢筋焊接两个斜向小立柱支撑在拱架上，以防拱架扭曲，可生产成装配式以便于拆卸（图3-17）。

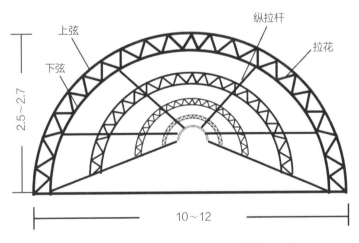

图3-17 无柱钢架大棚示意图（单位：m）

（5）装配式镀锌薄壁钢管大棚

这种大棚跨度一般为6～8 m，矢高2.5～3 m，长30～50 m。用1.2～1.5 mm的25#薄壁钢管制成拱杆、拉杆、立杆（两端棚头用），钢管内外热浸镀锌以延长使用寿命。用卡具、套管连接棚杆组装成棚体，覆盖薄膜用卡膜槽固定。此种棚架组装、拆卸、盖膜方便，棚内空间较大、无立柱，两侧附有手动式卷膜器，作业方便，在南方的都市郊区应用广泛。

2. 塑料大棚的结构（以钢结构为例）

（1）拱架

拱架是塑料大棚承受风、雪荷载和承重的主要构件。按构造不同，主要有单杆式和桁架式两种形式（图3-18）。

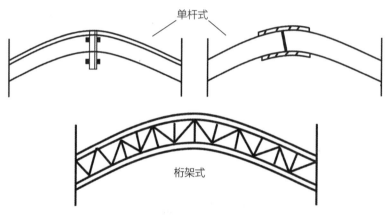

图3-18　拱架结构示意图

（2）纵梁

纵梁是保证拱架纵向稳定，并使各拱架连接为整体的构件（图3-19）。单杆式纵梁也叫作拉杆，在各种结构的塑料大棚中普遍应用。钢管结构塑料大棚则主要采用直径为20 mm或25 mm、壁厚为1.2 mm的薄壁镀锌管，或者直径为21 mm、壁厚为26 mm的焊接钢管制造。

图3-19 大棚中的纵梁结构

(3) 骨架连接卡具

塑料大棚骨架之间的连接,如拱架与山墙立柱之间、拱架与拱架之间、纵梁与棚头拱架之间的连接固定,均是由专门预制的卡具连接的。这些卡具分别由弹簧钢丝、钢板、钢管等加工制造,具有使用方便、拆装迅速、固定可靠等优点。

(4) 门

塑料大棚的门既是管理与运输的出入口,又可兼作通风换气口。单栋大棚的门一般设在棚头中央,门框高度为1.7~2 m、宽度为0.8~1 m。为了保温,棚门可开在南端棚头。气温升高后,为加强通风,可在北端再开一扇门。棚门的形式有合页门、吊轨推拉门等。为防止害虫侵入,通风口、门窗均可覆盖20~24目的防虫网。

3. 常用的棚模材料

常用的棚膜材料首先需要具有良好的透光性能。由于冬季光照不足、照射时间短及大棚内的温度偏低等原因,所用棚膜必须具有良好而持久的透光性,才能确保大棚内的光照及白天的增温满足需要。进一步来讲,棚膜透过光线的波长范围应该对作物的生长发育有利。其次,需要防尘、防结露,这是因为冬季大棚内的相对湿度较高,导致棚膜内表面容易结露,而且草苫尘灰也容易污染棚膜表面。再次,需要有良好的抗压保温能力。冬季由于积雪和覆盖草苫的问题会导致大棚承重巨大,如果薄膜材料的抗压能力弱,则极易产生破损,不利于耐久性使用。同时,冬季的保温性能也是十分重要的一个方面。一般而言，对于同种材料，保温能力与厚度呈正相关。最后，需要易于修补。由于冬季大棚上会卷放草苫，而且管理人员经常要上到棚膜上进行一些必要的作业（如北方琴弦式大棚），容易造成棚膜破碎，需要经常对其进行修补，因此要求棚膜必须容易修补且不易老化。

综上所述，棚膜应选择透光率高，保温性强，抗张力、抗农药、抗化肥力强的无滴、无毒、重量轻的透明薄膜。对于进行周年栽培的大型大棚，要求使用较厚的薄膜，可连续使用2～3年后更换；作简易栽培的大棚且在短期内即可采收完毕，则不必使用较厚的薄膜，可采用每年更换一次的较薄的薄膜。

根据材质的不同，棚膜可分为以下几类：

（1）普通PE膜

PE膜透光性好，新膜透光率在80%左右；吸尘性弱，没有PVC膜因增塑剂析出造成的吸尘现象；耐低温性强，脆化温度为-70℃左右，在-30℃左右仍可保持柔软性；红外线透过率可达70%以上。但其夜间保温性较差，不如PVC膜，雾滴性重，不耐晒，高温软化温度为50℃，故不适于高温季节的覆盖栽培。此外，PE膜延伸率大、不耐老化，连续使用时间为4～5个月，可用作早春提前和晚秋延后覆盖栽培，多用于大棚内的二层幕、裙膜或大棚内套小棚覆盖。

（2）PE长寿膜

PE长寿膜是以PE为基础树脂，加入一定比例的紫外线吸收剂、抗氧化剂后吹塑而成的，克服了普通PE膜不耐日晒高温、不耐老化的缺点，可连续使用两年以上，成本低。其厚度为0.1～0.12 mm，幅宽折径1～4 m，每亩用膜100～120 kg。PE长寿膜应用面积大，适合周年覆盖栽培，但要注意减少膜面积尘，维持膜面清洁。

（3）PE长寿无滴膜

PE长寿无滴膜是在PE膜中加入防老化剂和表面活性剂，通过表面活性剂向薄膜表面的渗出达到水在其表面浸润的效果，不产生凝结水滴。使用时间为2年以上，成本低。无滴期为3～4个月，厚度为0.1～0.12 mm，每亩用量100～130 kg。无滴期内能降低棚内空气湿度，减轻早春病虫害的发生，增强透光性，适于各种棚型使用，可在大棚内当二层幕覆盖，棚室可冬春季节连续覆盖栽培。

（4）PE复合多功能膜

PE复合多功能膜是在PE膜中加入多种添加剂（如无滴剂、保温剂、耐老化剂等），从而使棚膜具有长寿、保温、无滴等多种功能，如薄型耐老化多功能膜，就是把长寿、保温、无滴等多种功能融为一体。该膜耐高温、耐日晒，夜间保温性好，耐老化，雾滴较轻，撕裂后可以热熔黏合或者胶黏，厚度为0.06～0.08 mm，幅宽折径1～4 m，能连续使用一年以上；透光性强，保温性好，晴天升温快，夜间有保温作用，适于塑料大棚冬季栽培和特早熟栽培及作为二层幕使用。

（5）漫反射膜

漫反射膜是在PE膜中掺入可对太阳光产生漫反射的晶核或微球，如可以透过无机纳米粒子与光纤的有机聚合物微球（如聚苯乙烯、有机玻璃、丙烯酸酯聚合物等），可抑制垂直入射阳光的透过作用，降低中午前后棚内高温峰值，防止高温危害，并随太阳高度角减少使阳光的透光率相对增加，提高光强和温度；夜间保温性较好，积温性强，适于高温季节使用。

（6）PE调光膜（光转换膜）

PE调光膜是以LDPE树脂为原料，添加光转换剂后吹塑而成的。一般的光转换剂有稀土无机化合物、稀土有机化合物、荧光染料等，根据材料不同，其吸收和发射的光谱范围也有所不同，通常是将紫外光、绿光转为红光，以利于作物生长和病虫害防治。PE调光膜还有长寿、耐老化和透光率好等特点，厚度为0.08～0.12 mm，可使用两年以上，透光率在85%以上，在弱光下增温效果不显著；主要用于喜温、喜光的作物，可提早扣棚，使棚内积温升高，有利于提前定植，定植后注意控温。

（7）PVC膜

PVC膜是以PVC为基础树脂制成的薄膜，耐高温、耐日晒，夜间保温性能比PE膜好，耐老化，雾滴较轻，薄膜撕裂和折断后可用黏合剂黏合修补，通过增塑剂加入量的调节可以调控膜的脆化温度。缺点是覆盖时间一长，增塑剂将逐渐析出，膜面吸尘性增强，透光率降低，需要清洗干净；同时，增塑剂的渗出易导致薄膜变硬。根据加入增塑剂的多少，其低温脆化温度可达-50℃，硬化温度为-30℃。

PVC膜适于在风沙小、尘土少的北方地区使用。

虽然PVC本身具有较好的耐光老化能力，但普通PVC膜由于在制膜过程中未加入耐老化助剂，其使用期仅为4~6个月，可生产一季作物。PVC防老化膜是在原料中加入耐老化助剂并经压延而成的，有效使用期达8~10个月，有良好的透光性、保温性和耐候性。PVC无滴防老化膜（PVC双防棚膜）同时具有防老化和流滴特性，透光性和保温性好，无滴性可持续4~6个月。PVC耐候无滴防尘膜除具有耐候、流滴性能外，薄膜表面经处理后增塑剂析出量少，吸尘较轻，从而提高了透光能力。

（8）乙烯-醋酸乙烯共聚物膜（EVA膜）

乙烯-醋酸乙烯共聚物（EVA）一般通过高压法连续聚合得到，其生产工艺与LDPE相似，通过调节醋酸乙烯的加入量可以控制产品中醋酸乙烯的含量，一般为5%~35%，低醋酸乙烯含量的EVA膜一般作膜袋类产品，高醋酸乙烯含量的EVA膜可作为热熔胶等应用。EVA膜耐冲击、耐老化和透光性好于PE膜，且保温性能良好，与无滴剂有较好的相容性，拉伸性好，易制备微膜。近年来，EVA作为棚膜的可选材料具有如下优点：保温性能好，能阻隔7~13 μm红外线；柔韧性好，能改善薄膜手感和韧性，低温下不发脆；透明性好，降低了薄膜雾度，提高了透光率，可促进光合作用，使作物提前成熟上市；流滴性好，能延长流滴期，不伤叶，提高透光性。

4.棚膜材料研究进展

（1）LDPE和LLDPE

LDPE分子量分布宽、结晶度低，因而透光性和加工性能好，但力学强度相对较低，使用温度为-40~80℃。LLDPE分子链上仅带有短支链，分子量分布窄，结晶度介于LDPE和高密度聚乙烯（HDPE）之间，力学性能好，透光性较差，加工性能比LDPE差，拉伸性较好，易制备微薄膜，抗刺穿性较好。因此，结合HDPE、LDPE和LLDPE的特点，将LDPE和LLDPE共混或将三者共混生产的棚膜可以综合三者的优点。

在LLDPE薄膜专用树脂的开发研究中，马子贵等研究开发出的树脂专用薄膜材料,在雾度、韧性等各个方面的性能都相当出色,而且产品的加工过程比较顺利,薄膜质量也能满足客户需求。

刘绍基通过添加抗氧剂延长了LDPE薄膜的使用寿命。除添加主抗氧剂外,还添加了辅助抗氧剂,包括硫醚、亚磷酸盐等,充分分析了薄膜抗氧化反应发生的机理。

陈宗藩和梁焕强通过添加光稳定剂提高了LLDPE薄膜的耐候性。在实验时发现,LLDPE薄膜中含有1%的UV-1084和0.5%的UV-531,可延长薄膜寿命22个月左右。

游纪曾将受阻胺光稳定剂添加到LDPE薄膜中。受阻胺光稳定剂的相容性优异、挥发性低、耐萃取性和热稳定性好,通过添加该成分制成的薄膜使用寿命得到很大提高,可以维持两个夏季以上的使用时间。

宫向英等在原DFDA-7042的基础上改变共聚单体类型及用量,开发出了薄膜用高性能LLDPE树脂,其最终产品与普通的薄膜相比具有相当大的优势。

黄玉贞通过添加主抗氧化剂2246、辅助抗氧化剂DLTP和紫外线吸收剂UV-327制成的PE薄膜,经过8个月的暴晒,伸长率保持在原来的21%;再添加2%的炭黑,同样条件下伸长率保持在原来的97%。最后证明,加入的硫代双酚类抗氧化剂和炭黑有着良好的协同作用,对PE薄膜的耐候性有很好的效果。

刘双德为延长PE薄膜的使用寿命而研制了长寿母粒,在生产过程中加入抗氧剂和光稳定剂,选择酚类抗氧化剂、亚磷酸酯类抗氧化剂和受阻胺光稳定剂三者并用的协同体系作为助剂,经多方面性能测试后其使用寿命可显著延长。

李镇江在研制耐老化农膜母料时加入受阻胺类光稳定剂,同时加入其他光稳定剂。在进行了4~8个月田间试验后得到的结果是,加入光稳定剂GW-540和光稳定剂2002较为理想,制备出的LLDPE和LDPE都是具有耐老化性能的母料树脂,在提高寿命的同时还能提高薄膜透明度。

(2) EVA

汤明等制备出力学性能和光学性能都比较优异的EVA膜。由于EVA分子链上引入醋酸乙烯(VA)单体,从而降低了产品的结晶度,提高了柔韧性、抗冲击性及与填料的相容性，具有良好的耐环境性能。该EVA膜以EVA为基体材料，采用三层共挤成型方法（外层为LDPE树脂、LLDPE树脂、功能母粒及回收混配料），生产稳定，产品与其他树脂相容性很好。

杨春玲等对EVA膜在蔬菜大棚生产中的应用效果进行了研究，发现经添加EVA改性后的PE膜具有透光率高，保温性能好，耐用、防尘和防雾效果好等一系列优点，在日光温室蔬菜生产上可以大面积推广。

美国埃克森美孚化学公司开发出一种具有高弹性、高性能的EVA，其熔融指数为0.5，含有7.5%的醋酸乙烯酯成分，具有良好的弹性，这种高弹性薄膜与之前的产品有着不同的分子结构。

（3）PET

PET（聚对苯二甲酸乙二酯）材料具有机械强度高、光学性能好、使用温度范围宽、耐折、耐腐蚀等优良的综合性能，在国外农用大棚薄膜材料方面得到广泛应用，一般采用挤出法制备。PET膜在我国由于成本、工业化程度等原因，距离大规模使用还有一定的距离，但是其优良的综合性能已越来越受到人们关注，未来在农用大棚薄膜材料方面有巨大潜力。

冯树铭以PET为基体材料，选择高效紫外光吸收剂和光屏蔽剂，采取缩聚反应、接枝聚合等手段，制得具有高效抗紫外线性能的聚酯切片和抗光老化的PET棚膜。

（4）功能型薄膜材料

张华集等在光转换驱虫PE膜的研究中，以荧光材料为光转换剂，以氟虫隆与乙虫脒为驱虫剂制成驱虫母粒，以滑石粉为保温剂，将以上组分混合制成光转换驱虫PE膜。在经过多方面试验以后，在薄膜保温性能得到保证的同时，其驱虫能力和驱虫时效都得到了大大提高。

本田雄一等在研究薄膜防治病害时，考虑到大多数病菌是紫外线诱发型的，有效上限波长为330 nm，诱发丝状菌孢子形成的波长区域为350～370 nm，因而开发了能吸收上述波长范围内的紫外线的PE膜。通过实际应用后发现，有相当一部分的病菌得到了有效控制。

莫秀梅和赵德仁将中西除虫菊酯用于控制释放，制备了以聚氨酯和聚脲为壁膜的缓释剂。薄膜缓释剂采用乳液涂膜，待水分挥发后可得到一层均质聚合物药膜，在一定条件下向环境释放药物，以达到防虫防病的目的。

杨瑞燕研制出能够定向单面渗透的除草地膜LDPE，其主要性能指标达到或接近日本同类产品水平。除草地膜在制造时有严格要求，由于需要除草剂单面渗透，在吹塑薄膜冷却时薄膜泡管内外壁有一定温度差，此时引入成核剂可使薄膜两面结构产生差异，具有单面渗透低分子的特性。

于太保等在研究LDPE膜材料时采用三氯化镧、肉桂酸和咪唑三元配位的稀土镧配位抗菌剂，显著改善了LDPE膜的抗菌性能，研究了抗菌剂添加量对抗菌性能、拉伸强度和断裂伸长率等方面的影响。添加1%～2%的抗菌剂对薄膜的拉伸强度和断裂伸长率影响不大，且此剂量所起到的抗菌作用比较好，对一些菌种有比较好的抑制作用。

（5）防虫防病新型环保薄膜材料

随着食品安全和健康问题的日益突出，农药是否残留已经成为人们关注的焦点，吃到的食品是否健康、安全关系到每个人的生活质量和生命安全等问题。如果能研发出防虫防病新型环保薄膜材料，将会使农药残留问题得到缓解。

防虫防病新型环保薄膜在使用过程中可以防止穿蛀性害虫的危害并杀死爬行在薄膜表面的害虫，从而保护薄膜内的农作物不被害虫感染和危害。同时，由于防虫防病薄膜是由多层不同品种的薄膜材料制得的，其气密性能比单层使用的薄膜优越得多。

（6）ETFE

ETFE（乙烯-四氟乙烯共聚物）膜是一种高性能的薄膜材料，是乙烯与四氟乙烯的交替共聚物，通常采用乳液聚合的方法制备，当然也可以采用其他聚合方案。2008年北京奥运会场馆水立方表面的膜材料、英国"伊甸园"生态温室项目等采用的即是ETFE膜。ETFE具有质轻、高强、耐蠕变、透光率高（纯ETFE膜透光率可达95%）、自清洁、耐候性强、阻燃无毒、可回收等优点，更重要的是作为棚膜使用时具有超长的使用寿命，但由于其成本相对于常用的PE膜、EVA膜偏高，在现阶段的大规模农业生产中应用并不广泛。

3.2.3 塑料大棚技术应用实例

日本是大棚技术应用广泛和先进的地区。下面采用日本某地建造大棚的实例，简要介绍大棚搭建的基本过程。首先，需要将柱基打入地下（图3-20）。待柱基打好后，在其上安装立柱（图3-21），以提供大棚的高度。与此同时，可以进行屋顶骨架的预组装（图3-22）。

图3-20 大棚柱基

图3-21 大棚立柱安装

图3-22 屋顶骨架预组装

在屋顶骨架组装完成后，可以进行棚膜铺设的测试（图3-23），以便于进行修正和后期快速铺设。地面立柱和屋顶骨架均准备完毕后，即可利用小型起重机将屋顶骨架吊起安装至预先搭建好的立柱上，完成整体结构的搭建（图3-24）。

图3-23　棚膜铺设测试

图3-24　整体结构搭建

骨架搭建完毕后，最后进行棚膜的铺设和内部设施的安装测试（图3-25），即可将大棚投入使用（图3-26）。

图3-25　棚膜铺设和内部设施安装

图3-26　最终完成的大棚

3.2.4 现代化温室

1. 覆盖材料

温室的概念比较宽泛,主要与传统的由塑料薄膜和骨架结构构成的大棚相区分。按规模和结构,可以分为单栋温室、连栋温室;按屋面结构,可以分为单屋面温室和双屋面温室。温室的功能性较大棚更为丰富,如温室具有由湿帘和风扇构成的降温设施,由喷灌、滴灌、机械化灌溉器等构成的供水设施,还有加温、补光等设施。由于材料的更新迭代,现代化温室(图3-27)在机械化、规模化等方面有了很大突破。现代化温室常采用玻璃板、透明塑料板和薄膜作为覆盖材料,这几种材料在透光性、强度、耐候性、防雾性和保温性方面比较有优势。使用者可根据防风要求、成本控制、温度变化等因素选择合适的材质。

用作覆盖材料的玻璃通常又分为平板玻璃、钢化玻璃和热吸收玻璃,其在对不同波段光的吸收特性和增温保温性上会有差异(图3-28)。玻璃板具有成本较低、透光性好的优势,但在冬季室内外及昼夜温差大的北方会出现因连接处不牢而脱落的问题。此外,由于玻璃的导热系数比塑料高,相对不利于北方冬季的夜间保温。

图3-27 现代化温室种植

图3-28 玻璃温室的构造

未经处理的玻璃板表面易落灰、起雾并形成污渍(图3-29),影响透光性,因此在玻璃表面需要进行防污处理。大棚外表面——玻璃表面的污染主要来自灰尘和附着的有机物,因此其抗污措施主要有使用涂装材料、降低其表面能以及通过光催化分解有机物。

塑料温室通常分为两类：塑料薄膜类和硬质板类。前者通常采用充气多层膜技术，以增强温室保温性；后者通常采用聚丙烯酸酯（PMMA）、聚碳酸酯（PC）和玻璃纤维增强塑料（FRP）。塑料板材因其加工优势可制成中空塑料板，其力学性能和保温性能较同样重量的玻璃板有显著优势。

PC板因其良好的耐候性、透光性、抗冲击性和阻燃性而被广泛应用。由于PC板暴晒后存在易老化的问题，在其表面的一侧要做UV防护涂层，另一侧做抗冷凝处理，使其内表面亲水，防止水珠形成。未经涂层处理的PC板在36个月的自然暴晒后，透光率会下降至70%（图3-30），同时可检测到其表面逐步产生裂纹等缺陷，使PC板相对分子质量和拉伸强度等力学性能下降。塑料板的黄化问题也会影响其透光率，并直接影响到植物的生长速度，致使亩产显著降低。为抑制聚碳酸酯的光氧老化，通常会在材料中加入抗氧化剂，如受阻酚类、亚磷酸酯类、含硫类、复合类和受阻胺类等。在抗光氧老化的基础上，还会添加以UV吸收型为主的光稳定剂。

图3-29 玻璃板表面起雾

图3-30 PC板老化致透光率下降

2. 栽培设施

由于现代化温室的建造成本远高于大棚，因而提高种植效率和土地利用率成为温室内设施栽培的发展目标。其中，苗床广泛用于温室种植。根据栽培床的移动性，苗床可分为固定式苗床、活动式苗床和搬运式苗床；根据床体材料，又可分为网式苗床和潮汐苗床。

网式苗床又称花架网，其采用的热镀锌网片耐腐蚀、不易变形。相比于地面种植，基于苗床的栽培管理更为精细，可以与现代化的灌溉、采收、病虫害防控手段有效地结合在一起。相比于传统的网式苗床，潮汐苗床（图3-31）具有节水高效、管理成本低和育苗整齐度高的优势，其设施投资额远超过网式苗床，因而仍处于推广阶段。现阶段的潮汐苗床常采用丙烯腈-丁二烯-苯乙烯共聚物（ABS）作为床体材料，尽管其成本相对较低、相应吸塑工艺成熟、可在潮湿条件下长期使用，但是ABS在暴晒下可能发生变形及老化，致使苗床部分鼓起而局部报废。

图3-31　潮汐苗床

基于苗床，一些现代化的育苗手段便可以规模化使用，如由聚苯乙烯和聚氯乙烯制成的穴盘及其配套的播种机、排盘机等。

3. 水培设施

温室保障了种植环境的密闭性和可控性，也使室内的水培技术得到了充分的发展。水培是指植物的根系直接与营养液接触，相关的设施需保证：营养液不渗漏；搭配植物锚定材料以保障根系在营养液中浸润；根系和营养液不受光照；根系可进行有氧呼吸。在深液流技术中（图3-32），设施主要有种植槽、定植网框或定植板、地下贮液池和营养液循环系统，其中定植板通常是2~3 cm厚的聚苯乙烯（PS）泡沫板（图3-33），再搭配塑料定植杯。

图3-32　深液流水培规模化种植

水培在生产环节可以有效地控制营养物质和各类农用化学品的用量，也具有工业化生产的优势，但同时又因水体连通，在生产过程中一旦发生污染或病害就可能会大范围减产（图3-34）。

图3-33　深液流水培用PS泡沫板　　　　图3-34　基于水培体系的运输方案

传统的PS泡沫板在表面有细微缝隙，藻类会在其中生长，难以洗脱（图3-35）；同时还具有较脆、易碎的性质，受力易断折，因而在长期使用后会因破碎、生藻污染等问题而被弃用（图3-36）。

图3-35　PS泡沫板表面附着的微藻　　　　图3-36　废弃的PS泡沫板

KT板是一种由PS颗粒经发泡生成板芯，再经过表面覆膜压合而成的一种新型材料。KT板因表面光滑而不易有藻类附着，但其成本相对于传统的PS泡沫板较高。

广泛采用水培技术的植物工厂（图3-37、图3-38）可以应对一些极端的种植条件，但受限于高昂的设备投入和电费使用，使其产品成本居高不下。因植物工厂多采用多层种植的方法，因而对光照系统的依赖性极强，可选用的植物种类有一定的局限性。

图3-37　小型化植物工厂

图3-38　使用LED光源补光的植物工厂浅液流技术

4. 菌类养殖设施

类似于这种植物工厂多层种植逻辑的还有菌类养殖业（图3-39、图3-40）。大型的菌菇养殖场可以实现日均数十吨的生产和销售。以江苏某厂为例，其占地约200亩，每日出厂50 t杏鲍菇和数十吨的草菇。使用薄膜作菌包，菌包首次育完杏鲍菇后会在破碎处理后育草菇，之后再育双孢菇，最后粉碎作为有机肥料。

图3-39　金针菇生长室

图3-40　金针菇生产线

接种菌前，需要对菌包进行消毒，有的工厂是在140℃的条件下消毒5小时，其后降温至80℃出灭菌室。这种处理条件就对瓶身材质提出了一定的要求，PE等材料就无法使用了。

菌类养殖有着严格的温度控制，其生产成本中有一大部分是用于温度调控的。为了减轻外界环境温度变化对工厂的影响，通常采用聚氨酯作为墙体保温材料，闭孔聚氨酯海绵材料的保温性能优良，1 cm的聚氨酯海绵墙约等于15 cm的水泥墙的保温效果。受限于聚氨酯海绵材料的价格因素，目前还有些企业采用岩棉等材料作为保温层，同样具有良好的保温效果（图3-41）。

图3-41 采用岩棉和聚氨酯保温技术的江苏某地菌菇大棚

设施农业可以应用多种技术，实现人工环境调控和营养物质供给，实现作物的跨地区、跨环境种植，并实现稳产、高产。

参 考 文 献

[1] 易水. 石本正一等日本朋友来我省进行地膜覆盖栽培技术交流[J]. 山东农业科学，1981，2（22）：52-57.

[2] 韩永俊，陈海涛. 国内外纸地膜的发展现状及思考[J]. 农机化研究，2008（12）：244-246.

[3] 吕江南，王朝云，易永健. 日本农用地膜生产及应用现状考察报告[J]. 中国麻业科学，2007，29（6）：358-363.

[4] 杜晓明，徐刚，许端平，等. 中国北方典型地区农用地膜污染现状调查及其防治对策[J]. 农业工程学报，2005，21（S1）：225-227.

［5］谷田雨.完全可降解麻地膜的制备及性能研究［D］.上海：东华大学，2017.
［6］孔猛.半干旱黄土区地膜覆盖对玉米生长及土壤生态环境的影响［D］.兰州：兰州大学，2016.
［7］郝四平.黑色地膜花生［D］.郑州：河南农业大学，2004.
［8］易中懿.设施农业在中国［M］.北京：中国农业科学技术出版社，2006.
［9］张乃明.设施农业理论与实践［M］.北京：化学工业出版社，2006.
［10］王双喜.设施农业装备［M］.北京：中国农业大学出版社，2010.
［11］刘敏.可生物降解地膜的应用效果及其降解机理研究［D］.北京：中国矿业大学，2011.
［12］张志新.大田膜下滴灌技术及其应用［M］.北京：中国水利水电出版社，2012.
［13］舒帆.我国农用地膜利用与回收及其财政支持政策研究［D］.北京：中国农业科学院，2014.
［14］严昌荣，何文清，刘爽，等.中国地膜覆盖及残留污染防控［M］.北京：科学出版社，2015.
［15］曲萍，郭宝华，王海波，等.PBAT全生物降解地膜在玉米田中的降解特性［J］.农业工程学报，2017，33（17）：194-199.
［16］王妮，王春红，张红霞，等.聚乳酸生物降解地膜研究进展［J］.塑料科技，2017，45（11）：115-119.
［17］赵舒曼.干旱半干旱区农田地膜下垫面天气效应的数值模拟［D］.兰州：兰州大学，2017.
［18］胡琼恩，李婷，马丕明，等.生物可降解地膜的研究进展［J］.塑料包装，2017，27（3）：34-41.
［19］付亚亚.不同覆盖措施对土壤水分及冬小麦生长过程的影响［D］.咸阳：西北农林科技大学，2018.
［20］李亚新.我国农用地膜污染现状及治理回收［J］.甘肃农业，2018（24）：57-58.
［21］张会平，谢东，李发勇，等.生物降解地膜及其应用研究进展［J］.甘蔗糖业，2018（3）：60-64.
［22］马子贵，陈雷，王丽梅，等.线性低密度聚乙烯薄膜专用树脂的开发研究［J］.炼油与化工，2010（1）：19-22.
［23］刘绍基.使用添加剂改进低密度聚乙烯薄膜的质量［J］.广东化工，1988（1）：1-4.
［24］陈宗藩，梁焕强.各种光稳定剂在线性低密度聚乙烯薄膜中的耐候性比较［J］.合成材料老化与应用，1986（1）：37-40.
［25］游纪曾.受阻胺光稳定剂在LDPE农用薄膜中的应用研究［J］.现代塑料加工应用，1990（3）：16-20.
［26］宫向英，裘一泽，王立，等.薄膜用高性能LLDPE树脂的开发［J］.合成树脂及塑料，2012（3）：44-46.
［27］黄玉贞.黑色高压聚乙烯薄膜的耐候性试验［J］.合成材料老化与应用，1982（2）：14-17.
［28］刘双德.聚乙烯农膜长寿母粒的研制［J］.现代塑料加工应用，1996（3）：12-15.
［29］李镇江.农用耐老化地膜母料的研制［J］.合成材料老化与应用，1992（3）：4-8.
［30］汤明，王晓丹，李蕾.薄膜级EVA树脂的结构与性能［J］.合成树脂及塑料，2012（3）：

61-65.

[31] 农用乙烯-醋酸乙烯共聚物薄膜编写组. 农用乙烯-醋酸乙烯共聚物薄膜[J]. 广州化工, 1975(2): 46-49.

[32] 杨春玲, 孙克威, 姜戈. EVA 薄膜在日光温室蔬菜生产中应用效果的研究[J]. 北方园艺, 2005(4): 22-23.

[33] 冯树铭. BOPET 在农用大棚膜上的应用[J]. 聚酯工, 2012(4): 15-16.

[34] 张华集, 张雯, 肖荔人, 等. 转光驱虫聚乙烯农用薄膜的研究[J]. 中国塑料, 2005(8): 51.

[35] 本田雄一, 杨小萍. 用滤除紫外线的薄膜防治病害[J]. 中国蔬菜, 1984(4): 61-63.

[36] 莫秀梅, 赵德仁. 农药缓释剂的研究[J]. 功能高分子学报, 1989(1): 12-18.

[37] 杨瑞燕. LDPE 除草地膜[J]. 塑料科技, 1993(6): 34-36.

[38] 于太保, 徐卫兵, 周正发, 等. 稀土镧配位抗菌剂在 LDPE 薄膜中的应用[J]. 现代塑料加工应用, 2010(2): 50-52.

[39] 檀先昌. 粮食储藏防虫的新材料——防虫薄膜、防虫涂料[J]. 粮油仓储科技通讯, 1991(Z2): 51-53.

[40] 刘秀花. 塑料大棚应用和管理技术[J]. 食品安全导刊, 2015(6): 130.

[41] 何永梅, 徐洪. 在设施蔬菜生产上正确使用大棚膜技术[J]. 农村实用技术, 2018(2): 28-30.

[42] 李爱英, 张帆, 许育辉, 等. 农用大棚塑料薄膜材料的研究进展[J]. 化工新型材料, 2014, 42(12): 25-37.

[43] 庞道双, 潘小虎, 李乃祥, 等. PBAT 合成工艺研究[J]. 合成技术及应用, 2019, 34(2): 35-39.

[44] 胡友良, 马志, 吕英莹. LLDPE 的发展现状和技术创新[J]. 石化技术与应用, 2003(1): 1-4.

[45] 丛花, 范士亮, 严勇亮, 等. 不同气候对氧化型降解地膜的影响(英文)[J]. 新疆农业科学, 2015, 52(3): 483-486.

[46] 秦玉升, 王献红, 王佛松. 二氧化碳共聚物的合成与性能研究[J]. 中国科学: 化学, 2018, 48(8): 883-893.

[47] 严海标, 徐声钧. 光氧化降解农用地膜的研究[J]. 合成树脂及塑料, 1998(1): 21-23.

[48] 刘蕊. 氧化生物双降解地膜和种植密度对玉米田间水热及其生长的影响[D]. 沈阳: 沈阳农业大学, 2018.

[49] 甘富荣. 我国地膜回收机械现状与发展趋势[J]. 农业工程, 2019, 9(9): 23-26.

[50] 李海强, 汪婧怡, 武莉, 等. 氨基甲酰基季铵盐双功能催化剂催化丙交酯开环聚合研究[J/OL]. 高分子学报: 1-8. [2020-03-23]. http://kns.cnki.net/kcms/detail/11.1857.06.20190606.1645.002.html.

[51] Müller R J, Kleeberg I, Deckwer W D. Biodegradation of polyesters containing aromatic constituents [J]. Journal of Biotechnology, 2001, 86 (2), 87-95.
[52] Wu Shuyi, Zhang Yang, Han Jiarui, et al. Copolymerization with polyether segments improves the mechanical properties of biodegradable polyesters [J]. ACS Omega, 2017 (6): 2639-2648.
[53] Liu D, Qi Z G, Zhang Y, et al. Poly (butylene succinate)(PBS) /ionic liquid plasticized starch blends: preparation, characterization, and properties [J]. Starch-Starke, 2015, 67 (9-10): 802-809.
[54] Qi Z G, Ye H M, Xu J, et al. Improve the thermal and mechanical properties of poly (butylene succinate-co-butylene adipate) by forming nanocomposites with attapulgite [J]. Colloid Surface A, 2013, 421: 109-117.
[55] Poirier, Dennis, Klomparens, et al. Polyhydroxybutyrate, a biodegradable thermoplastic, produced in transgenic plants [J]. Science, 1992, 256 (5056): 520-523.

第4章

绿色生物农药

按照《中国农业百科全书·农药卷》的定义，所谓农药（pesticides）是指用于防治危害农林牧业生产的有害生物（如害虫、螨虫、线虫、病原菌、杂草及鼠类等）和调节植物生长发育的化学制剂。国务院所颁布的《农药管理条例》（2017年修订）将农药定义为用于预防、控制危害农业、林业的病、虫、草、鼠和其他有害生物，以及有目的地调节植物、昆虫生长发育的化学合成物，或来源于生物、其他天然物质的一种物质或几种物质的混合物及其制剂。除了以上定义，也可以将对在农业生产过程中具有破坏作用的病害、虫害、鼠害以及杂草等具有抑制、阻止和毒杀作用的化学制剂、生物制剂、天敌生物，以及对植物防卫功能具有诱导作用的化合物或生物称为农药。

农药是防治病虫害、保障农业丰产必不可少的生产资料，也是影响农产品安全生产的关键要素之一，事关国民身体健康和生态安全。我国政府历来高度重视"三农"问题，始终把农业、农村和农民的发展问题放在国民经济的首要位置。自2004年以来，"中央一号"文件已多次指出要加强农作物病虫害防治及农产品质量安全的管理工作，推进农药产品更新换代，推广使用高效、安全、低毒、低残留的农药。国家发展改革委也曾指出，在我国工业化和城镇化加快推进的阶段，粮食和食品安全仍然面临严峻挑战。《国务院办公厅关于统筹推进新一轮"菜篮子"工程建设的意见》（国办发〔2010〕18号）中指出，要进一步转变发展方式，提高质量安全水平。如今，人们对诸如"神农姜""呋喃西瓜""毒韭菜"等有毒食品仍心有余悸，因此研发和推广新型、绿色、无公害的生物农药势在必行。习近平总书记曾特别指示，"手中有粮，心中不慌。保障粮食安全对中国来说是永恒的课题，任何时候都不能放松。历史经验告诉我们，一旦发生大饥荒，有钱也没用。解决13亿人口的吃饭问题，要坚持立足国内。中国的粮食安全要靠自己。"为了我国的粮食安全和食品安全，我们必须开发出更多具有自主知识产权的绿色环保农药，为我国的粮食和食品安全提供充足的物质保障。

4.1 农药的发展历程

人类使用农药的历史非常悠久，公元前1 000年前，古希腊人就开始使用含砷矿粉和硫黄熏蒸等方法防治害虫或预防疾病。我国先民也远在3 000年前就使用草本灰、莽草、蜃炭灰和牧鞠等防治蠹虫等害虫。在数千年的历史长河中，我们的祖先普遍利用燃烧艾草以及青蒿等方法祛除蚊虫，利用雄黄、松脂和烟草油等驱离毒虫，利用红矾等解除鼠害，这些方法一直沿用至今。

1. 第一代农药——早期农药的诞生

1744年，法国人开始使用硫酸铜进行种子消毒；1763年，又使用烟草和石灰粉控制蚜虫危害。至此，世界上出现了"杀虫剂"一词。1800年，美国人Jimtikoff发现高加索部族使用除虫菊粉防治虱子和跳蚤。1802年，人们开始用硫黄与石灰粉混合作为杀虫剂，这就是石硫合剂。1807年，法国人Prevest偶然发现将硫酸铜混入生石灰粉后具有更好的杀菌效果（波尔多液）。1848年，Oxley T发现了鱼藤根粉的杀虫作用。19世纪中叶以后，石硫合剂、波尔多液、除虫菊粉和鱼藤根粉等杀菌和杀虫剂作为商品陆续进入市场，并开始在工厂中进行大规模生产。1867年，有一种被称为"巴黎绿"的富含亚砷酸铜的化合物作为杀菌和杀虫剂进入市场，并在美国作为抑制科罗拉多甲虫的杀虫剂而广为应用。自此之后，农药生产作为一种新型产业而诞生。

20世纪以前，所谓农药主要是指用植物和矿物作为原料进行粉碎加工而制成的粉剂或水溶性粉剂，主要有石灰、硫黄、除虫菊粉、鱼藤根粉、硫酸铜、砷酸铅、氟铝酸钠等杀虫剂以及波尔多液和石硫合剂等杀菌剂，也被称为"第一代农药"。这些农药制造方法简单、作用对象单一、物美价廉、药效低、用量大，对于多种动物而言，口服时具有较大毒性，对禽鸟和鱼类也有毒杀作用。但是，这些农药的诞生对于粮食作物、果树和蔬菜等作物的病虫害防治起到了重要作用，在保障农业安全生产方面做出过巨大贡献。其中的一些农药品种，如石硫合剂、波尔多液等，至今仍作为农药应用在农业生产实践中。过去人们曾认为这两种农药使用安全、防治效果好，基本上无残留污染，不易诱发病虫产生抗性，但是从生态农业和现代农业的角度来看，长期使用石硫合剂或波尔多液会使土壤大量残留铜、砷等重金属离子，同时还会引起钙、硫以及硅酸盐的积累，因此对农作物的品质和口感会造成不利影响。

2. 第二代农药——有机合成农药

20世纪中叶（1945—1975年），农药发展到有机合成时代，以六六粉、敌百虫和DDT为代表出现了一大批有机合成农药。为此，这一时期所研发的有机合成农药被称作"第二代农药"。所谓有机合成农药是通过化学合成法制造的杀虫剂、杀菌剂和除草剂等化学农药。与第一代农药相比，其特点是高纯度、高活性和高效率，并逐步取代了过去的矿物粉剂和植物粉剂，促使农药研发进入新的发展阶段。这些农药是以有机物、有机磷和氨基甲酸酯类化合物为主的具有较高生物活性的化合物，其应用范围更广、使用便利、见效快、药效长，在保障农业生产、稳产方面起到了重要作用。有机合成农药的特点如下：①作用对象多样化，对造成病虫草害的有害生物具有除杀或抑制作用。例如，有机磷类、有机类和氨基甲酸酯类杀虫剂对害虫具有触杀和胃毒作用，有的还具有熏蒸或内吸式毒杀功能，杀虫种类具有广谱性、持效期长的特点；有机杀菌剂对多种农作物具有保护作用，对一些病菌具有直接灭菌或内吸式抑制作用；有机除草剂对农作物种类有较好的选择性，可以导致某些杂草枯萎却对作物无害。②药效高。有机类杀虫剂的用量为100~200 g/亩，有机磷类杀虫剂的用量为50~100 g/亩，氨基甲酸酯类杀虫剂的用量为10 g/亩；杀菌剂中的二硫代氨基甲酸盐类（代森锌、代森锰锌、代森锰等）以及二甲酰亚胺类（如克菌丹、灭菌丹等）的用量为100 g/亩；除草剂中的2,4-D用量为50~150 g/亩，除草醚的用量为130~140 g/亩。与第一代农药的矿物或植物粉剂相比，有机合成农药的药效提高了10倍以上。③化学性质稳定。由于该类农药不易降解、有效期长，故易产生残留，长期使用会给环境造成污染，给食品安全带来威胁，特别是DDT和敌敌畏（DDVP）等高毒杀虫剂，在生产和使用阶段均存在安全隐患。例如那些具有广谱性杀虫作用的杀虫剂，不但可以毒杀害虫，对于害虫的天敌也有毒害作用，因此会导致害虫更加泛滥成灾。从20世纪70年代开始，诸如六六六、敌百虫、敌敌畏、DDT等剧毒农药在很多国家被停用或限制使用。

为此，人们也更加期待开发出高效、低毒、低残留的新型农药。

3. 第三代农药——"超高效"农药

20世纪70年代以后，人们开始从植物等资源中分离出新型高效农药。例如，从菊科植物体中分离出一种具有杀虫活性的化合物——除虫菊酯，其杀虫效果比有机磷类或氨基甲酸酯类杀虫剂高出5～10倍。杀菌剂中的三唑酮和甲霜灵等，每亩用量只需9～17 g，是代森锌和克菌丹等用量的1/10左右。除草剂中的禾草灵，每亩用量仅60～70 g，是除草醚的一半。因此，有人将这类农药称为"超高效"农药，也被称作"第三代农药"。由此，农药的发展进入"超高效"时代，但是绝大多数产品仍然以有机化合物为主，其化学结构比早期的有机农药更加复杂。为了使农药对有害生物具有更大的毒杀或抑制作用，在合成工艺上采用了一系列高难度技术，如不同异构体拆分、差向异构、立体选择等，目标是生产出用量少、毒性强、无残留、无污染的新型农药，同时对环境没有任何影响。但是，以往所研发的农药还是追求对害虫、病菌和杂草等具有更高效的除杀作用，因此既避免不了对哺乳动物、鸟类和昆虫类生物造成一定的伤害，也不能彻底解决对人、畜禽和有益昆虫的毒害及环境污染问题。

4. 第四代农药——绿色生物农药

进入21世纪，人们对于农药的认知发生了巨大变化，特别是考虑到人类社会的可持续发展、人体健康与环境的密切相关性，保护环境和维护生态平衡的理念日益成熟。与以往的"杀生性"农药相比，人们更趋向于开发出"非杀生性"的绿色环保生物农药。近年来，科学家从人类安全和保护环境的角度出发，着重从天然产物中筛选活性成分，并通过人工合成该成分或其类似物制成仿生农药。研发方向是根据一些天然活性成分对害虫、致病菌以及杂草的生活习性、形态、生长、繁殖以及生命周期具有调控作用的原理，实现控制或改变这些有害生物的生长发育规律，达到对有害生物的抑制、驱离或驱除的目的，控制其繁殖，而不是毒死或杀死。目前，科学家的研究热点已经聚焦于昆虫激素、性信息素等诱捕剂或驱离剂，以及拒食剂、细菌毒素、植物香精、黑色素等有害生物抑制剂，利用微生物的拮抗作用培育对植物活体无害的微生物种群，利用有益微生物或喷洒天然产物诱导植物自身产生"防卫素",通过转基因技术培育抗虫、抗病品种等,这些均属于"非杀生性"生物农药的范畴。所谓"非杀生性"农药,与以往农药存在本质性区别,它标志着农药的发展进入一个全新的时代,因此也有人称之为"第四代农药"。由于新时代的农药具有环保、生态、健康与和谐的内涵,也称作"绿色生物农药"。该类农药具有以下特点:①对目标有害生物具有选择性,对非目标生物具有安全性;②有效浓度低,与环境有相容性,无环境污染问题;③易降解,无农药残留和破坏生物链的问题。因而,绿色生物农药既能有效防治农作物的病、虫、草、鼠危害,又可解决农药残留问题,提高环境和人、畜禽以及有益昆虫的安全性。绿色生物农药的研发必将遵循"科学、环保、安全、高效、经济"的原则,其剂型也将向便利、易储、智能、通用的方向发展。

4.2 国内外农药发展现状及趋势

目前,国际农药行业已经进入非常成熟的发展阶段,在世界人口和粮食需求不断增长的推动下,国际市场对农药的刚性需求一直呈上升趋势。根据联合国《世界人口展望2019》的数据及预测,全球人口预计在未来30年将再增加20亿人,从2019年的77亿人增至2050年的97亿人;到21世纪末,全球人口将继续增至110亿人左右。联合国粮食及农业组织(FAO)的统计数据显示,全球可耕地面积始终维持在14亿hm^2左右,受世界范围的城市化和工业化等因素的影响,地球上可耕地面积正逐渐减少,全球人口增加与可耕地面积的矛盾将日益突出。为了满足全球的粮食供给,提高单位面积粮食产量是唯一的解决途径。因此,农药的保障作用显著提升。

根据Phillips McDougall公司的统计,2017年全球农药市场规模为615.3亿美元,其中,农药销售总额为542.19亿美元,占总农药市场份额的88%;非农业用药的销售总额为73.11亿美元,占总农药市场份额的12%。图4-1给出了全球2007—2017年农药市场的销售规模,11年间,除了个别年份有所减少,全球农药市场的销售额总体呈上升趋势。

表4-1给出了2013—2017年全球主要农药类产品的销售额与占比。结果显

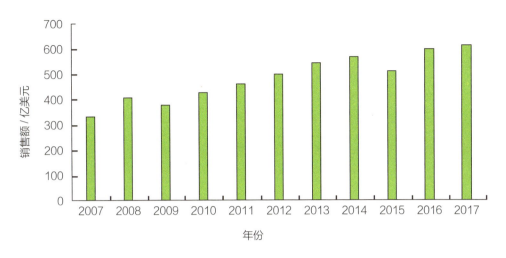

图4-1　2007—2017年全球农药市场规模

（数据来源：2018年全球农药行业销售额及市场结构分析——中国报告网）

表4-1　2013—2017年全球农药的销售规模

单位：亿美元

产品类型	2013年		2014年		2015年		2016年		2017年	
	销售额	占比/%	销售额	占比/%	销售额	占比/%	销售额	占比/%	销售额	占比/%
除草剂	236.89	44.44	241.30	42.59	216.44	42.27	224.87	42.54	232.30	42.84
杀虫剂	149.07	27.96	161.67	28.54	143.30	27.98	129.40	24.48	135.23	24.94
杀菌剂	130.86	24.55	146.90	25.93	137.13	26.78	165.70	31.35	154.87	28.57
其他	16.26	3.05	16.68	2.94	15.23	2.97	8.63	1.63	19.79	3.65
总计	533.08	100	566.55	100	512.10	100	528.60	100	542.19	100

数据来源：观研天下发布的《2018—2023年中国农药产业市场运营规模现状与发展商机分析研究报告》和Phillips McDougall公司的统计数据。

示，2017年全球销售额最大的农药产品类别仍然是除草剂，达到232.30亿美元，占全球农药市场的42.84%；杀菌剂的销售额为154.87亿美元，占全球农药市场的28.57%；杀虫剂的销售额为135.23亿美元，占全球农药市场的24.94%。从除草剂的销售额来看，近五年来基本稳定在230亿美元左右，杀虫剂的市场销售额有减少的趋势，杀菌剂的市场销售额有少许增加。

从2016—2017年全球各地区的农药销售情况来看（表4-2），2017年，亚太地区是全球最大的销售市场，达到163.07亿美元，占全球农药市场的30.1%，根据Phillips McDougall公司的统计，印度豆类作物使用的农药量增长较多，东南亚市场表现良好，其中印度尼西亚因国内农作物价格增高促进了农药市场的增长；拉丁美洲的农药市场销售有所下降，销售额只有126.64亿美元，其中巴西是最大的农药销售市场，由于孟山都公司培育了抗虫且耐除草剂的Intacta RR 2 Pro大豆并大面积推广，因而减少了除草剂和杀虫剂的使用量；北美自由贸易区的农药销售额为107.61亿美元，与2016年相比有所增加；欧洲农药市场的销售额为123.77亿美元，同比增长2.6%，尤其是俄罗斯农业的持续发展，拉动了欧洲农药市场销售额的提升；中东和非洲的农药市场销售额为21.1亿美元，同比增长8.3%，这主要是因为南非扩大了玉米和大豆的种植，从而增加了农药的使用量。

表4-2 2016—2017年全球各地区农药市场销售情况

单位：亿美元

地区	2016年	2017年	同比/%
亚太地区	151.41	163.07	+7.7
拉丁美洲	133.31	126.64	−5.0
欧洲	120.63	123.77	+2.6
北美	104.37	107.61	+3.1
中东和非洲	19.48	21.10	+8.3
总计	529.20	542.19	+2.5

数据来源：Phillips McDougall公司的统计数据。

从2017年的销售情况来看,全球农药销售额中的非专利农药占比最大,约占70%。这是由于这些非专利农药产品已经在市场上流通了数十年,其药效和使用方法已经为人所熟知,销售市场稳定。同时,也因这些非专利农药的生产工艺非常成熟,原料供应稳定、生产成本较低,且申请和登记成本低、项目建设周期短,进入门槛较低,所以其生产和市场占有规模较大。其余的30%属于专利农药,基本上都集中于全球前十大农药企业,如先正达(被中国化工集团收购)、拜耳、巴斯夫、陶氏化学、孟山都、杜邦、富美实(FMC)、安道麦(ADAMA)、纽发姆(NUFARM)等跨国集团公司。新农药的开发成本巨大、周期长。据报道,研制一种新农药需要从140 000个化合物中进行筛选,从研制到商业化的平均周期为10年,大概需要2.5亿美元的研发经费。经过几十年的竞争与发展,全球的农药行业呈现寡头垄断的格局,按2016年的销售额统计,先正达、拜耳、巴斯夫、陶氏益农、孟山都和杜邦六大跨国公司占据了全球农药市场60%以上的份额,农药新品种的开发已经基本由这些公司垄断。据报道,这六大跨国公司也是在R&D(研究与开发)上投入最高的企业,其投入占比为10%~25%。据Phillips McDougall公司的统计,1980—2005年,这六大跨国公司共研制出220个新农药品种,占全球农药新品种的70%。仅2011年这六家公司的专利申请总数就达到904件,占当年新农药专利申请总数的75.5%。国际跨国公司对农药新产品的开发也间接地强化了其在全球农药市场的垄断地位。由于发达国家的农药产业起步较早,本国市场已经趋于饱和,这些跨国公司为了谋求发展,同时也为了规避本国越来越严格的环保政策并降低生产成本,开始分离产业链的上游,将中间体和原料药的生产转移到生产成本较低的中国和印度等发展中国家。

21世纪以来,我国的农药工业发展迅猛,已经形成了涵盖研发、原料药生产、制剂加工、中间体配套、毒性检测、残留分析、安全评价以及推广应用等的一整套完整的农药工业体系,并已发展成为全球最大的农药生产国和出口国。从图4-2中可以看出,我国化学农药产量从2007年的176.48万t(100%折纯)增至2016年的最高值377.8万t,基本呈连年增长趋势;2017年,我国的农药产量大幅下降,这与国家减药增效和企业转型政策密切相关。随着全球农药产业分工的不断深化,我国凭

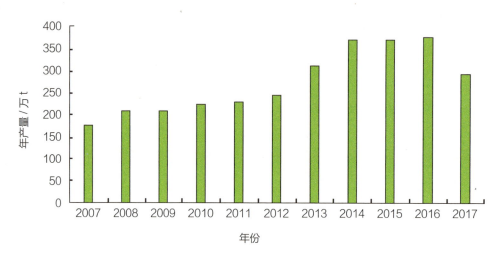

图4-2 2007—2017年我国化学农药年产量变迁

（数据来源：根据公开资料整理）

借巨大的成本优势和日渐成熟的技术优势已经成为全球农药的主要生产基地和主要出口国。

经过近20年的高速发展，我国农药工业取得了长足进步。目前，规模以上农药生产企业已发展至830多家，农药的品种也大幅增加，产品质量显著提高。原料药种类多达500多种，可生产的农药剂型有120多种，制剂种类超过3 000余种（《农药工业"十三五"发展规划》）。从农药的生产情况来看，2016年我国生产除草剂约177.3万t、杀虫剂约50.7万t、杀菌剂约19.9万t。我国的农药产品结构正在不断优化，并与国际农药产品的结构基本一致，为我国农业的安全生产提供了有力保障。

据报道，全球农药原料药的70%在我国生产，除可以满足我国自身的农药需求外，也开始大量出口，我国已经成为名副其实的农药出口大国。目前，我国农药出口至全球180多个国家和地区，市场覆盖北美、南美、东南亚、非洲和欧洲等地区。2017年，我国共出口农药146.48万t，出口金额67.6亿美元（图4-3）。2011年以来，我国原料药和制剂的出口结构变化明显，其中制剂占六成以上，除草剂出口量最大，其次是杀虫剂和杀菌剂，品种超过400个。2015年，我国

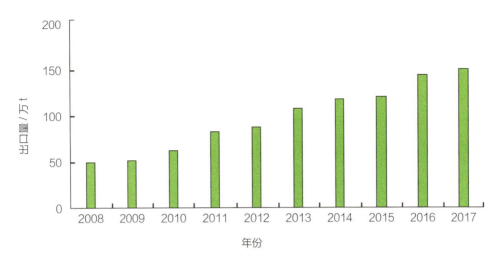

图4-3　2008—2017年我国出口农药量

（数据来源：根据公开资料整理）

出口量最多的10个产品为草甘膦、百草枯、吡虫啉、烯草酮、毒死蜱、莠去津、麦草畏、阿维菌素、甲磺草胺和百菌清。我国每年也进口大量的农药，其中杀菌剂最多，品种涉及200多个有效成分。进口最多的农药是氯虫苯甲酰胺、五氟磺草胺、草甘膦、代森锰锌、噻虫嗪、苯醚甲环唑、嘧菌酯、戊唑醇、精甲霜灵和肟菌酯。2015年，我国进口农药总量为5.8万t，总金额为6.8亿美元。

目前，我国已是化学农药的生产和使用大国，年均化学农药防治面积高达45亿亩次。单位面积平均化学农药使用量比世界平均使用量高2.5~5倍，每年遭受农药残留污染的作物面积达800万hm^2，其中严重污染的比率高达40%，成为世界上农药污染严重的国家之一。20世纪50年代，抗药性害虫大约有50种，至90年代初增加到552种，至90年代末已经增加到900种。尤其是近10年来，棉铃虫、小菜蛾、斜纹夜蛾等多发性害虫对菊酯类、有机磷类化学农药的抗药性增加了几百倍乃至数千倍。

据FAO报告，全球每年估计有100万~500万起农药中毒事件发生。我国也发生了多起因农药残留超标导致的中毒事件。与急性中毒相比，化学农药所引起的慢性中毒同样不容忽视，其造成的外贸损失高达70亿美元。我国主要使用的农药品种有甲胺磷、三唑磷、杀虫双、草甘膦和生石灰。有些省份的农药使用平均水平达到了16.93 kg/hm^2，远远超出我国7.50 kg/hm^{2}的平均水平，其中杀虫剂使用平均水平为8.70 kg/hm^2，杀菌剂使用平均水平为4.26 kg/hm^2，除草剂使用平均水平为3.38 kg/hm^2。在农药的使用过程中，高残留有机磷占比过大，约占农药使用总量的21.5%。因此，减少农药的使用量，开发具有自主知识产权的高效、低毒、绿色、环保的生物农药以取代现有化学农药已经迫在眉睫。

1992年，世界环境与发展大会提出的第21条决议指出："要在全球范围内控制化学农药的销售和使用，到2000年生物农药的产量占农药总量的20％。"自此，全球化学农药的销售量开始下降，生物农药则以20％的年增长速度异军突起。以产业化难度最大的生物农药——昆虫天敌为例，1968年，欧洲仅有两家小型的昆虫天敌生产商；2008年，全球昆虫天敌生产商已增加到90家。生物农药是农产品质量安全、残留物不超标的重要物质保障，在国际上被誉为"21世纪的朝阳产业"，是未来农药的主要发展方向之一。分析人士预测，在21世纪中叶全球生物农药的需求量将占到农药市场的60％。当前，世界应用生物农药最多的国家有美国、加拿大和墨西哥，其生物农药的使用量占世界总量的44％，欧洲的生物农药使用量占全世界的20％。而在我国，生物农药仅占农药市场的10％～12％。目前，我国普通农作物以使用化学农药为主，生物农药的使用率处于较低水平，市场份额为5％左右，在无公害农产品市场所占的市场份额约为20％，在绿色农产品中的利用率为70％，在有机食品中的利用率为100％。随着我国绿色无公害农业及有机农业的迅速发展，我国生物农药的市场需求规模也将相应增长。《2013—2017年中国生物农药市场供需调查与投资策略研究报告》显示，国家将大力培育年产值达到5亿～10亿元的生物农药生产企业，力争在未来的10年间，将生物农药的市场份额由现在的10％提升到30％。

我国现有生物农药生产企业260多家，约占全国农药生产企业的10％，生物农药制剂年产量近13万t，年产值约30亿元人民币，约占整个农药总产量和总产值的9％。这260多家生物农药公司多为小型企业，在农药市场供大于求的形势下，其资金与技术均缺乏，规模小、产品少、品种单一是其通病，所生产的生物农药的药效也不显著。与之相比，化学农药则因用量少、见效快而占明显优势，农户也因此更愿意接受化学农药。

从生物农药近10年在国际上的发展情况来看，其市场份额由2000年的0.2%增至2009年的3.7%。2010年，全球生物农药的产值超过了20亿美元，市场占有率达到4%左右。而Markets & Markets发布的报告《2012—2017全球生物农药市场趋势与预测》显示，2012—2017年，全球农药市场的市值将以15.8%的年增长率增长，并预测2022年将达到88.2亿美元。美国是世界上登记生物农药品种较多的国家之一，截至2017年9月30日，美国国家环保局（EPA）公布已注册的生物农药有效成分达到350种，而我国截至2019年4月登记的生物农药有效成分为125种，产品3 790个。目前，我国大规模生产的生物农药有阿维菌素、井冈霉素、苦参碱、苏云金杆菌和传统的除虫菊酯等，绝大多数生物农药的品种由发达国家开发，我国在跟踪发现后才开始生产。

我国对生物农药的研究始于20世纪50年代初，至今已有60多年的历史。目前，我国能大规模生产的生物农药品种主要有5种，即苏云金杆菌、井冈霉素、阿维菌素、苦参碱和除虫菊酯。截至2019年，全国有30余家生物农药研究机构。我国的生物农药类型有微生物农药、农用抗生素、植物源农药、生物化学农药、天敌昆虫农药、植物生长调节剂类农药六大类，已有多个生物农药产品获得广泛应用，其中包括井冈霉素、苏云金杆菌、赤霉素、阿维菌素、春雷霉素、白僵菌、绿僵菌。目前有80多个厂家生产苏云金杆菌，年产量约3万t，阿维菌素则是近几年发展最快的一种大环内酯类抗生素。在我国，以苏云金杆菌、井冈霉素和阿维菌素为主的各类微生物农药的施用面积仅占病虫害防治总面积的10%~15%。我国农药销售额约为60亿元，其中苏云金杆菌占市场份额的2%、棉铃虫病毒杀虫剂占0.2%、农用抗生素占9%、植物源农药占0.5%。据有关专家预测，今后10年内生物农药将取代20%以上的化学农药。

生物农药已被我国列入《中国21世纪议程》，要求"在农产品生产环节加大源头污染治理力度，全面实施无公害食品行动计划"。在我国中长期科技规划中也将生物农药列为重点攻关项目。生物农药产品剂型已从不稳定向稳定发展，由剂型单一向剂型多样化发展，由短效向长效或高效发展。在技术水平方面，我国已经掌握了许多生物农药的关键技术与产品研制的技术路线，在研发水平上与世界水平相当，人造赤眼蜂技术、虫生真菌的工业化生产和应用技术、捕食螨商品化、植物线虫的生防制剂等研发领域在国际处于领先地位。虽然近几年生物农药得以快速发展，但是还存在诸如时效性差、质量稳定性差、使用成本和技术要求高、研究开发与生产脱节、产品制剂化困难、生产企业规模小、生产工艺落后、防治对象单一、缺乏系列化产品以及应用推广难度较大等问题。

4.3 我国农药使用存在的问题

4.3.1 创新不足，以仿制农药为主

我国是世界上最大的非专利农药生产国和出口国，农药的产量和出口量均占世界农药市场的较大份额。遗憾的是，在这些农药中自主创新产品非常有限，绝大部分为仿制品种，在农药新品种研发方面缺少核心竞争力。据不完全统计，1985—2015年的30年间，我国自主研制并已登记和生产的农药品种只有50种，其中包括14种杀虫剂、25种杀菌剂、8种除草剂以及3种植物生长调节剂。据工业和信息化部统计，我国的农药企业有1 870家，其中原料药生产企业488家、制剂加工企业1 175家、卫生用药企业207家。虽然农药生产企业众多，但规模普遍偏小，技术水平和产品质量参差不齐，企业利润不高，这也是制药企业创新不足的主要原因。

4.3.2 企业规模小，技术水平低

改革开放以来，我国的农药产业取得了长足发展，形成了包括原料药生产、制剂加工、科研开发以及农药中间体配套的全产业链工业体系，生产的农药品种也趋于多样化。我国已经成为世界上最大的农药生产国，农药生产企业超过1 800家，然而由于产业集中度低、企业规模小、技术水平与装备水平落后、环境污染问题严重，还没有形成规模优势，其中年销售量在2 000 t以下的小企业占行业总数的85%

左右，呈现出"大行业小企业"的格局。随着行业竞争的不断加剧，在资源与环境的制约以及相关产业政策的引导下，我国的农药行业必须加快调整产业结构，通过企业整合、组合、合并向集约化、规模化方向发展。一直以来，我国政府对农药产业的发展都非常重视，2010年就公布了《农药产业政策》（工联产业政策〔2010〕第1号），2012年又公布了《农药工业"十二五"发展规划》，2016年再次公布了《农药工业"十三五"发展规划》，具体目标是到2020年，培育出2~3个销售额超过100亿元、具有国际竞争力的大型农药企业集团，培育出5个销售额在50亿元以上的中型农药生产企业以及30个销售额在20亿元以上的中小型农药生产企业。为此，我们必须借鉴国外农药行业的发展模式，通过兼并、重组、股份制改造等方式组建大型农药企业集团，实现我国农药行业的规模化和集约化。只有做大做强产业规模，才能推动技术创新，提高生产水平，实现产业转型升级，才能具备自主研发创新农药的能力，才能提高核心竞争力，并提升我国农药企业在全球市场中的地位。为了融入全球农药行业的产业链、迅速提高农药质量，我国的农药行业标准也应符合FAO或WTO的国际标准。

4.3.3 农药使用过量

我国是世界农药生产大国，同时也是最大的农药消费国。如图4-4所示，2016年以前，我国每年的农药消费量基本呈上升趋势，特别是2012年和2014年的农药消费量激增至260万t以上，而2017年则显著下降到150万t左右，这与前一年病虫害发生率较低以及国家减肥减药增效政策的广泛落实密切相关。与世界上主要的农药消费大国相比，我国的农药消费量更大。世界排名第二的巴西农药年消费量只有35万t；有25亿亩农田的美国，农药年消费量只有30万t左右；印度的耕地面积与我国大体相当，但其农药年消费量只有20万t左右；其他农药年消费量较多的国家中，墨西哥为11万t，加拿大为7万t，日本、意大利和法国的农药年消费量在逐年减少，目前只维持在5万t左右；德国和西班牙等国家一直维持在每年3万t左右。相比之下，我国的农药消费量远远超过世界平均水平，单位面积化学农药用量比世界平均用量高出2.5~5倍，这个数据引起了我国政府的极大关注。2015年年初，农业部审议并通过了《到2020年农药使用量零增长行动方案》，并在全国范围启动这一行动。2020年，农业农村部又颁发了《2020年种植业工作要点》（农办农〔2020〕1号），要求推进科学用药，促进用环境友好型绿色农药替代传统农药，减少农药残留，确保农产品质量安全。

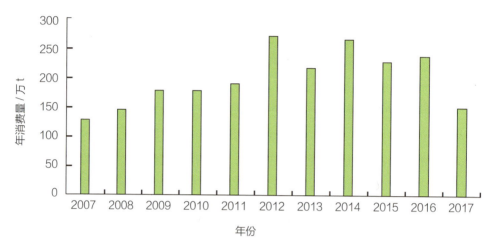

图4-4　2007—2017年我国农药年消费量

（数据来源：根据公开资料整理）

综上可知，我国的农药使用量很高，即使我国的复种指数高于国外，但是这一使用量依然令人震惊。我们知道，无论是除草剂、杀虫剂还是杀菌剂都有一定的毒性，长期大量地使用不但容易使其在土壤中积累，还容易在农产品表面残留，对空气、地下水以及地表水亦有污染。由于大多数农药为化学合成，有效期长、很难降解，特别是农药残基积累在土壤、地下水和地表水中会对各类生物造成危害。农药的过量使用，不仅杀死了害虫、病菌和杂草，同时也杀死了有益菌、有益昆虫以及以昆虫为食的青蛙、蟾蜍和鸟类。虽然有些农药可能不会直接杀死鸟类，但是由于昆虫的大幅减少会影响鸟类等以昆虫为食的动物的繁殖，因此间接导致其数量显著减少。特别是除草剂的过量使用会导致鱼类等生物致残、致癌甚至死亡，对人体健康也会构成威胁。近年来，农药的大量和不科学使用导致一系列农药安全事件发生,如2010年,海南省因过量使用水胺硫磷而造成的"毒豇豆"事件;2013年,山东省因过量使用"神农丹"而造成的"神农姜"事件。所谓"神农丹",是一种叫涕灭威的剧毒农药,50 mg就可致人死亡,不能直接用于蔬菜瓜果。然而,由于生姜种植虫害严重,姜农开始使用"神农丹",虽然预防了虫害,但是却给消费者造成了健康威胁。此外,如"毒韭菜""呋喃西瓜""毒茶叶"等均是因过量使用呋喃丹、甲胺磷或甲拌磷等剧毒农药而造成的。呋喃丹属于内吸式剧毒农药,对于地老虎的防治效果显著,但也能够毒杀麻雀等鸟类,长期食用喷洒呋喃丹的瓜果蔬菜对人体的危害极大。来自美国环保部门的研究证实,有92种以上的农药可致癌,90%的杀虫剂可致癌,剧毒农药会造成先天畸形、神经系统失调、心脑血管疾病、消化道疾病等各种疾病。农药残留对人体的危害有急性中毒、亚急性中毒和慢性中毒三种,其对人体的危害往往无法挽回。

过量使用农药除造成以上的生态危害外,对于农作物的正常生长发育也会造成一定影响。某些作物吸收了除草剂、杀菌剂或杀虫剂之后,虽然不会马上死亡,但是其正常生长、光合作用和细胞代谢等会受到影响。生长在农药富集土壤上的作物,其生命周期均处于亚健康状态,因此其抗病和抗虫能力很弱,更容易染病或引发虫害。

另外,农药或农药残基在土壤中过量积累之后,土壤的微生态环境就会遭到严重破坏。健康的土壤中保有大量的有益微生物菌群,它们以每年枯萎的有机质为碳源,形成了一个健康的良性循环生态圈。由于农药以及合成农药的残基不断进入土壤,除对病原菌产生抑制作用外,对于那些有益菌群的繁衍也造成了伤害,长此以往,土壤中的菌群分布越来越窄、菌量越来越少,土壤的活性大幅减弱、理化性质发生改变、有机质难以降解、缓冲性大幅减弱,土壤板结、盐渍化现象加重。在这样的土壤中,作物的根系很难生长,根系的分布范围显著减少,吸收养分的能力也会减弱,从而严重影响作物对养分的吸收和生长发育。就像一个患了胃病的人,吃不下、消化不良必然导致营养不良,无论施用多少化肥,也只有少量养分能被作物吸收利用,因而形成了一个恶性循环,即不施用化肥、不喷洒农药就无法种植农作物,种植农作物就必须不断施用化肥、喷洒农药。

4.3.4 农药使用时机与方法存在的问题

无论是杀菌剂还是杀虫剂，除了应严格按照农药种类科学合理地配制使用浓度，其使用时机也至关重要。

杀虫剂的最佳使用时机必须控制在幼虫孵化初期，不能迟于幼龄期，到了成虫、卵期或蛹化期，喷洒农药的效果就会大幅降低。如果错过最佳防治期，害虫的耐药性会成倍增加，单位虫体的耗药量也会增加；如果前一代的害虫发生产卵或蛹化，特别是幼虫孵化的代次被打乱或发生重叠，其防治效果会更差。究其原因在于，喷洒农药时刚刚孵化的幼虫很容易被杀死，但其成虫或虫卵则很难被杀死，特别是虫卵更难被除杀，待药膜干燥或药效过后虫卵将再次孵化，这样成虫不断产卵、新虫卵不断孵化，循环往复，人们为了控制害虫泛滥就必须反复喷洒农药，造成害虫除不净、农药喷不止的恶性循环，即使喷洒农药，虫害也无法得到彻底清除，因而也必然导致农产品中农药残留超标。

杀菌剂的最佳使用时机同样是在病原菌感染初期，如果在发病中期或后期使用，特别是在发病初期不及时防治，将导致病原菌产生孢子，任何病原菌所形成的孢子都很难被农药除杀，因此病原菌发生世代重叠之后，就会出现部分病原菌被杀死，新的病原孢子又不断孵化，其防治效果将大打折扣，同样会坠入病菌除不净、农药喷不止的"怪圈"。

除草剂的使用也同样存在使用时机的问题。在杂草种子发芽初期或幼苗期喷洒除草剂的效果最佳，如果杂草长大，特别是结了种子或种子成熟时再使用，其除草效果会很差。同理，除草剂很难杀死杂草种子，待除草剂过期或被稀释后，杂草种子会马上发芽生根，新的杂草就会不断长出。因此，所谓农药的最佳喷洒时期都在发生初期，错过时机，农药的使用效果将大幅降低。

无论是虫害、病害还是草害，均与地理位置、季节、纬度、气候环境以及温湿度变化密切相关。如果大自然的规律不被打破，四季分明、风调雨顺、气候宜人、生态平衡，病虫害的发生概率就会大幅降低，如果气候环境遭到破坏，病虫害的发生概率就会升高。大规模虫害和病害的发生与气候环境或气象条件密切相关，因此要重点研究气候条件和气象变化与病虫害发病之间的关系并找到规律，确定疾病发生、害虫孵化的初始环境条件，通过监控环境和季节气候就能够预测病虫害的发生季节和时间，并及时进行有效防控。目前，在该领域的研究虽然已经取得很大进展，但还存在很多不足。

此外，在农药的喷洒机械方面也存在很大问题。目前，世界上的农药喷洒机械主要有手压喷雾器和电动或油动压力喷雾器，其喷雾原理都是利用压力和涡旋喷头将药液变成液滴后喷洒在作物的叶面上。除了高压水枪可以制造出微米级小液滴之外，手压喷雾器和电动或油动压力喷雾器所制造的液滴均在毫米级和100 μm级。由于液滴较大，加上作物叶片的表面均具有蜡质和角质层，属于疏水结构，即便药液中添加了表面活性剂，能够附着在叶片表面的药液量也很有限。据研究，能够附着在叶片表面起到除菌杀虫作用的药液量只有喷洒药液总量的1%左右，也就是说，有99%的药液没有发挥作用。而且这99%的药液均回落到土壤中，并有少量挥发到空气中，进入土壤中的农药即使逐渐降解，其降解后的化学残基同样具有一定的毒性，因此会进一步破坏土壤的微生态环境和理化性质。

4.4 农药精准使用的战略意义

由于近年来气候、环境的变化以及复种指数的不断提高，农作物病虫害的发生规律被打破，多发、频发、重发现象非常普遍。如果不防治病虫害，就可能造成农作物大幅减产，因此农药成为"从病虫口中夺粮"以及实现农作物稳产、高产的最重要举措之一。由于我国的人口还在增加，为了满足粮食、蔬菜和水果等农产品的供给，农作物的播种面积仍在逐年扩大，农药的需求量也呈上升趋势。但是，由于很多地区的农药使用不科学，加上病虫害的发生规律很难准确把握，防治难度进一步加大，其中农药用量偏高、利用率和有效率偏低是当前病虫害防治最突出的问题。据统计，近5年全国的农药总消费量均在150万t以上，农药的利用率为35%左右，其有效率只有1%左右。

此外，因缺乏专业培训，大多数农业从业者不能科学合理地使用农药也是造成农药滥用的原因之一，导致病虫世代重叠、耐药性增强，农药防治效果不佳、成本居高不下、残留超标，并导致生态环境污染，甚至严重威胁粮食安全、食品安全和生态环境安全。农药减量，研发低毒、高效、环保的农药已经成为全球农药发展的趋势。欧盟早在20世纪80年代就从立法上倡导农药减量，并且在2006年将农药减量计划上升为强制执行政策。在我国，农业部从2015年开始推行农药零增长计划，减量增效成为近期农业产业必然推行的举措。在国家政策以及食品安全监管愈加严格的大背景下，农药的过量使用或滥用必然得到矫正。农药的研发方向也必须向高效、低毒、绿色和环保的方向转变。减量增效、科学和精准地使用农药具有极为重要的战略意义。

4.4.1 化学合成农药的类别与科学使用

根据原料来源，农药可分为化学合成农药和生物农药。化学合成农药是指通过化学反应人工合成的农药，也是目前生产量最大、应用范围最广的农药产品，是农药工业的主体。目前，在我国登记的化学合成农药品种有近60种，其中杀虫剂、杀菌剂和除草剂各占30%左右，生长调节剂等约占10%。农业信息网的数据显示，截至2020年5月底，我国有效期登记在案的农药产品共有41 614种，其中杀虫剂为17 604种，占比为42.3%；杀菌剂和除草剂分别为10 971种和11 082种，占比分别为26.4%和26.6%。从数据上看，我国农药登记的品种丰富、剂型多样，但仍存在产品同质化严重、剂型集中、老产品多和登记作物集中等问题，如水稻、棉花、小麦、柑橘、苹果、玉米、甘蓝、油菜和黄瓜9种作物的登记频次多达32 700次，前21位的作物登记频次高达42 900次以上，占比88%，而种植面积较小的经济作物、特种作物以及中草药则没有相关农药登记。化学合成农药的加工剂型有水剂、可湿性粉剂、可溶性粉剂、乳油、悬浮剂、散粒剂、胶体剂、烟雾剂和油剂等多种。

从农药的使用量来看，除草剂占比最大，其次是杀虫剂和杀菌剂。从作物种类来看，蔬菜和果树的单位面积用药量占比最高，水稻的用药量也较大。从区域来看，南方地区的用药量明显大于北方地区，这与北方气候干燥少雨、病虫害发生概率较低有关。此外，喷药设备的局限性与喷药方式的落后也是导致喷药量大、农药利用率低的重要原因之一，如市场上流通的电动或油动喷药机都是通过增加水压制造雾滴实施农药喷洒的，很多高大的果树或农作物需要较远的喷洒距离，因此就必须有强大的压力，而压力越大所需要的药量就越大，所以造成农药利用率低且浪费严重。为了做到科学精准地使用农药，必须注意以下几方面的问题。

1. 强化农业植保技术培训

改革开放以来，农业产业结构发生了巨大变化，由于早期的农田包产到户、农民各自为政、生产规模小、作业人员分散化以及地方政府对农技推广部门技术人员的裁员，很长时间以来，农村的农业技术特别是植保技术推广人员严重缺失，导致农民对各类农药的选择以及使用存在很大的盲目性和随意性。尽管地方政府也会组织产品推介会，也有少数农技推广人员到农村进行技术指导，但因技术人员数量有限，其指导频次和范围远不能满足农民的实际需求，而且还有很多指导来自农药销售人员，基于其教育水平和盈利目的，他们不一定能做到科学正确地进行指导。虽然近年来因媒体和互联网技术的大范围推广，农民能够从中获取相关科学知识，但与技术人员的当面指导相比仍存在很大差异。例如，科学正确地使用农药不仅应把握使用浓度，更关键的是要掌握使用时机，这就需要充分了解不同病害、虫害的种类以及发生规律，正确理解和把握不同病虫的最佳喷药时机。而这一点不是所有农民都能够掌握的，每个农民也不可能对所有农作物的病虫害种类都了如指掌，因此必须由充分掌握防治病虫害基本知识的专业人员不断进行讲授和现场指导，才能达到理想效果。由此看来，地方政府须培养和组织一大批专业技术人员，通过媒体、网络甚至视频等现代技术设备对所有的农业作业人员进行周年不间断的植保技术培训、现场指导或远程指导，以督导作业人员科学、正确、精准地使用农药。

2. 正确选择农药品种

不同农作物感染的病原菌或害虫的种类有相同也有不同，不同的农药能够杀灭的病原菌和害虫的种类也有相同或不同。这就要求每个具体使用农药的农民，除了能够准确判断病原菌或害虫的种类，还要掌握使用什么样的农药对该种病原菌或害虫具有更有效的消灭或抑制作用，也就是对农药要有正确的选择。有些广谱性杀菌剂或杀虫剂对多种病原菌或多种害虫均有杀灭作用，但有些农药品种则具有专一性，只针对某种病原菌或某种害虫起作用。为了能够正确选择农药品种，首先要学会或把握对病虫害特征的识别，再通过自己学习或技术人员指导选择合适的农药品种，才能做到精准和有效地防治病虫危害。

3. 正确配制农药浓度

在我国广大农村一直存在农药滥用和农药过量使用的问题，其中一个原因是生产人员不了解病虫害的发生规律以及农药的正确使用方法，另一个原因是为了立马见效或增加药效而盲目地增加浓度。在农村的田间地头很少有称量工具，因此在使用农药时往往不称量而是通过目测或手感取药进行加水稀释。农药有粉剂、水溶剂和乳剂等，使用时都要加水稀释后才能使用，因此能否科学精准地使用在于取用的农药量和加水的倍数。如果用药不准确称量、加水不准确测量，就不可能做到科学精准用药，这也是我国农村普遍存在的问题。农药喷洒浓度配制不正确时，浓度高容易产生药害并造成农药残留，浓度低则药效不理想，同时还容易导致病虫产生耐药性或抗药性，使防治效果变差。因此，推广和严格配制施药浓度是做到科学精准用药的必要措施。

4. 正确选择喷药时机

农作物发生病虫害存在一定的规律性，掌握不同病虫害的发生规律对于科学及时地采取防控措施至关重要。在前文中已经提到，病虫害以及杂草都有其最佳防治时机，即在初次发病的早期防治效果最佳，也就是在病原菌感染初期、害虫孵化初期或幼龄期、杂草发芽期，抓住这个时机进行防控可以做到事半功倍。最大的错误是贻误战机，如延迟到病害大发生期或孢子期、害虫发育到了成虫或产卵期以及蛹化期、杂草到了开花结实期再进行防控就非常困难，特别是延误到病菌、害虫反复繁殖造成世代重叠之后就无法防治了，也就进入了不断喷药、病虫害却不断出现的"怪圈"。病虫害的发病与季节、气候和环境密切相关，要注重不同病原菌、害虫的发生与季节、气候和环境的相关性并把握规律，及时采取防控措施，就能轻松地防治病虫害，如在春暖花开的季节要及时防治菜青虫，在阴雨天后要及时喷洒杀菌剂，这样能够有效地防止病虫害泛滥。

4.4.2 生物农药的类别与科学使用

所谓生物农药，是指由从动物、昆虫、微生物或植物体内分离出的具有杀菌、灭虫或除草活性的有机物质所制成的化学制剂。与传统意义上的化学合成农药相比，生物农药主要来源于天然产物，是具有简易化学结构的活性物质，也可以进行化学合成或化学修饰。生物农药的特点是作用方式独特，使用剂量低，对靶标病虫种类具有专一性，易于自然降解，无农药残留危害。

1. 生物农药的类别

随着科学技术的进步与发展，生物农药的范畴也在不断扩大，如转基因抗虫抗病作物、病虫草害的天敌生物、对病原菌有抑制作用的微生物菌体或分泌物、对植物防卫有诱导作用的微生物或植物提取液、昆虫性激素或信息素等。因此，现代生物农药的概念更加宽泛，既有天然产物，也有活体生物和微生物。英国作物保护委员会（British Grop Protection Council）根据原料来源将生物农药分为五类，即天然产物（来自动物、植物、微生物、昆虫的提取物）、信息素（来自昆虫和植物）、活体系统（如病毒、噬菌体、细菌、真菌、原生动物、线虫等）、害虫的天敌（捕食性或寄生性昆虫）和转基因植物（抗病虫草害农作物）。美国EPA将生物农药分成三大类，即天然产物、转基因保护剂和生物化学农药。为了便于理解，本书将生物农药分为活体生物农药和天然产物农药两大类。

（1）*活体生物农药*

①动物活体农药：利用自然界和人工培养的有益昆虫来控制虫害的发生。目前，世界上已经商品化的天敌昆虫有130多种，既有寄生蜂、寄生蝇、线虫、原生动物、微孢子虫等，也有捕食性天敌，如瓢虫、草蛉、猎春、蜘蛛、赤眼蜂、中华螳螂和小花蜂等，用于防治玉米螟、蚜虫、棉铃虫、白粉虱和潜叶蝇等害虫，还可以利用象虫清除草飞廉等杂草，利用泽兰实蝇清除紫茎泽兰等杂草，利用豚草条纹叶甲遏制豚草等杂草。

②植物活体农药：包括抗虫、抗病、耐除草剂的转基因植物，目前已经有20多

个国家种植转基因作物，总面积达到2亿hm²左右。已经商业化的转基因作物有耐除草剂的大豆、玉米、油菜、甜菜和小麦等，还有抗虫玉米、棉花等，以及抗病烟草、水稻、番茄和马铃薯等。

③微生物活体农药：将包括微生物菌体在内的发酵液直接用于杀虫、抗菌和除草作业。主要类别如下：

● 细菌类杀虫剂有苏云金杆菌，是目前世界上应用范围最广、产量最大、使用效果最佳的生物杀虫剂，主要用于防治水稻、玉米、棉花和蔬菜等遭受的鳞翅目害虫的危害；

● 细菌类抑菌剂有放射土壤杆菌、土壤芽孢杆菌、枯草芽孢杆菌、解淀粉芽孢杆菌、假单胞菌和欧文氏杆菌等，主要用于抑制土壤病原菌的繁殖与危害；

● 真菌类杀虫剂主要是昆虫的病原菌，有700种以上，应用较多的有白僵菌、绿僵菌、黄僵菌和青霉菌等；

● 真菌类抑菌剂主要是木霉类，如绿色木霉、康氏木霉、钩木霉、长枝木霉和多孢木霉等，主要用于防治土传细菌性病害；

● 真菌类除草剂有Devine——棕榈疫霉菌（*Phycophthora Palmivora*）活厚壁孢子，用于防除丹参类杂草，Collegeo——盘长孢状刺盘孢合萌专化型[*Colletotrichgm loeosporioides*（Penz）]真菌制剂，主要用于防除水稻和大豆田的豆科类杂草，Biomal——盘长孢状刺盘孢锦葵专化型（*C.gloeospori oidesf sp malvae*），其孢子用于防除圆叶锦葵类杂草，鲁保1号——胶孢炭疽菌菟丝子专化型[*Colletotrichgm loeosporides*（Penz）]，用于防除菟丝子类杂草。

（2）天然产物农药

①病毒类生物农药：利用昆虫病毒进行害虫防治。目前，全世界有30多种病毒杀虫剂，包括核型多角体病毒、质型多角体病毒和颗粒体病毒等，可以对1 000多种昆虫或螨类害虫产生抑制作用；还有番茄花叶病毒弱毒株系制剂，主要用于防治番茄病毒病，以及烟草花叶病毒弱毒株系制剂，主要用于防治辣椒病毒病。此外，还有抗毒剂1号、菌毒清、83增抗剂等抗病毒类生物农药产品。

②生物化学农药：是利用从生物体内分离出来的活性物质制造的制剂，如植物

源杀菌剂、杀虫剂，微生物源抗生素，生物源信息素等。

● 化学信息素，是植物、动物或昆虫所释放的激素类物质，这些物质能够引发和控制相同或不同种昆虫的行为，有外激素、异源激素和种间外激素等多种类型。一般利用同类昆虫的雌性激素来诱捕同类害虫的雄虫，如玉米螟性诱剂、小菜蛾性诱剂、梨小食心虫性诱剂等，可以减少其种群的繁殖率。还有性诱杀剂，这是一种化学不育剂，可以使害虫失去繁育能力，通过导致害虫绝育而达到防治虫害的目的。

● 激素，指昆虫自身合成的具有控制、调节或改变行为功能的化学物质，如蜕皮激素和保幼激素。其中，蜕皮激素能影响昆虫从孵化的幼虫到成虫的发育阶段，可以控制或抑制害虫的发育；保幼激素能抑制成虫特征的出现，使幼虫蜕皮后仍保持幼虫状态，在成虫期有控制性发育、产生性引诱、促进卵子成熟等作用。目前，常用的生物制剂有拟保幼激素，如除虫脲、苯氧威、烯虫酯和烯虫乙酯等。

● 毒杀剂，指从动物、植物和微生物体内提取和分离出的具有杀虫、抗菌和除草作用的活性物质，如各类植物、动物提取物和农用抗生素等，是生物农药的主要组成部分。目前，我国有商业化的抗生素类农药21种（抗菌剂15种、杀虫剂5种、除草剂1种），年产量达8万t以上。其中，生产规模最大的是阿维菌素，其次是井冈霉素；而应用面积最大的是井冈霉素，达2亿亩以上，阿维菌素的使用面积在8 000万亩左右。杀虫剂有除虫菊酯、烟碱、苦参碱、鱼藤酮、藜芦碱、印楝素、茼蒿素等。

● 光活化素，是利用某些植物次生代谢产物在光照条件下对害虫和病菌产生抑制或毒杀作用而开发的生物农药，用这类物质制成的光活化农药是一类新型无公害农药。

● 植物精油，其中含有很多萜烯类化合物，它们对昆虫具有引诱、杀伤、抑制或影响其生长发育的功能，还有一些物质具有诱导农作物产生防卫的功能，因此这类农药也是一类无公害生物农药。

2. 生物农药的科学使用

生物农药的剂型与化学合成农药类似，但是在使用过程中除了要考虑其喷洒方法，还要重视其对光照、温度和湿度的要求，因为很多生物农药在不适应的环境下使用容易快速降解或失活。因此，为了保持其活性，在原料生产、制剂加工及保存、使用过程中均有环境要求，如使用范围最广的苏云金杆菌杀虫剂（Bt杀虫剂），对人畜及害虫天敌均安全，但是有效期短，防治效果易受光照、温度和湿度，特别是降雨的影响。Bt杀虫剂的有效期为3~7天，平均气温越高，其失活速度越快，因此必须通过制剂剂型的改进来解决容易失活的问题。目前，已经开发出了Bt杀虫剂的悬浮剂、微囊剂、散粒剂、油悬剂、悬浮块剂、油烟雾剂、火箭抛撒剂、紫外线防护剂和土壤矿物颗粒吸附剂等多种类型。由于生物农药的种类繁多，不同剂型、不同类别的使用方法各异，因此在实际生产中必须严格按照每种生物农药的使用方法和要求进行正确、科学地使用。

（1）根据不同的防治对象选择不同的生物农药品种

由于生物农药种类繁多，包括生物体杀虫抗菌剂和除草剂以及从生物体内分离出来的各类生物化学制剂，而且使用方法各异，再加上很多人对其性质了解不足，如认为生物农药与化学合成农药的作用同样具有广谱性，因而往往不加选择地盲目使用，使其效果大打折扣。生物农药的专一性很强，一种生物农药只对某种病虫或某类病虫有毒杀和抑制作用，而对其他种类的病虫没有防治功能，如Bt杀虫剂只对鳞翅目害虫有效，对于同翅目害虫则无效或效果不佳；阿维菌素对于螨类害虫有效，对于鳞翅目害虫则无效。因此，使用生物农药必须根据不同靶标害虫选择适合的农药品种，也就是要对症下药。

（2）根据防治条件选择合适的农药剂型

生物农药的防治效果一般与剂型和气候条件密切相关，因此要根据防治对象和气象环境选择不同的剂型，如微风天气有助于农药扩散，就应选择可湿性粉剂，以借助风的作用将农药喷洒得更均匀；微囊剂最好在防雨栽培的温室或大棚内使用。此外，降雨前不要喷洒生物农药，最好在雨过天晴、叶面干燥之后马上喷洒，其防治效果最佳。这是由于从农药喷洒到害虫取食或者病原菌繁殖需要一段时间，从病虫取食到死亡也需要一段时间，此间的环境条件，如温度、湿度、光照以及雨水和刮风等都会显著影响生物农药的施药效果。因此，使用生物农药时要时刻重视气象条件。

（3）根据防治对象选择适宜的防治期

不同的生物农药对于病虫害的最佳防治期不同，所以要适时观察病害虫的发生与发育阶段，选择适宜的时机进行喷药防治，如菜青虫有卵、幼虫、蛹、蛾几个发育阶段，其卵期有卵壳保护、蛹期有蛹体防护、蛾子能展翅飞行，因而只有幼虫的生命力最弱，唯此期间喷洒农药的防治效果最佳。

（4）根据作用效果选择合适的喷药机械

由植保实践得知，大多数喷药机械的喷洒效果或效率均不高，其原因是绝大多数喷药机械都是通过压力把药液喷洒出去的，而且是由上而下进行喷洒的，由于植物叶片正面的表皮具有一层厚厚的角质和蜡质保护层，从上方喷洒时，农药因不能与叶表面的蜡质膜很好地结合而会滑落到地表土壤中。植物的病虫害往往是从叶背面蜡质层很薄的地方侵入的，害虫也一般躲在叶背面进食，因此喷洒农药时最好由下而上。当然，由下而上喷洒也会因液滴较大不易挂在叶片上，导致只有少数较小的液滴能够附着在叶背面，虽然比上方喷洒效果或效率高一些，但仍然不能大幅提高农药的有效率。因此，必须开发出一种雾滴在1 μm左右的弥雾机械，弥雾过后可以使整个作物都笼罩在药雾之中，通过植物体与空气之间的微小温差产生吸附作用，这样才能使更多的生物农药附着在植物体表层，从而大幅提高农药效果和效率。当然烟熏法也是同样的道理，可以大幅减少施药量，同时也能大幅提高药效。

4.4.3　绿色防控的实践意义

按照绿色植保的理念，在农业生产过程中采取绿色防控是最环保、最经济、最理想的病虫草害防治理念，其内容是通过物理防治、生物防治和环境调控来达到有效控制农作物病虫草害发生的目的。如果能够实现绿色防控，对于农作物生产安全、农产品安全以及农业生态环境安全均具有重大的现实意义和社会意义。

1. 生物防治的普及与应用

所谓生物防治，就是利用生态系统中各种生物之间相互依存、相互制约、共存共荣的生态学或食物链原理，利用有益生物或异种生物抑制或取食有害生物的病虫害防治方法。我国利用生物防治害虫的历史非常悠久，在公元304年晋代嵇含所著的《南方草木状》和公元877年唐代刘恂所著的《岭表录异》这些古籍中，均记载了利用蚁虫防治柑橘虫害的案例；在明代陈经纶所著的《治蝗笔记》中，记载了养鸭治蝗虫的案例；在明清时期，养鸭还可以用来防治蟛蜞（一种螃蟹，会啃食水稻秧苗）。"养鸭治虫"是我国历史上应用最为广泛的生物防治技术，它不仅可以消灭害虫，还能保护庄稼，同时也促进了养殖业的发展，是我国生物防治史上的重要发明。在我国历史上，除了用蚁虫和养鸭防治害虫，还有很多利用益鸟和青蛙防治害虫的案例。总之，生物防治就是利用生物相生相克的原理，利用昆虫、真菌、细菌、病毒、原生动物、线虫以及捕食性益鸟、鱼类或两栖动物等来抑制或消灭害虫，或利用有益菌来防治病原菌或害虫，即以鸟治虫、以虫治虫、以菌治虫、以菌制菌。

生物防治的主要方法有利用天敌防治、利用作物对病虫害的抗性防治、利用耕作制度防治、利用不育昆虫和遗传法防治等。其中，利用天敌防治害虫的应用最为普遍，由于每种害虫都有一种或数种天敌生物，因而能有效地抑制害虫的大量繁殖。生物防治常见的应用如下：

一是利用微生物防治害虫，常见的有应用真菌、细菌、病毒和能分泌抗生素的病原菌。例如，应用白僵菌（真菌）防治马尾松毛虫、大豆食心虫和玉米螟等害虫；用苏云金杆菌（细菌）防治多种鳞翅目害虫；利用病毒粗提液（病毒）防治蜀柏毒蛾、松毛虫和泡桐大袋蛾等害虫；利用微孢子虫（原生动物）防治舞毒蛾的幼虫等；利用泰山1号（线虫）防治天牛；利用核型多角体病毒和颗粒体病毒防治美国白蛾等害虫。

二是利用寄生性天敌防治害虫，主要有寄生蜂和寄生蝇等。常见的有利用赤眼蜂、寄生蝇防治松毛虫等多种害虫；利用肿腿蜂防治天牛；利用花角蚜小蜂防治松突圆蚧；利用金小蜂防治越冬红铃虫；利用赤小蜂防治蔗螟等。

三是利用捕食性天敌防治害虫，这类天敌动物有很多，主要分为食虫、食鼠的脊椎动物和捕食性节肢动物两大类。例如，利用山雀、灰喜鹊、啄木鸟等鸟类捕食害虫；利用黄鼬、猫头鹰、蛇等捕食鼠类；利用捕食性天敌生物，如瓢虫、螳螂、蚂蚁、蜘蛛、草蛉、步行虫、畸螯螨、蜘蛛、蛙、蟾蜍、食蚊鱼、叉尾鱼等捕食害虫。

四是利用微生物防治病原菌，如利用5406（放线菌）防治苗木立枯病；利用解淀粉芽孢杆菌（细菌）防治玉米大斑病、黄瓜枯萎病和稻瘟病等病害；利用枯草芽孢杆菌（细菌）防治玉米大斑病、灰霉病和立枯病等病害；利用木霉（真菌）防治梨树银叶病、蘑菇轮枝菌、苹果眼斑病和多种作物立枯病等病害。

五是选育具有抗性的作物品种防治病虫害，如选育抗马铃薯晚疫病的马铃薯品种、抗花叶病的甘蔗品种、抗镰刀菌枯萎病的亚麻品种、抗麦秆蝇的小麦品种、抗烟草花叶病毒的番茄品种、抗霜霉病的黄瓜品种等。

六是利用不育昆虫防治。通过人工培养有害昆虫，并用γ射线或化学不育剂将这些害虫变成不育个体，再将其释放到野外与野生害虫交配，使其后代失去繁殖能力，如美国佛罗里达州曾采用此法消灭了羊旋皮蝇。美国昆虫学家尼普林培养了大量的雄性不育螺旋锤蝇，并释放到野外与雌蝇交配，使之无法产卵，从而使害虫数量大幅减少。

七是培育转基因抗病虫作物。转基因技术是生物学发展史上具有里程碑意义的重大科学技术之一，人类通过该技术实现了跨越物种、跨越时空、跨越常识地将遗传基因相互转移的构想，实现了压缩时间、高速进化、定向突变的目标，也为此培育出各种抗病虫农作物，如抗虫玉米、抗虫棉花、抗病小麦等。

八是利用耕作管理技术进行防治，即通过改变农业生产环境避开或减少有害生物的繁殖与泛滥。例如，在秋冬季进行土地深翻可以防治地老虎等地下害虫的危害，通过预防干旱可以预防红蜘蛛等虫害，在温室大棚充分通风可以防治蚜虫和白粉虱的危害，通过控制温室大棚的空气湿度可以预防各类病原细菌或真菌的繁殖，利用无土栽培可以预防各类土壤病害的发生等。

2. 统防统治的社会意义

统防统治是近些年各地区所提倡的全方位大规模防治农作物病虫害的一种植保方法。所谓统防统治，即"统一防治时间、统一防治农药、统一防治技术"。采取统防统治具有很大优势，与"代防代治"（农民自己购药，花钱雇请植保人员进行防治)、"阶段性防治"(在突发大规模病虫害时请植保人员协助防治)以及"自防自治"(自留地小面积发生病虫害时自己喷药防治)相比具有很多优点。首先,在购药成本上,通过与专业的植保人员和植保部门的密切配合,以及大批量购买农药以获得优惠价格,从而可以降低成本;其次,由于病虫害的发生规律和季节与气候环境的变化密切相关,专业的植保人员和植保部门可以根据不同作物的发病及虫害规律,科学、准确地预测发病或虫害发生的时间或期间,以做到提前施药预防,将病虫害扼杀在发生前期或幼期,从而大幅提高防治效果;最后,由于病虫害的发生往往不是点状暴发,而是具有大面积、逐步蔓延和持续性发生的特性,因此个人小范围地喷洒农药是无法阻止病虫害持续发生的,只有统一行动,同时进行施药预防或防治,才能获得理想的防治效果。例如,2014年农业部在全国31个省份组织开展了水稻、小麦、玉米等10种农作物病虫害的统防统治试点试验,结果显示一般大田作物每季度可减少用药1~2次,园艺作物每季度可减少用药3~4次,其化学农药用量减少了20%~30%,试验点平均增产8%,每亩节约农药和喷药成本150~200元,而且农田的生态环境得到明显改善,天敌种群的数量显著上升。

在未来的数年内,伴随着互联网和大数据技术在农业生产上的广泛应用,病虫害的统防统治工作将得到极大的促进,可以通过互联网和大数据全面、及时地了解和分析全国各地区不同农作物病虫害的发生时间、发生环境以及发生规律,及时地把握预防时机,选择更适宜的农药品种,设定更精准的施药浓度,确定更有效的施药方法。通过建立更专业、更科学、更有力的植保队伍,可以更快速、更精准、更有效地进行统防统治,以确保我国的粮食生产安全、食品安全和人体健康。

3. 新型喷药机与农药的高效利用

从人力加压喷雾器开始,已经陆续开发出一系列机械动力的喷药机器,如小型及大中型汽油/柴油或交/直流电力喷雾器以及飞机或无人机喷药装置。在这些喷药装置中,除了为特殊农药开发的发烟式喷雾器和干粉式喷雾器,其余喷雾器的原理基本都是利用压力将药液通过管道和喷头喷洒到农作物的叶面上。这些喷雾装置根据压力大小和喷头结构,其雾滴大小和喷洒距离会有所不同,但基本上随着压力的增强雾滴会变小，喷洒距离会加长。通过这种压力模式所实现的喷雾，其雾滴最小为100 μm。由于农作物叶片的表面有角质层或蜡质层，并且在叶片表层密布着无数的突起或纤毛，100 μm以上直径的药滴很难与叶表面充分结合或附着，因此利用机械压力式喷雾装置喷洒农药时的效率很低，特别是利用机械动力喷雾装置进行喷药时，其有效利用率只有1%左右，绝大部分药液被喷洒到空地上或从叶片滑落到土壤中，不仅造成了农药的巨大浪费，而且对空气环境、土壤环境造成污染和毒化危害，最终给人体健康带来急性或慢性威胁。为此，需开动脑筋，通过颠覆性创新研发出更加高效的农药喷洒装置，以彻底解决农药的巨大浪费以及对空气环境、土壤环境和人体健康所造成的危害。

近年来，利用超声波技术开发出的一款无人驾驶的智能农药弥雾机通过遥控装置进行远程操控作业，或通过北斗导航系统自主导航驱动，可以在温室、大棚、鸡舍、猪棚等农业生产设施内进行弥雾喷洒农药，也可以在医院、楼舍、剧场、体育馆等设施内进行防疫、消毒等作业。该弥雾机的最大特点是将药液变成直径约1 μm的雾气，弥散在整个施药空间，由于雾气可以充满整个设施，均匀地环绕在所有农作物个体或物体的表面，没有死角、没有遮掩、没有遗漏，因而其施药量可以大幅减少，有效利用率也可以大幅提高。此外，农作物的植物体表面温度在早晚时刻往往低于周围的空气温度，含药雾气很容易在植物体表面凝聚，因此药液的有效附着率更高、药效也更佳。由于无人驾驶弥雾机可以远程遥控或利用北斗导航操控，避免了施药作业人员在施药时与药液的接触，因而可以彻底避免人员中毒或人体健康遭受威胁，大幅减轻劳动强度，提高工作效率，降低农药成本和喷药的人工成本。在不久的将来，将有更多诸如无人驾驶智能弥雾机之类的高效喷药机械装置投放市场，以为农民造福、为农业造福、为人类造福。

4.5 绿色生物农药与生态农业

4.5.1 绿色生物农药的研制

伴随着国民经济的高速发展，人们对生活环境以及身体健康日益关注，其中对食品安全与生活质量的追求愈加重视。为此，在农产品生产过程中，人们对于高毒、慢毒以及高风险农药的禁用、限用等管理要求更加迫切。农业农村部等有关部门已经陆续发布了多项关于禁止和限制使用剧毒农药的公告，指出要加快淘汰剧毒、高毒和高残留的农药品种。随着传统高毒和低效农药的淘汰，必须研发出一批高效、低毒、低残留的新型环保农药取而代之。这些新型农药的剂型也应该向水基化、无尘化、离子化和缓控释以及高效、安全、可降解的方向发展，特别是要研制出一大批高效、安全、经济、环境友好的新型绿色生物农药，这将是未来农药行业的发展方向。

绿色生物农药的定义和范围并没有统一标准，但其通用标准和特点应该是高效、毒副作用小、对人畜安全、环境友好、易降解、无残留。研发绿色生物农药已经成为全球农药行业的发展方向，也是我国未来农药产业的发展重点。2015年2月，农业部发布的《到2020年农药使用量零增长行动方案》要求，到2020年农药使用总量实现零增长目标，从而吹响了农业生态环境保护与科学治理的号角，生物农药作为绿色、环保的农药产品备受关注。

根据中国农业科学院植物保护研究所的报道，目前在我国的微生物农药中应用范围最广的是苏云金杆菌，已经发现了140多种晶体毒素，其产量约占生物农药总量的90%，能防治150多种鳞翅目害虫，其药效比化学农药提高了55%，不仅避免了化学农药的各种弊端，还显示出绿色生物农药高效、低毒和副作用小的巨大优势。其次是农用抗生素类产品，如井冈霉素、阿维菌素、多氧霉素、链霉素、春雷霉素、多抗霉素、多杀霉素、中生菌素、武夷菌素和农抗120等。微生物是发现与生产绿色生物农药的最大资源库，应该注重从自然界中发现更多的对于病虫有抑制或毒杀作用的菌素或抗生素，并将其开发成新型绿色生物农药，以满足农业植保的需求。

目前，全世界已经发现了40余万种植物次生代谢产物，这也是研制绿色生物农药的天然宝库，其中的多种生物碱、萜烯类、黄酮类、甾醇类、醌类、酚类、苯丙醇类以及多糖类化合物均具有杀虫或抗菌活性。目前，常用的植物源农药主要有蛇床子素、苦参碱、鱼藤酮、除虫菊酯、烟碱、儿茶素、小檗碱和印楝素等。我国的药用植物资源极为丰富，但被开发成绿色生物农药的植物种类却凤毛麟角，在这个宝库中还有更多的高效、低毒活性成分没有被开发利用。为此，应加大力度从植物中获取绿色生物农药，科技部门、农药企业也应加大科研投入，发现和研制出具有自主知识产权的世界级创新生物农药品种，以奠定我国世界农药生产大国的地位。

在生物防治方面，主要应用昆虫天敌，如赤眼蜂、捕食螨、平腹小蜂、丽蚜蜂、瓢虫和草蛉等剿灭害虫。我国虽然在生物防治方面已经取得了一些成果，但是与发达国家相比还存在研发投入不够、研究力量不足、应用范围小等很多问题。政府和农药企业应加大投入，扩大研发队伍，发现和研制新品种，扩大应用范围，为农业安全生产保驾护航。

在微生物菌体防治方面，主要使用苏云金杆菌、枯草芽孢杆菌、木霉菌、蜡质芽孢杆菌、解淀粉芽孢杆菌、白僵菌、绿僵菌和寡雄腐霉菌等微生物发酵液，将其直接喷洒到农田或土壤中，用于防治虫害或土传病害。微生物种类繁多，发酵液可以直接作为生物农药使用，方法简单、容易操作、效果明显。农药企业以及科研部门应加大科研力度，发现并筛选出效果更好、成本更低、副作用更小的新菌种，并将其制造成菌液、菌粉等农药制剂，为绿色生物农药产业增加更多的新品种。

在病毒防治方面，主要开发了核型多角体病毒（NPV）、质型多角体病毒（CPV）和颗粒体病毒（GV）等。在防治鳞翅目、双翅目、膜翅目和鞘翅目害虫方面取得了良好效果。目前已知有20余种昆虫病毒，如棉铃虫NPV、斜纹夜蛾NPV、草原毛虫NPV、黏虫NPV、甜菜夜蛾NPV、松毛虫CPV、菜粉蝶GV、黏虫GV、小菜蛾GV等病毒已经被用于生物防治。其中，应用最多的依次为NPV、GV和CPV。病毒具有特异性寄主和专一性感染的特性，不同的昆虫病毒只能感染特定昆虫，通过人工培育害虫病毒并将其制成生物农药，再用其感染害虫使之患传染病而死亡是控制害虫种群繁衍和泛滥的重要生物防治技术。该领域的未知空间巨大，可以通过加大科研力度获得更多的发现与发明。当然，昆虫传染病的发生与气候环境密切相关，在研制新型昆虫病毒生物农药的同时，也要关注环境因素及其对其他生物的生存与生长发育是否有影响。

在性诱剂的研制方面，主要采用以人工合成的昆虫性信息素类化合物干扰雌雄害虫交配，以减少受精卵数量而达到控制靶标害虫的方法。昆虫性诱剂在害虫综合防治过程中可发挥虫情监测、成虫诱杀、干扰交配、保护天敌、避免环境污染等几大作用，该方法具有成本低廉、操作简便、防治效果好、无毒副作用等优点，在绿色和无公害食品生产中发挥了巨大作用。为此，科研部门和农药企业应加大科研投入，发现和发明更多的生物信息素，为防治更多品种的害虫做出贡献。

在生物农药的研发方面，截至2017年，全球有生物农药授权专利27 336件，其中有效专利为18 208件。从专利发明人的国籍来看，大多数来自美国（4 767件），其次是中国（2 221件）、德国（1 919件）和日本（1 758件）。而我国的生物农药专利申请是从2008年才开始爆发性增长的，目前已进入世界前三名。从生物农药的专利应用来看，美国是专利净输出国，其次是德国、日本、英国和法国等国家。我国的情况恰好相反，国外来华申请专利的数量远大于我国对外申请的数量，是全球最大的专利净输入国。在生物农药领域，很多发达国家由于看好生物农药产业的发展前景，对包括我国在内的全球主要技术应用国进行了大量的专利布局，虽然这有利于我国研究者吸收和利用国外现有的专利技术，但同时也造成了我国生物农药产业的发展壁垒，给我国生物农药研发人员和农药企业带来了巨大的挑战。

我国在生物农药的研发与应用方面虽然取得了较大发展，但是在实际应用过程中还存在很大阻力。众所周知，用生物农药替代化学合成农药可以大幅减少化学合成农药给生态环境、农产品安全以及农业生态环境带来的诸多负面影响，有利于发展生态农业并促进农业的可持续发展。但是生物农药的推广现状显示，化学合成农药很难被取代。这是由于目前生物农药的药效并不能像化学合成农药那样立竿见影。喷洒生物农药往往在三四天之后才能见效，这不符合农民"药到虫除"的期待心理。再加上生物农药的成本居高不下，也成为影响农民选择生物农药的重要原因之一。为此，我们必须研制和开发出见效快、药效高、用量少、易操作和成本低的新型绿色生物农药，才能满足农业生产的实际需要。

在未来的5～10年，绿色生物农药的研制与使用将成为农药行业的必然发展方向。针对我国绿色生物农药的研发与生产存在脱节以及中小农药企业的技术创新能力不足等现状,应通过产-学-研相结合以及构建产业联盟等措施,联合金融、媒介与企业协力创新,在政府的大力扶持下瞄准世界生物农药领域的前沿技术,加强对绿色生物农药新品种、新类型和新靶标的研发。与此同时,必须加大对绿色生物农药研发领域国际顶尖人才的引进与培养,打造具有国际竞争力的绿色生物农药研发队伍;凝聚创新能力,增强产业联合,着力培育出大型绿色生物农药产业集团,力争在未来10年内将绿色生物农药的市场份额由现在的9%提升到30%左右,为保障国家粮食安全、食品安全、生态安全和人体健康做出贡献。

在绿色生物农药的研发方面,应该在上述已经生产的各类生物农药的基础上,大力开展新型绿色生物农药的研发力度。例如,在微生物源生物农药的研发方面,着重发现和筛选杀虫或除菌效果更好、毒副作用更小、有效性更高、环境更友好的菌类或其分泌的抗生素类物质,通过生物工程技术实现大规模生产,为农业生产提供更加安全可靠的微生物源生物农药;在植物源生物农药的研制方面,利用我国药用植物资源的大国地位,发现和筛选出更加高效、环保、绿色和对病虫具有驱离性作用的化合物,通过天然产物提取分离技术、化学合成技术、合成生物学技术以及生物工程技术实现量产或大规模生产,以获得更加安全可靠的创新型绿色生物农药;在动物源生物农药的研制方面,除了着力发现和培育新型天敌生物,还应加大力度从天敌生物体内发现具有高度特异性的抑制病虫害的化合物,并通过化学合成技术、基因工程技术或合成生物学技术以及生物工程技术实现大规模生产,为农业生产提供有针对性的高效生物农药;在昆虫源生物农药的研制方面,着力发现和研制出更多具有特异性的信息素类化合物,通过诱杀或信息干扰实现对害虫的有效防治。此外,更应大力开展对植物防卫诱导剂的发现与研制,通过施用植物防卫诱导剂可以激发农作物对病虫的抵御能力,如氨基寡糖、激活蛋白、茉莉酮酸、β-葡聚糖、壳聚糖、花生四烯酸、20,5-烯醇酸、β-1,3-内葡聚糖酶以及经碱化处理的葡甘露聚糖或糖蛋白等。这些化合物有的来源于病原菌细胞的分泌物或其细胞膜的降解产物,有的来源于植物细胞的代谢产物,这些物质具有诱导农作物产生抗病、抗虫和抗逆功能的作用,是绿色生物农药的重要原料,也是未来绿色生物农药的研发方向,其最大的特点在于无毒副作用、可自然降解、无残留、无公害,可提高农作物抗性，有利于促进农作物高产，减少其他农药的使用量，是最符合人类身体健康的绿色生物农药。

4.5.2 生态农业下绿色生物农药的发展

近10年来，随着精细化工行业的飞速发展，我国已经成为世界上最大的农药生产国与消费国。伴随着农药的大量使用以及低利用率，大部分农药通过径流、渗漏、飘移等途径流失到周边环境中，污染了土壤、水源和空气，不但影响了农田的生态环境安全，也影响了人体健康。目前，我国70.6%的农田土壤遭到了不同程度的污染。尽管国家禁止了部分高毒低效农药的销售与使用，但是在我国的农药产品结构中，高毒、高残留的农药品种仍然较多，仍有部分中小企业违法违规生产相关农药产品，导致作物药害以及农药中毒事件时有发生。虽然国家相继出台了一系列产业政策，控制农药的用量，淘汰高毒、高残留农药，鼓励农药企业做大做强，但是我国的农药企业依然在创新型绿色生物农药的研发与生产方面投入不足、重视不够，缺乏自主知识产权和创新意识，在结构创新与母核创新方面的产品更少，大多是对已有产品进行基团改造。这严重影响了我国新型绿色生物农药的研制与开发。

农药产业属于化工行业的范畴，不但其本身对环境具有一定的副作用，而且在生产过程中也存在产生"三废"排放的环境问题。在我国大力发展低碳经济、循环经济和绿色化工的大背景下，农药企业不但要考虑产品的"绿色"，也要推行清洁生产技术与工艺，只有通过节能降耗、减排增效、加大技术改造和环保投入、全力研发和推广先进的"三废"处理技术和"三废"资源化利用技术、有效降低生产成本，才能确保农药企业的可持续发展，将农药行业建设成节约资源、环境友好、绿色环保的产业，并为实现健康农业、健康食品、健康环境和健康国家做出贡献。

生态农业将成为未来农业的发展方向，是环境友好型、物质循环型、万物共存共荣型与天地人合一型产业。在农业生产过程中，农药是除种子、肥料、农用机械以外农业生产的第四大要素，也是影响生态农业健康发展的重要因素之一。化学杀虫剂、杀菌剂和除草剂曾经是农药的主导产品，是维护农业稳产和高产不可缺少的生产资料之一，但是其对环境的污染问题也是影响生态农业健康发展的障碍。为此，研制与开发出新型绿色生物农药是影响生态农业发展的关键。拮抗微生物、生物信息素、植物防卫素、植物防卫诱导剂、天敌生物、微生物源生物除草剂等环境友好型生物农药，以及高效、低毒、无残留的天然活性产物的发现与开发，将成为未来国内外绿色生物农药的研发重点。在农药剂型方面，方剂、制剂、水、油、有机溶剂、聚合颗粒、组合物等将成为研发方向。同时，更多的绿色生物农药将脱离传统的化工领域，从生物学、生物化学、分子生物学、代谢工程以及生物工程层面进行研制与开发，如拮抗微生物的选择、生物信息素的合成与生产、植物防卫素的发现与合成、植物防卫诱导剂的筛选与生产、天敌生物的繁衍以及转基因生物的研究等，都离不开生物工程、基因工程、发酵工程、代谢工程、生物化学工程以及分子生物学工程的理论基础和技术基础，这些工程领域在绿色生物农药与生态农业的发展进程中起到了不可替代的重要作用。

在党和国家的大力支持下，在全国农药行业的共同努力下，经过一段时间的奋斗，我国必将改变并引领未来农药产业的发展方向，在绿色生物农药领域占有一席之地，彻底改变农药研发技术主要掌握在跨国农药公司手中的格局。绿色生物农药产品除了应用于生态农业，还可以应用到健康、清洁卫生、日化以及食品等更多领域。绿色生物农药与这些行业的天然、生态、安全理念相契合，在与大健康、医疗卫生、环境保护等行业相融合方面具有非常广阔的应用空间。

参 考 文 献

[1] 中国农业百科全书总辑委员会. 中国农业百科全书·农药卷［M］. 北京：农业出版社，1993.
[2] 中国21世纪议程［J］. 国土资源，2002（11）：47.

[3] 陈廷一. 春风已度玉门关——中央一号文件背后的新闻和故事[J]. 国土资源, 2004(8):3, 12-23.

[4] 中国农药工业协会. 农药工业年鉴[M]. 北京:中国农业出版社, 2006.

[5] 罗阿华. 农药企业谈农药产业政策[J]. 今日农药, 2010(11):26-28.

[6] 中国农药工业协会. "十二五"农药工业发展专项规划[J]. 今日农药, 2012(3):15-17.

[7] 胡滢. 世界人口发展之展望[J]. 生态经济, 2015, 31(10):2-5.

[8] 农业部办公厅. 2015年种植业工作要点[J]. 中国农业信息, 2015(2):3-6.

[9] 农业部. 到2020年农药使用量零增长行动方案[EB/OL]. [2015-09-14]. http://www.moa.gov.cn/ztzl/mywrfz/gzgh/201509/t20150914_4827907.htm.

[10] 刘刚. 农业部印发《到2020年农药使用量零增长行动方案》[J]. 农药市场信息, 2015(8):10-12.

[11] 中国农药工业协会. 农药工业"十三五"发展规划[J]. 今日农药, 2016(6):11-16.

[12] 中华人民共和国国务院. 农药管理条例[EB/OL]. (2017-03-16)[2017-04-01]. http://www.gov.cn/zhengce/content/2017-04-01/content_5276681.htm.

[13] 中研普华生物农药行业分析. 2013—2017年中国生物农药市场供需调查与投资策略研究报告[R]. 2018.

[14] 2012—2017全球生物农药市场趋势与预测[EB/OL]. 中国生物农药信息网. [2013-03-05]. www.wdnz.net.

[15] [晋] 嵇含. 南方草木状[M]. 北京:商务印书馆, 1955.

[16] [唐] 刘恂. 岭表录异[M]. 广州:广州人民出版社, 1983.

[17] [明] 陈经纶. 治蝗笔记[M]// 植物病虫害生物防治学[M]. 北京:科学出版社, 2010.

[18] Azucena G C, Matlas, Carmen E D, et al. Natural product-based biopesticides for insect control [J]. Comprehensive Natural Products. II, 2010, 3(9):237-268.

[19] Begum S, Siddiqui B S, Sultana R, et al. Bio-active cardenolides from the leaves of Nerium oleander [J]. Phytochemistry, 1999, 50(3):435-438.

[20] 陈苘, 邢鸣鸾, 方兴林. 2007年浙江省农药中毒情况分析[J]. 浙江预防医学, 2009, 21(12):41-46.

[21] 陈小波. 生物农药及其制剂的应用[J]. 中国农药, 2007(2):14-20.

[22] Derwich E, Benziane Z, Boukir A. Antibacterial activity and chemical composition of the essential oil from flowers of Nerium oleander [J]. Electronic Journal of Environmental, Agricultural and Food Chemistry, 2010, 9(6):1074-1084.

[23] Dietrich H Paper, Gerhard Franz. Biotransformation of $5\beta H$-pregnan-3βol-20-one and cardenolides in cell suspension cultures of Cerium oleander L [J]. Plant Cell Reports. 1990(8):651-655.

[24] Fisher M C, Henk D A, Briggs C J, et al. Emerging fungal threats to animal, plant and

ecosystem health [J]. Nature, 2012, 484 (7393): 186-194.

[25] Herbert T T. The perfect stage of pyricularia grisea [J]. Phytopathology, 1971, 61: 83-87.

[26] 洪华珠, 喻子牛, 李增智. 生物农药 [M]. 武汉: 华中师范大学出版社, 2010.

[27] INOUE S. The tendency of rice blast chemical control in japan [J]. Pesticoutl, 1990, 1 (4): 31-37.

[28] 焦文哲. 生防细菌和植物提取物等防治葡萄霜霉病研究 [D]. 保定: 河北农业大学, 2015.

[29] 蒋炜, 吴春眉, 邓晓. 全国伤害监测中毒病例分布特征分析 [J]. 中华流行病学杂志, 2010, 31 (9): 1009-1012.

[30] 李永玉, 洪华生, 王新红. 厦门海域有机磷农药污染现状与来源分析 [J]. 环境科学学报, 2005, 25 (8): 1071-1077.

[31] 林君芬, 杨锦蓉, 马志忠. 浙江省1997—2002年农药中毒流行病学分析 [J]. 浙江预防医学, 2004, 16 (12): 7-9.

[32] 林玉锁, 龚瑞忠. 农药与生态环境保护 [M]. 北京: 化学工业出版社, 2000: 10-12.

[33] 刘天玉. 生物农药的应用现状及发展前景 [D]. 兰州: 甘肃农业大学, 2011.

[34] Hussain M A, Gorsi M S. Antimicrobial activity of nerium oleander linn [J]. Asian Journal of Plant Sciences, 2004, 3 (27): 178-180.

[35] Misato T. Antibioticsas protectant fungicides against rice blast [J]. Ann Phytopathol Soc. Jpn., 1961, 26: 19-24.

[36] Oerke E C. Crop losses to pests [J]. The Journal of Agricultural Science, 2006, 144 (1): 31-43.

[37] Olson S. An analysis of the biopesticide market now and where it is going [J]. Outlooks on Pest Management, 2015, 26 (5): 203-206.

[38] Pragadheesh V S, Saroj A, Yadav A, et al. Chemical characterization and antifungal activity of cinnamomum camphora essential oil [J]. Industrial Crops and Products, 2013, 49: 628-633.

[39] 仇欢, 王开运. 微生物除草剂研究进展 [J]. 杂草科学, 2010 (2): 1-8.

[40] Ricci P, Bonnet P, Huet J C, et al. Structure and activity of proteins from pathogenic fungi phytophthora eliciting necrosis and acquired resistance in tobacco [J]. Eur J Biochem, 1989, 183: 555-563.

[41] Singhal K G, Gupta G D. Some central nervous system activities of nerium oleander linn (kaner) flower extract [J]. Tropical Journal of Pharmaceutical Research, 2011, 10 (4): 455-461.

[42] Susana Ubeda-Toma's Jose'L Garcı'a-Martı'nez, Isabel Lo'pez-Dı'az. Molecular, biochemical and physiological characterization of gibberellin biosynthesis and

catabolism genes from nerium oleander [J]. Plant Growth Regul, 2009, 25: 52-68.

[43] 邵振润, 周明国, 仇剑波, 等. 2010 年小麦赤霉病发生与抗性调查研究及防控对策 [J]. 农药, 2011, 50 (5): 385-389.

[44] 盛琴琴, 汪严华, 叶晓春. 浙江省十五年农村农药中毒发生情况及趋势分析 [J]. 中国卫生监督杂志, 1996, 3 (4): 166-167.

[45] 沈向红, 张晶, 管健. 浙江省部分食品中农药残留水平研究 [J]. 中国卫生检验杂志, 2007, 17 (8): 1347-1380.

[46] 束放, 熊延坤, 韩梅. 2015 年我国农药生产与使用概况 [J]. 农药科学与管理, 2016, 37 (7): 10-14.

[47] 陶光复. 湖北樟油化学资源 [J]. 长江流域资源与环境, 2003, 12 (2): 124-129.

[48] 谭衡, 刘春来, 刘照清, 等. 中国生物农药的开发应用现状及前景 [J]. 湖南农业科学, 2006 (3): 77-79.

[49] Tanka N. Mechanism of kasugamycin on polypeptide synthesis [J]. J Biochem, 1966, 60: 429-434.

[50] 王京文, 陆宏, 厉仁安. 慈溪市蔬菜地有机氯农药残留调查 [J]. 浙江农业科学, 2003, 1: 40-41.

[51] 王智慧, 凌铁军, 张梁, 等. 樟树叶化学成分的研究 [J]. 天然产物研究与开发, 2014 (6): 860-863.

[52] 王凌, 黎先春, 殷月芬. 莱州湾水体中有机磷农药的残留监测与风险影响评价 [J]. 安全与环境学报, 2007, 7 (3): 83-85.

[53] 王锡珍, 陆宏达. 阿维菌素对几种淡水水生动物的急性毒性作用 [J]. 环境与健康杂志, 2009, 26 (7): 593-597.

[54] Woloshuk C, Sisler H, Vigil E. Action of the antipenetrant, tricyclazole, on appressoria of pyricularia oryzae [J]. Physiological Plant Pathology, 1983, 22 (2): 245-259.

[55] Woloshuk C, Sisler H. Tricyclazole, pyroquilon, tetrachlorophthalide, PCBA, coumarin and related compounds inhibit melanization and epidermal penetration [of bryophyllum pinnatum] by pyricularia oryzae [J]. Journal of Pesticide Science, 1982 (7): 161-166.

[56] Wuyang Huang, Yizhong Cai, Kevin D. Hyde, et al. Endophytic fungi from Nerium oleander L (Apocynaceae): main constituents and antioxidant activity [J]. World J Microbiol Biotechnol, 2007, 23: 1253-1263.

[57] Umezawa H. A new antibiotic, kasugamycin [J]. J Antibiotics, 1965 (18): 101-103.

[58] Misato T. Effect of blasticidin S on the respiration of pyriculariaoyzae [J]. Ann Phytopathol Soc Jpn, 1961 (26): 19-24.

[59] 徐先炉. 我国生物农药现状分析及研究对策 [J]. 安徽化工, 2003, 125 (5): 2-3.

［60］徐玉柱.生物农药的应用现状及产业发展研究［J］.中国农学通报，2008，24（8）：402-404.

［61］杨普云.病虫害绿色防控主推技术及其应用［R］.第六届中国农药高层论坛，2013.

［62］Yamaguchin, Tanka N. Inhibition of protein synthesis by fungicides［J］. J Biochem, 1966, 60：632-642.

［63］Yijuan Chen, Guanghui Dai. Antifungal activity of plant extracts against colletotrichum lagenarium, the causal agent of anthracnose in cucumber［J］. J Sci. Food Agric., 2012, 92：1937-1943.

［64］章建森.我国农药平均用量比世界高2.5至5倍［J］.农药市场信息，2011（7）：7.

［65］赵毅，黎娟，贺红周.生物农药应用现状及发展建议［J］.现代农业科技，2010（3）：217-218.

［66］张兴.生物农药概览［M］.2版.北京：中国农业出版社，2011.

［67］周喜应.浅谈我国的农药与粮食安全［J］.农药科学与管理，2014（8）：5-8.

［68］招衡.生物农药及其未来研究和应用［J］.世界农药，2010，32（2）：16-23.

［69］宗栋良，常爱敏，管运涛.深圳地表水中二硫代氨基甲酸酯农药污染调查［C］.中国环境科学学会学术年会论文集，2009.

第5章

良种培育

5.1　良种培育的重要性

国以农为本，农以种为先。我国是农业生产大国和用种大国，农作物种业是国家战略性、基础性核心产业，是促进农业长期稳定发展、保障国家粮食安全的根本。良种是指生长快、品质好、抗逆性强、性状稳定、适应一定地区自然条件并用于栽培（养殖）生产的动植物，它能够比较充分地利用自然和栽培中的有利条件，抵抗和克服其中的不利因素，并有效解决生产中的一些特殊问题，因此对提高产量、扩大种植范围、改革耕作制度和便于栽培管理等有着十分重要的作用。《全国新增1 000亿斤粮食生产能力规划（2009—2020年）》指出，改革开放以来，我国的粮食单产从每亩168.5 kg提高到2007年的316.5 kg，总产量由3 000多亿kg增至5 000多亿kg，其中农业科技进步发挥了巨大的作用，高产、优质、多抗新品种的培育和更换速度大大加快，每次品种更换都促进了粮食单产的提高。粮食总产量的增长，除了基于播种面积的扩大，主要是由于单产的提高，并随着时间的推移，其发挥的作用越来越大。在提高单产的诸多因素中，选育和推广良种占30%～35%。

《中国农业农村科技发展报告（2012—2017）》显示，近5年来，在耕地、淡水等资源约束加剧的情况下，科技对我国粮食单产提高的贡献不断加大，使我国的粮食产量自2013年以来连续5年都稳定在12 000亿斤（6 000亿kg）以上。在品种上，2012年以来我国选育并推广了超级稻、节水抗旱小麦等一大批稳产、高产新品种，主要农作物种子质量合格率稳定在98%以上，对农业贡献率达到45%。除粮食外，近5年来，我国选育了金陵花鸡、新型北京鸭等一批具有较高应用价值的新品种，禽畜品种良种化、国产化比重逐年提升，奶牛良种覆盖率达到60%左右。

5.2　农业育种的发展历程

5.2.1　作物育种

《全国现代农作物种业发展规划（2012—2020年）》（国办发〔2012〕59号）

显示，我国农作物种业发展已取得显著成效：一是品种选育水平显著提升，成功培育并推广了超级杂交稻、紧凑型玉米、优质专用小麦、转基因抗虫棉、"双低"油菜等一大批突破性优良品种，主要农作物良种覆盖率提高到96%，良种在农业增产中的贡献率达到43%以上；二是良种供应能力稳步提高，建立了一批良种繁育基地，主要农作物商品化供种率提高到60%，其中杂交玉米和杂交水稻全部实现商品化供种；三是种子企业实力明显增强，"育繁推一体化"水平不断提高，农作物种业前50强企业的市场占有率提高到30%以上；四是法律法规和管理体系逐步完善，公布实施了《中华人民共和国种子法》（以下简称《种子法》）和《中华人民共和国植物新品种保护条例》，绝大部分涉农县（市、区）都成立了种子管理机构。

我国农作物种业发展仍然存在以下问题：一是育种创新能力较低，育种材料深度评价不足，育种力量分散，育种方法、技术和模式落后，成果评价及转化机制不完善，育种复合型人才缺乏；二是种子企业竞争能力较弱，数量多、规模小、研发能力弱，尚未建立起商业化的育种体系；三是种子生产水平不高，种子繁育基础设施薄弱，抗自然灾害风险能力差，机械化水平低，加工工艺落后；四是市场监管能力不强，种子管理力量薄弱，监管技术和手段落后，工作经费不足；五是种业发展支持体系不健全，种子法律法规不能完全适应农作物种业发展新形势的需要，财政、税收、信贷等政策扶持力度有待进一步强化。

我国农作物种业发展的目标，一是以水稻、玉米、小麦、大豆、马铃薯这5种主要粮食作物和蔬菜、棉花等15种重要经济作物为重点，开展相关种质资源的收集、保存、评价与利用，挖掘高产、优质、抗病虫、营养高效等具有重大应用价值的功能基因；二是坚持常规育种与生物技术相结合，培育适宜不同生态区域和市场需求的农作物新品种；三是开展种子（苗）生产轻简化、机械化、工厂化以及加工贮藏、质量检测、高产高效栽培、病虫害防控、品质测试等相关技术研究，实现良种良法配套（表5-1、表5-2）。

表5-1 主要粮食作物种业科研目标和重点

作物	2020年科研目标	科研重点
水稻	培育年推广面积超过1 000万亩的新品种3~5个，杂交水稻机械化制种面积达到50%，常规水稻商品化供种率达到70%	创制一批广适、高抗、高品质、高配合力的水稻骨干亲本以及"三系"新型不育系、对低温钝感的"两系"不育系；加强对杂交水稻安全繁制种、机械化制种、种子检测、加工和贮藏等技术的研究与应用
玉米	培育年推广面积超过1 000万亩的新品种5~10个	建立规模化高效单倍体育种技术体系和分子标记辅助育种技术平台，构建骨干育种群体；开展玉米机械化制种、不育化制种、生产隔离、种子加工、质量检测等技术研究与应用，制定种子活力、单粒播种等质量技术标准
小麦	培育年推广面积超过1 000万亩的新品种4~8个，商品化供种率达到70%以上	在黄淮海麦区，发展高产、优质的强筋小麦品种和广适、节水、高产的中筋小麦品种；在长江中下游麦区，发展高产、优质、抗逆性强的中筋小麦品种；在西南麦区，发展高产、优质、抗病性强的中筋小麦品种；在西北麦区，发展高产、优质、抗旱节水、抗病抗逆性强的中筋小麦品种；在东北麦区，发展高产、优质、早熟、抗逆性强的强筋和中筋小麦品种
大豆	培育年推广面积超过500万亩的新品种3~5个，商品化供种率达到60%	开展抗逆性鉴定和适应性评价等技术与应用；在东北地区重点选育一批高油、高蛋白品种，在黄淮海地区重点选育一批高蛋白、多抗品种
马铃薯	脱毒种薯覆盖率达到40%	加强品种资源保存、鉴定和遗传改良，选育高产、优质的专用新品种；加强对脱毒种薯繁育质量控制技术的研究和应用

表5-2　重要经济作物种业科研目标和重点

作物	2020年科研目标	科研重点
蔬菜	自主研发品种占80%以上，实现大宗蔬菜作物品种1~2轮更新，蔬菜良种覆盖率达90%以上	加强对大宗蔬菜作物农艺遗传规律、杂种优势利用、种子生产和精加工技术，以及食用菌种的健康环境因子的研究；培育适合设施栽培、露地栽培、加工生产的专用新品种
棉花	培育适应机械化作业、轻简栽培、抗病虫的新品种20~30个	挖掘高衣分、抗逆性等优异资源，开展对繁制种、加工、贮藏、检测等技术的研究和应用；在黄河流域和长江流域棉区培育简化高效、适宜套种的新品种，在西北内陆棉区培育适合机械化作业的优质、高产新品种
油菜	培育适应机械化作业、年推广面积超过100万亩的新品种10个以上	创制一批具有高含油、抗裂角、耐密植等性状的优异材料和骨干亲本；培育一批高产、高油、抗病且适合机械化收获的"双低"油菜新品种；开展对种子丸粒化包衣、种子发芽化学调控等技术的研究与应用
花生	培育年推广面积超过300万亩的新品种5~10个；油用花生含油量达到56%以上，高油酸品种油酸含量达70%以上	开展对种子无损伤检测、脱壳、包衣、加工技术的研究与应用
甘蔗	培育年推广面积超过200万亩的新品种5个以上	开展多熟期甘蔗品种的生态适应性评价研究，选育具有遗传多样性、不同熟期的高产、高糖新品种
苹果	种质资源长期保存2 000份以上，自主知识产权的优良品种栽培占新发展苹果园面积的30%左右	开展对苹果生物技术、工程育种技术和砧木育种技术的研究，加快培育适合不同区域栽培的新品种

续表

作物	2020年科研目标	科研重点
柑橘	种质资源长期保存1 800份以上，培育新品种10个以上，柑橘无毒化良种苗木所占比例达到60%以上	开展对最佳砧穗组合选配等技术的研究与应用；培育矮化、抗病性强、适应能力强的砧木类型；培育一批不同熟期的高抗、优质新品种
梨	种质资源长期保存2 500份以上，培育适合不同生态条件的新品种10个以上	开展砧穗组合亲和力鉴定技术研究；通过嫁接致矮试验，筛选优良砧木；采取远缘杂交、回交等常规育种方法和分子育种技术，选育与早、中、晚熟期配套的新品种
茶树	培育适合不同生态区和不同茶类的优良品种20个以上，无性系茶树良种覆盖率达到75%以上	开展对茶树抗寒、抗病、抗虫和抗旱遗传机理及遗传转化、植株再生技术的研究；筛选种内杂交和远缘杂交结实率高的亲本组合，选育一批优质、抗病、低氟、适合机采的新品种
麻类	保存种质资源1万份以上，培育新品种8个以上，良种覆盖率达到60%以上	改良纤维支数、含胶量及可纺性等参数，兼顾蛋白含量、生物产量等饲用参数，选育抗逆性强的高产、稳产、优质新品种
蚕桑	培育蚕新品种20个、桑树新品种10个、柞树新品种5个	选育病虫抗性较强的优质、高产桑（柞）树、桑（柞）蚕新品种
花卉	全国花卉种植用种子自给率达到30%	创制一批广适、高抗、高品质、高配合力的重要花卉亲本，以及对低温、光照钝感的育种材料；选育一批有特色的适用于不同地区、不同目标市场的新品种
香蕉	保存种质资源700份，培育新品种10个以上，年繁育优良香蕉苗占所需种苗的60%	培育综合性状好、适用于不同生态区域的新品种

续表

作物	2020年科研目标	科研重点
烤烟	培育新品种50个以上	创制不同香气型、重要病害抗性的骨干亲本；研究烟草不同种质、发育时期、组织器官及逆境条件下的基因表达调节机制；选育一批高香气、低焦油、抗病、抗逆、丰产的新品种
天然橡胶	培育新品种2～3个，胶园良种率达到70%，新植胶园良种率达到100%	加强对砧木无性系培育的理论研究，开展对砧穗组合型无性系选育技术的研究；选育适合不同植胶区域的抗寒、抗风、高产的新品种

数据来源：《全国现代农作物种业发展规划（2012—2020年）》。

5.2.2 禽畜育种

禽畜育种包括原有地方品种及引进品种的选育提高、新品种的培育和现有品种的杂交利用，是一项长期细致的工作。与作物育种一样，禽畜育种也是以现代遗传学原理为基础，但它面临的是一个特殊对象，因此使其在技术和组织上比作物育种难度要大得多。

畜禽遗传资源是畜牧业可持续发展的物质基础。我国是世界上畜禽遗传资源最为丰富的国家，已发现地方品种545个，约占世界畜禽遗传资源总量的1/6，见表5-3。

"十二五"期间，地方畜禽品种产业化开发利用步伐加快（表5-4）：以地方品种为主要素材培育了川藏黑猪配套系、Z型北京鸭等50个新品种、配套系，开展了地方种分子育种研究，在生长发育、肉质及抗病性状选育改良等方面取得了重要进展；利用现代生物学技术，开展深度基因组重测序，成功构建了68个地方猪种的DNA（脱氧核糖核酸）库，为地方猪种质特性遗传机制研究和优良基因挖掘奠定了基础；研究建立了地方家畜遗传材料制作与保存配套技术体系，实现了我国家畜基因库遗传物质保存自动化、信息化和智能化；应用蛋鸡绿壳基因鉴定技术成功培育了"新扬绿壳""苏禽绿壳"配套系，缩短了育种周期。

表5-3 我国地方畜禽遗传资源数量统计

畜种	地方品种/个	国家级保护品种/个	省级保护品种/个	其他品种/个
猪	90	42	32	16
牛	94	21	47	26
羊	101	27	52	22
家禽	175	49	97	29
其他	85	20	32	33
合计	545	159	260	126

数据来源：农业农村部网站。

表5-4 地方畜禽品种产业化开发利用统计

畜种	产业化开发地方品种		用于培育新品种、配套系的地方品种	
	品种数量/个	占比[1]/%	品种数量/个	占比[2]/%
猪	63	70	14	16
牛	38	40	7	7
羊	56	55	11	11
家禽	115	66	61	35
其他	21	25	8	9
合计	293	54	101	19

注：[1]占比由表中产业化开发地方品种数除以表5-3中相应地方品种数得出；
[2]占比由表中用于培育新品种、配套系的地方品种数除以表5-3相应地方品种数得出。
数据来源：农业农村部网站。

《全国畜禽遗传资源保护和利用"十三五"规划》(农办牧〔2016〕43号)将推进种质创新、提升利用水平作为重点工作之一,提出以地方品种为素材,采用常规育种与分子育种技术,培育优质、高产、抗病、节粮型畜禽新品种和配套系。对于猪这一畜种,要探索建设区域性活体基因库,采用杂交选育与本品种选育相结合的方式,开展有针对性的杂交利用及新品种、新品系和配套系培育;对于牛这一畜种,要加强基因库建设,加强本品种选育,通过杂交改良提高生产性能;对于羊这一畜种,要试点建设国家级区域性活体基因库,积极开展本品种选育和杂交改良,加快培育适应市场需求的新品种;对于家禽,要探索建设国家级区域性活体基因库,强化地方品种的本品种选育,积极培育特色配套系;对于其他畜禽,要加强本品种选育,因地制宜地开展蜂蜜、蜂王浆、兔肉、驴皮、鹿茸等特色产品的开发,拓展文化、体育和医药等功能。

5.2.3 微生物育种

我国利用微生物酿造各种食品已有数千年的历史,形成了具有特色的传统发酵业。新中国成立之后,不但传统酿造工艺得到改良,而且新兴了抗生素、酶、氨基酸、有机酸、核酸、酒精、甾体激素、维生素等发酵工业,形成了工业微生物的新体系。微生物育种以物理诱变、化学诱变或两者复合诱变育种为最主要的方法,此外,原生质体融合、体外基因重组的方法也应用广泛。

微生物纯种的自然选育对工业微生物育种有很大的影响。在酒精发酵中,推广了自然选育的纯系良种,扭转了酒精生产不稳定的现象,这是最早将微生物遗传学原理应用于微生物育种实践以提高发酵产物水平的一个成功实例。自然选育在提高菌种生产能力、筛选高产菌株方面的效率较低、效果不明显,因此在生产实践中其主要目的是纯化、复壮和稳定菌种。

诱变育种是微生物育种的主要方法,尤其是在发酵工业中,各种优良高产菌株绝大部分都是以诱变育种方法获得的。人们用于诱变育种的诱变因素分为物理因素和化学因素,前者包括紫外线、激光、X射线、γ射线和中子等,后者主要是烷化剂、天然碱基类似物、移码诱变剂、氧化剂和金属盐类等。青霉素发明之初,利用表面培养只能获得1~2 U/mL青霉素，经过数十载的诱变育种已使其产量提高到目前的90 000 U/mL，纯度由20%提高到99.9%，得率由35%提高到90%。同时，链霉素、土霉素、四环素、红霉素等通过诱变育种都由原来的几十单位提高到目前的几万单位。

杂交育种是利用两个或多个遗传性状差异较大的菌株，通过有性杂交、准性杂交、原生质体融合和遗传转化等方式使其菌株间的基因重组，把亲代的优良性状集中在后代中的一种育种技术。杂交育种的主要方式有有性杂交、准性杂交和原生质体融合。日本味之素公司应用原生质体融合技术将产生氨基酸的短杆菌杂交，使赖氨酸和苏氨酸产量提高了3倍。酿酒酵母和糖化酵母的种间杂交可以获得具有糖化和发酵双重能力的菌株。

代谢控制育种是以诱变育种为基础的，通过获得各种解除或绕过微生物正常代谢途径的突变株，人为地使有用产物选择性地大量生成累积，从而打破了微生物调节机制这一屏障。代谢控制育种提供了大量工业发酵生产菌种，促使氨基酸、核苷酸、抗生素等次级代谢产物的产量成倍提高，大大促进了相关产业的发展。

基因工程在微生物菌种选育中的应用得到了迅猛发展。据报道，通过基因工程方法生产的药物、疫苗、单克隆抗体及诊断试剂等几十种产品已批准上市；通过基因工程方法可以获得包括氨基酸类、工业用酶制剂以及头孢菌素C在内的工程菌，从而大幅提高了生产能力；通过基因工程方法可以改造传统发酵工艺，如将与氧传递有关的血红蛋白基因克隆到远青链霉菌后可以降低其对氧的敏感性，在通气不足的情况下其目的产物放线红菌素的产量可提高4倍；通过基因工程方法还可以提高菌种抗性，并可以培育用于工业废水、废物处理的工程菌等。

5.3 良种培育中的工程问题

5.3.1 基因突变

基因突变是指通过遗传物质复制进行遗传的线性DNA结构上的部分碱基发生的任何永久性改变。DNA的高保真复制机制和复制前后对损伤的修复作用保证了

DNA遗传结构的稳定性，但这种遗传上的稳定性不是绝对的和永恒的，许多因素都可以引起DNA的突变。突变包括碱基置换、移码突变和异位突变。自然界中存在着自发突变，但自发突变的频率极低，人们最初研究的大多数突变均属于此类，并通过收集这些突变对其加以研究。物理、化学、生物等外界因素引起的诱发突变则比较常见，是育种的基础手段。

在实际生产中，为了获得优良菌种就需要应用诱变剂对基因进行诱变，以提高其突变率。常见的诱变剂有物理诱变剂（如X射线、紫外线、激光、微波、离子束等）、化学诱变剂（如烷化剂、碱基类似物、碱基修饰物、嵌合剂等）和生物诱变剂（如病毒、转座子等）。诱变机理主要表现在以DNA为靶标的直接诱变，包括对碱基的改变和对DNA链的破坏，或通过作用于与DNA合成和修复有关的酶而间接导致DNA损伤，诱发基因突变。

生物体内的DNA损伤在一定条件下是可以修复的。错配修复系统能够识别错配位点以及新、旧链，将错配新链切除并加以修复。光复活是直接修复的一种方式，它可以分解由紫外线引起的嘧啶二聚体，但高等哺乳动物没有此种功能。切除修复和重组修复是比较普遍的修复机制，它可以对多种结构损伤和错配碱基起到修复作用。暗修复是一种不需要可见光激活的修复过程，不仅能消除紫外线引起的损伤，也能消除电离辐射和化学诱变剂引起的损伤。SOS修复是DNA损伤范围较大且复制受到抑制时出现的一种修复作用，它允许新生DNA链穿过胸腺嘧啶二聚体生长，其代价是使DNA复制的保真度极大降低。因此，SOS修复系统被认为是在DNA分子受到大范围损伤的情况下，防止细胞死亡而诱导的一种应激措施，是使细胞通过一定水平的变异来换取生存的最后手段。

5.3.2 良种筛选

传统育种需要从品种或品系的杂交后代中通过表型观测选择理想的基因型，这个过程耗时费力，十分困难。一方面有些重要性状，如抗性、品质等的表型观测十分困难；另一方面大多数重要性状都是数量性状，易受环境影响，从而使选择的准确性不高。育种学家希望能变表型选择为基因型选择。随着DNA标记研究的快速发展，标记辅助育种已成为一个非常活跃的研究领域。我国DNA标记在作物育种上的应用研究也发展很快，特别是"863"计划中的生物领域在"九五"计划期间将DNA标记辅助育种作为一个专题组织攻关之后，在水稻、小麦、玉米、大豆、油菜等主要作物中取得了一系列重要进展，鉴定了一批与重要性状紧密连锁的DNA标记，并通过标记辅助选择育成了一批有价值的种质。

筛选工作通常采用多级水平筛选，以利于获得优良菌株。多级水平筛选的原则是让诱变后的微生物群体相继通过一系列的筛选，每级只选取一定百分数的变异株，以使被筛选的菌株逐步浓缩。初期应从平板上挑取大量菌落，通过预筛淘汰大量低产菌株，留下的菌株再经初筛、复筛、再复筛或小型发酵罐试验，使优良菌株随之不断被筛选，最后获得高产菌株。

这种筛选方法通量很低，往往需要耗费大量的人力、物力，所以开发高通量的筛选方法是提高我国生物制造产业核心竞争力并实现产业升级的重要手段。基于生物传感器、微滴荧光筛选和恒化培养技术的新型筛选方案是近年研究的热点。通过设计生物传感器可将生化信号转化为荧光信号，再用流式细胞仪进行分选，可极大地提高筛选通量。本章研究团队研发的全自动高通量微生物液滴培养仪（Microbial Microdroplet Culture system，MMC）是基于液滴微流控技术开发的微型化、自动化、智能化高通量微生物培养仪器，单个微流控芯片含0~200个微滴培养单元，每个微滴培养单元的体积为2~3 μL，可对微滴进行350~800 nm全波长扫描和荧光激发检测，培养过程中可同时在线检测微生物的生长情况和荧光强度变化，能够实现自动化传代培养，并伴随多梯度的化学因子添加，连续培养时间高达15天以上，培养完成后可根据生长状况进行自动化菌株分选。此外，还研发了Gel-FACS凝胶微液滴微生物高通量筛选平台，该平台基于凝胶微液滴（Gel Microdroplet，GMD）微流控技术，液滴生成后，经过凝胶化包封区室内的内容物以鞘液悬浮后加载至流式细胞仪（Fluorescence Activated Cell Sorter，FACS），可基于对液滴内荧光信号分子的响应实现分选。

5.3.3 制种加工

种子生产以防杂、促纯为重要目标，在田间生产过程中要防止生物学混杂。对于异花授粉和常异花授粉的植物种子，在生产和杂交制种中要实施严格的隔离措施，在种子收获、干燥、贮藏、加工、包装、运输的过程中要严格防止机械混杂。在对品种实行提纯复壮时，应根据品种性状的典型性选种留种、生产原种，使优良品种能够在较长时期内在生产上发挥增产增收作用。

2000年，我国《种子法》出台，国家对主要农作物和主要林木实行品种审定制度，对部分非主要农作物实行品种登记制度，未按要求经过审定或者登记的农作物不得发布广告、推广、销售。从事主要农作物种子生产经营的企业，应当具有与种子生产经营相适应的生产经营设施、设备及专业技术人员，从事种子生产的还应当具有繁殖种子的隔离和培育条件、无检疫性有害生物的种子生产地点或者经县级以上人民政府林业主管部门确定的采种林。种子生产应当执行种子生产技术规程和种子检验、检疫规程。种子生产经营者应当建立和保存包括种子来源、产地、数量、质量、销售去向、销售日期和有关责任人员等内容的生产经营档案，以保证可追溯。

自《种子法》出台以来，农业农村部先后制定出台了一系列配套规章，逐步建立了种质资源保护、品种审定、新品种保护、种子生产经营许可、种子生产经营档案、种子标签真实性、种子检疫、转基因安全管理等基本的法律制度。同时，全国25个省（区、市）也制定了种子地方性法规，形成了一套较为完整的法律法规体系，为依法治种和种业的健康发展提供了强有力的法制保障。

5.4 工程技术进步对良种培育的贡献——ARTP诱变育种

5.4.1 等离子体诱变育种原理

1. 常压室温等离子体（ARTP）

等离子体被称为除气体、液体、固体以外的物质的第四态。不同的激发方式和发生器结构可以产生不同热力学状态的等离子体。在诱变育种领域常用的大气压非平衡等离子体的产生方式主要是大气压介质阻挡放电（Atmospheric Pressure Dielectric Barrier Discharge，APDBD）和大气压射频辉光放电（Radio-Frequency Atmospheric Pressure Glow Discharge，RF APGD）两种。

APDBD是有绝缘介质插入放电空间的一种非平衡态气体放电。相对APDBD等离子体，RF APGD等离子体具有在大气压下放电均匀性高、温度可控制在室温范围、操作条件安全温和、可控性强等特点，适于生物诱变育种，受到了学术界和工业界的广泛关注。本章研究团队采用具有自主知识产权的新型RF APGD等离子体发生器，并将其用于生物诱变，证明了其作为高效生物育种技术的优势，同时将这种面向生物技术应用的温和的RF APGD等离子体称为常压室温等离子体（Atmospheric and Room Temperature Plasma，ARTP），该术语目前已在生物技术领域被广泛接受。在大量研究的基础上，还成功研制了专门用于生物诱变育种的ARTP诱变育种仪，其核心部件是裸露金属电极结构的RF APGD等离子体发生器。因为去除了介质覆盖层，RF APGD与APDBD相比击穿电压明显降低（氦气放电电压的有效值通常为100～200 V）、放电均匀性好、发生器结构更加简单、可控性强，该发生器放电产生的气体温度在室温范围，等离子体的主要组分为活性粒子，其臭氧浓度及紫外线辐射强度均极低，安全性高、环境友好。Wang等系统研究了ARTP对于DNA、蛋白质以及整细胞的作用效果及其机理，并将其应用于阿维链霉菌的诱变，成功获得了阿维菌素产量提高的菌株，证明了ARTP用于微生物诱变育种的有效性。目前，ARTP诱变育种仪已在科研及工业领域逐步得到应用，并取得了良好的效果，其原理和外观如图5-1所示。

2. ARTP诱变育种仪

该仪器主要由等离子体发生系统（包括射频电源、等离子体发生器、配气系统）、洁净工作室以及控制系统组成，其核心部件包括等离子体发生系统和控制系统。

（1）电源

ARTP诱变育种仪的电源由射频电源和匹配器组成，工作原理为射频电源通过

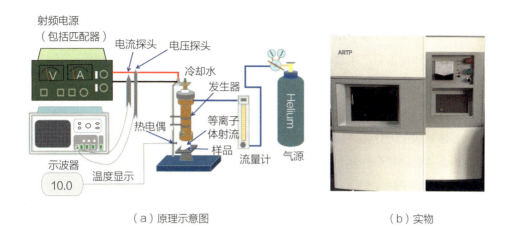

(a)原理示意图　　　　　　　(b)实物

图5-1　ARTP诱变育种仪原理和实物

匹配器与等离子体发生器连接,将射频电源提供的能量通过等离子体发生器注入流经发生器两电极间的工作气体(如氦气),使其电离、发生均匀稳定的辉光放电,并在等离子体发生器喷嘴下游形成具有一定长度的等离子体射流。自动匹配器通过与等离子体发生器之间的信息交换实现对放电过程中随放电特性变化的自动阻抗匹配,以适应放电区气体温度、湿度等的变化,从而保证放电模式和放电状态的稳定,使所产生的辉光放电等离子体的气体温度保持在37±3℃的范围内,为实现对生物体的高效处理提供可重复的等离子体参数环境。此外,基于对发生器结构的合理设计和高精度装配,该仪器实现了射频电源与自动匹配器的模块化集成,大大减小了整个射频电源系统的体积,与现有的等离子体诱变育种射频电源模块相比体积减小了1/3。

(2)等离子体发生器

等离子体发生器采用同轴型裸露金属电极结构设计,基于诱导气体放电法和局部电场强化法实现多气体源的射频辉光放电(图5-2)。该发生器内电极与射频电源的功率极相连,外电极接地,工作原理是由供气系统输入的工作气体(如氦气、氩气、氮气、氧气或其混合气体等)在流经等离子体发生器的两个电极之间时,自由电子在外加射频电场的作用下获得能量,并通过弹性和非弹性碰撞过程与中性粒子发生碰撞,使其分解、激发或电离;当两电极间的外加电压超过气体的临界击穿场强时,气体被击穿产生放电,形成均匀稳定的辉光放电;在气流作用下产生的等离子体从发生器两电极间以一定的速度喷出,形成等离子体射流。该发生器的喷嘴截面是直径为8～10 mm的圆形截面,可以集中稳定地喷射等离子体,适用于处理面积、体积较小的样品,如处理细菌、放线菌、霉菌等的培养悬浮菌液或孢子的悬浮液等,待处理样品的体积通常不超过 200 μL,且 5 μL菌液即可达到良好效果,从而大大节约了样品量。

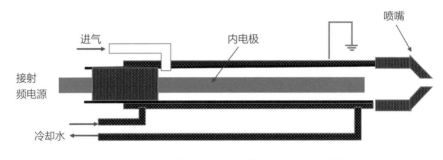

图5-2 同轴型射频辉光放电等离子体发生器结构

由于等离子体发生器在工作过程中温度会明显上升,不仅会损坏等离子体发生器,而且有可能对样品造成极大影响,最终影响诱变效果,因此在等离子体发生器上设计了外置循环水的冷却系统,用于保证等离子体发生器在工作过程中温度的恒定,以产生稳定的等离子体射流。

(3)配气系统

该仪器的配气系统包括外接气瓶和气体流量计,可根据试验的不同需求为等离子发生器输入工作气体,同时气体流量计通过控制系统接收到的来自控制面板的指令,精确控制工作气体的输入量。

(4)洁净工作室

该仪器的洁净工作室用来放置样品,使等离子体射流与样品相互作用,包括照明灯、消毒装置、步进电机、圆形载物台和等离子体发生器喷嘴。其基本工作原理是，照明灯通过控制面板进行操作，以方便在洁净工作室内进行放样、取样等操作；消毒装置是紫外灯，通过控制面板进行操作，可以便捷地对工作室内进行消毒；步进电机与载物台相连，控制系统通过控制步进电机实现载物台的升降和水平旋转，以对多个样品进行自动处理，并控制载物台的旋转和停止，可以使样品处理后自动替换下一个待处理样品的时间间隔控制在5秒以内。

圆形载物台沿圆周设有8个凹陷部，用于放置待处理样品，当控制系统控制步进电机带动载物台水平旋转时，凹陷部依次与喷嘴对应，即待处理样品处于等离子体射流覆盖范围内，等离子体射流开始处理样品，在样品处理完成后，载物台自动水平旋转一个角度，使下一个待处理样品的凹陷部与同轴电极的喷嘴对应并开始处理样品，以此类推，通过简单易行的结构实现大批量尤其是小体积样品的自动化和连续化诱变处理。同时，通过控制系统和控制面板可以对8个样品设定不同的处理时间，每一个样品的处理时间可设定在1~600秒。

此外，步进电机可以带动载物台进行升降，从而调节载物台与喷嘴的距离，即调节样品与喷嘴的距离，为不同微生物的等离子体诱变提供更多的参数选择。

（5）控制系统

该仪器的控制系统包括用于控制产生等离子体射流的工作气体流量控制器、检测等离子体发生器发射的射流的温度传感器，并且连接电源系统、冷却系统、照明灯、消毒装置以及操作面板（图5-3）。基本工作原理是，控制器通过控制面板接收指令，并将指令传送至电源系统、气体流量计、消毒装置、步进电机、冷却系统等，以实现各种操作；同时，控制器也可以接收温度传感器的反馈信号，在控制面板上显示等离子体射流作用于样品过程中的实时温度变化。

控制面板可实现人机交互，上面设有温度显示屏、气体流量设定按钮、气体流量显示屏、处理时间设定按钮、消毒装置控制按钮、步进电机控制按钮以及照明灯按钮等。控制器为可编程逻辑控制器，通过串行电缆或现场总线与控制面板连接。

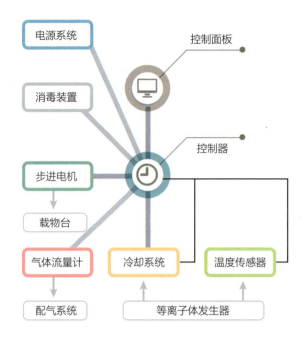

图5-3 ARTP诱变育种仪控制系统示意图

5.4.2 ARTP诱变育种实践

ARTP具有均匀的辉光放电（即放电空间不存在高强度的丝状放电）的特点，形成的等离子体射流均匀性高，其主要组成成分是各种活性粒子，射流温度可控制在室温范围内。本章研究团队对ARTP与微生物及生物大分子的作用过程进行了较系统的研究。由于待处理的生物样品位于等离子体射流区，对微生物的作用属于间接作用，在该处理模式下，射流区的气体温度可维持在25～40℃，因此热效应基本可以忽略。同时，ARTP产生的臭氧浓度很低，因此臭氧也不是主要的作用因子。带电粒子在等离子体射流中复合较快，在细胞表面聚集所产生的静电力不会超过细胞膜的张力而导致细胞的裂解效应。也就是说，ARTP对微生物作用的主要因子为高浓度的中性活性粒子。

Li等将ARTP直接作用于环形质粒DNA，发现经过不同时间的处理，环形质粒在等离子体的作用下出现了开环、断裂和破碎的现象；而对于同一质粒，采用热和紫外线单独处理则无法达到该效果，由此推断等离子体中的活性粒子是造成DNA损伤的主要原因。Connell等对质粒CDNA3.1的处理得到了同样的结论。Li等利用ARTP处理脂肪酶的研究发现，经过等离子体处理，脂肪酶的活性升高。圆二色光谱分析结果表明，等离子体处理后脂肪酶的结构发生了明显变化，由此推断等离子体中的化学活性物质是造成酶结构变化、酶活性升高的主要原因。以上研究表明，ARTP可直接作用于生物大分子，并对其（包括DNA和蛋白质等）造成结构改变。

但在利用ARTP进行诱变育种时，由于其直接处理对象为细胞，而由于细胞壁和细胞膜的存在，ARTP产生的活性粒子并不能直接作用于细胞内的生物大分子，而是会对整细胞造成损伤，在细胞发生损伤的同时，细胞内又同时存在DNA修复等多种修复机制。因此，对ARTP与整细胞的作用机制研究至关重要。Laroussi等利用大气压冷等离子体处理大肠杆菌，发现其异源代谢途径和对于不同单碳源的利用偏好发生了变化。Winter等通过对等离子体处理前后枯草芽孢杆菌（*Bacillus subtilis*）的蛋白组和转录组分析，发现了多种基因和蛋白质的变化。前期研究表明，在保证细胞完整性的同时，等离子体同样能够造成胞内遗传物质和代谢途径的变化。

由于大气压非平衡等离子体是在开放大气环境下产生的，因此空气或者样品基质中的氧气被离解、激发时会产生各种活性氧成分（Reactive Oxygenspecies，ROS）。Rebenkov等发现，经常压等离子体处理后的细胞，其细胞膜通透性增强，并且该变化是非致死且可恢复的。利用该效应，Ogawa等发明了等离子体转染方法。由此可知，等离子体作用后，在细胞基质中产生的ROS进入细胞，与细胞中的大分子发生作用，如与蛋白质作用形成超氧化物，或者与DNA作用发生DNA的烷基化或链间交联，从而改变细胞的代谢活性和遗传特性，这可能是等离子体在不造成细胞破裂和致死的条件下，引起细胞内遗传和代谢变化的主要作用方式之一。王立言研究了ARTP对细胞超氧化物歧化酶（Superoxide Dismutase，SOD）以及微生物的基因损伤作用等的影响，结果表明，产生的ROS与细胞作用可引起细胞的应急反应，导致细胞内的SOD活性升高，从而验证了等离子体产生的活性氧基团确实能够进入细胞并造成细胞损伤。而利用Umu（UV mutalbe）试验检测初步揭示了ARTP对细胞内DNA的损伤程度，发现ARTP有很强的基因损伤能力，远高于紫外线和常规化学诱变方法。由于DNA损伤是生物突变的根源，因此ARTP确实能够作为微生物诱变的有效手段，并在生物诱变育种方面具有广阔的应用前景，但目前国内外关于等离子体与细胞的作用机制及其突变机理的认识还十分有限，需要展开进一步的系统研究。

  基于上述研究及ARTP的优势，本章研究团队开发了专门用于生物突变的ARTP诱变育种仪。通过多学科交叉和产学研合作，实现了从开始的大型样机研究到目前商业化仪器成功研制的跨越。ARTP诱变育种技术因其放电均匀稳定、活性粒子浓度高、操作简便、诱变快速、环境友好、对操作者安全无辐射、操作可控性强等特点，已成为一种应用广泛、快速高效的新型生物诱变育种方法。到目前为止，ARTP诱变育种仪已经为国内外多家科研单位和企业服务，对包括细菌、放线菌、真菌、酵母、微藻等在内的40余种微生物进行了成功的诱变，并参与了日本JST CREST（日本科技振兴机构战略创造研究推进事业项目）和韩国等的科研合作项目，为其提供了相关微生物突变库，应用效果已经得到了国际、国内同行的广泛认可，目前最新型ARTP诱变育种仪已出口新加坡。

  研究结果表明，ARTP诱变育种仪可以成功应用于包括细菌、真菌、微藻在内的多种微生物，并且突变率和正突变率均较高（正突变率可达10%~65%），所获得的突变株遗传稳定性好，在传代25代以上仍保持良好的性状。ARTP诱变育种技术的最早应用案例是通过突变阿维链霉菌筛选阿维菌素的高产菌株。阿维菌素是一种已经商业化的应用于植物、动物以及人类的抗寄生虫药，主要含有8种有效成分（A1a、A2a、A1b、A2b、B1a、B2a、B1b和B2b），其中阿维菌素B1a的抗寄生虫活性最高。利用ARTP对阿维链霉菌进行诱变，发现诱变后的菌落形态发生了明显变化，再根据菌落形态对突变后的菌株进行筛选，获得了阿维菌素产量提高18%的高产菌株，并且阿维菌素B1a的产量特异性增长了40%。随后，ARTP在多种细菌诱变中得到了应用。阴沟肠杆菌可用于石油污染土壤的生物修复，但石油污染土壤通常具有较严重的盐污染，高盐质量分数对微生物的生长和代谢活性具有很大的抑制作用。利用ARTP对阴沟肠杆菌进行诱变，获得的突变菌株在9%的盐质量分数下生长速率大大提高，最终菌体培养物的OD_{600}（在600 nm波长处的吸光值）由0.3增加到0.8，并且在高盐质量分数下（7.5%）对于石油烃的降解程度由3.17%提高到7.94%。利用ARTP对茂原链轮丝菌和甲烷氧化菌OB3b进行突变，均获得了酶活增高的菌株，并且突变菌株的菌落形态均有所变化，酶活力提高水平分别为82%和200%以上。

利用ARTP诱变育种仪对产气肠杆菌、拜氏梭菌和芽孢杆菌C2进行突变：产气肠杆菌获得了每摩尔葡萄糖的氢气产量提高26.4%的菌株，并且通过对其"代谢流"的分析，发现其氢气产量提高主要得益于烟酰胺腺嘌呤二核苷酸（NADH）途径氢气通量的提高；拜氏梭菌和芽孢杆菌C2均获得了丁醇产量提高24%以上的菌株，总溶剂产量分别提高了10%和19.1%。

在氨基酸发酵菌种改造方面，利用ARTP对小白链霉菌和嗜醋酸棒杆菌进行诱变：小白链霉菌获得了ε-聚-L-赖氨酸产量提高4倍的菌株；嗜醋酸棒杆菌作为一种已经工业化的菌株，经ARTP诱变后对于脯氨酸的产量由54.7 g/L提高到65.8 g/L。Liu等利用ARTP处理大肠杆菌，其琥珀酸产量明显提高，且高于其他已知菌株的生产能力。

ARTP诱变育种技术在真菌改造上也得到了成功的应用——圆红冬孢酵母和绿色木霉TL-124的突变。圆红冬孢酵母是一种高效产油酵母，利用ARTP对其进行诱变，获得了产油量由1.87%（质量分数）提高到4.07%（质量分数）的菌株，并且细胞生物量也比原始株提高了1.5倍。圆红冬孢酵母自身含有木糖代谢网络，但通常情况下处于抑制状态，因此不能很好地利用木糖，而木糖是木质纤维素中的主要五碳糖成分，如果能够利用木糖生产油脂，则能实现可再生生物质的有效利用。利用ARTP突变圆红冬孢酵母，在以木糖为唯一碳源的平板上筛到4株可生长菌株，再对这4株菌株进行产油量的测定和培养基优化，最终获得了以木糖为唯一碳源培养120小时、油脂产量达到43.42%、比原始菌株提高2.22倍的突变菌株。圆红冬孢酵母也可以利用纤维素水解物为底物生产油脂，然而水解产物中的多种成分，如呋喃、乙酸等都会对菌体发酵产生抑制，因此传统发酵需要对水解产物进行脱毒处理。而利用ARTP对圆红冬孢酵母进行诱变，筛选到了对各种纤维素的水解抑制物都有很强耐受性的菌株，并且维持了较高的油脂产量。对绿色木霉TL-124进行ARTP诱变获得了纤维素降解能力大大提高的菌株。因此，ARTP诱变育种技术为真菌的改造提供了重要的方法。

微藻因能够利用光合作用有效固定二氧化碳合成生物质和多糖等物质，可以用于生物发酵的原料，而受到越来越广泛的关注。利用ARTP诱变育种仪及高通量筛选方法构建螺旋藻的突变方法及突变库，得到了生长速率最高提高38%、多糖含量提高1.8倍以上的突变菌株。絮凝微藻的育种对于螺旋藻细胞的回收具有重要意义，经过ARTP突变，获得了絮凝度由原始的54.64%提高到80%以上的突变菌株。

ARTP也成功应用于大型真菌改造方面。ARTP诱变茶树菇获得了一株适宜分解荔枝枝屑的优良再生菌株AL20，其与出发菌株的酯酶同工酶谱联合系数为0.60，是产生了遗传距离的新菌株，且其菌丝长速达3.13 mm/d、生物学效率达到73.15%，分别较出发菌株提高 0.21 mm/d、9.03%。利用ARTP诱变白色金针菇，通过对突变菌株与出发菌株的抗病性、纤维含量的测定及亲缘关系的鉴定表明，突变菌株AR12和AR17为抗病性强、纤维含量低的目标新菌株，其优良品质表现如下：突变菌株AR12与出发菌株AR0相比，菌丝体抗P.tolaasii能力提高15.49%，菌丝体纤维含量降低15.82%；突变株AR17与出发菌株AR0相比，菌丝体抗P.tolaasii能力提高1.90%，菌丝体纤维含量降低36.31%。利用ARTP处理蛹虫草（*Cordyceps militaris*）JN168，经筛选得到复合诱变菌，经发酵培养基优化后虫草素产量提高了5倍，最高达1 045.65 mg/L。

表5-5给出了ARTP诱变微生物育种实例：

表5-5 ARTP诱变微生物育种实例

微生物	获得性状
除虫链霉菌 *Streptomyces avermitilis*	菌落形态发生变化，阿维菌素总产量和B1a产量分别提高18%和40%
阴沟肠杆菌 *Enterobacter cloacae*	在9%氯化钠（NaCl）中，菌体培养物OD_{600}由0.3提高到0.8；在7.5%NaCl中，对石油烃的降解程度由3.17%提高到7.94%
茂原轮链丝菌 *Streptoverticillium mobaraense*	菌落形态发生变化，谷氨酰胺转氨酶活性达到2.73 U/mL，比原始菌株提高82%
芽孢杆菌 *Bacillus* sp.	获得3株突变菌，丁醇和总溶剂产量分别提高21.6%～24.5%和15.4%～19.1%
产气肠杆菌 *Enterobacter aerogenes*	每摩尔葡萄糖的氢气产量提高了26.4%，NADH途径的氢气通量相对于原始菌株提高了14.9倍
拜氏梭菌 *Clostridium beijerinckii*	ABE（丙醇、丁醇、乙醇）产量为13.7 g/L，其中丁醇产量为10.4 g/L，比例为76%；ABE产量和丁醇产量相较于原始菌株分别提高了11%和17%
小白链霉菌 *Streptomyces albulus*	ε-聚-L-赖氨酸产量提高了4倍
嗜乙酰乙酸棒杆菌 *Corynebacterium acetoacidophilum*	脯氨酸质量浓度从原始菌株对照组的54.7 g/L提高到65.8 g/L
甲基弯菌 *Methylosinus trichosporium*	菌落形态发生变化，菌体培养物OD_{600}由0.35提高到0.8左右，甲烷单加氧酶活性提高了2倍
大肠埃希氏菌 *Escherichia coli*	琥珀酸产量增至0.87 g/L

续表

微生物	获得性状
拟无枝酸菌 *Amycolatopsis* sp.	香兰素产量比出发菌株提高21.29%
芽孢乳杆菌 *Sporolactobacillus* sp.	D-乳酸的发酵产率比出发菌株提高36.3%
大肠埃希氏菌 *E. coli*	突变菌株在发酵培养基中72小时内可以消耗10.52 g/L木糖,产生6.46 g/L的丁二酸
蜡样芽孢杆菌 *Bacillus cereus*	磷脂酶A1活性提高了89.91%
绿色糖单孢菌 *Saccharomonospora viridis*	木聚糖酶活性提高到原始菌株的16~17倍
疏棉状嗜热丝孢菌 *Thermomyces lanuginosus*	脂肪酶活性提高了37%
高山被孢霉 *Mortierella alpina*	花生四烯酸产量提高了40.61%
大肠埃希氏菌 *E. coli*	细胞内ATP(腺嘌呤核苷三磷酸)浓度提高到原始菌株的1.33倍,琥珀酸产量提高到21.1 g/L
三孢布拉氏霉 *Blakeslea trispora*	番茄红素产量提高了55%
丙酮丁醇梭菌 *Clostridium acetobutylicum*	抗溶剂特性提高,丁醇产量提高了31%
多刺糖多孢菌 *Saccharopolyspora spinos*	多杀菌素产量提高了148.37%
金霉素链霉菌 *Streptomyces aureofaciens*	地美环素产量提高了22.5%

续表

微生物	获得性状
地衣芽孢杆菌 *Bacillus licheniformis*	蛋白酶活力为原始菌株的1.56倍
绿色木霉 *Trichoderma viride*	滤纸降解、羧甲基纤维素酶、β-葡糖苷酶、纤维二糖水解酶活性分别提高2.38倍、2.61倍、2.18倍、2.27倍
圆红冬孢酵母 *Rhodosporidium toruloides*	产油量由1.87%（质量分数）提高到4.07%，生物量比原始菌株提高了1.5倍
圆红冬孢酵母 *Rhodosporidium toruloides*	获得4株代谢木糖突变菌株，以木糖为唯一碳源培养120小时，油脂产量达到43.42%，比原始菌株提高2.22倍
圆红冬孢酵母 *Rhodosporidium toruloides*	突变菌株对纤维素水解物中的抑制剂耐受性增加，并具有可观的脂肪酸产量
黏红酵母 *Rhodotorula glutinis*	油脂产量和含量分别提高了17.59%和46.08%
乳酸克鲁维斯酵母 *Kluyveromyces lactis*	乳糖酶的活力提高到原始菌株的2.8倍
光滑球拟酵母 *Torulopsis glabrata*	丙酮酸产量提高了13.69%
草菇 *Volvariella volvacea*	在20℃低温环境中的生长速率提高了17%～57%
勃那特螺旋藻 *Spirulina platensis*	生长速率最高提高了38%，多糖含量提高了1.8倍以上，絮凝度由原始的54.64%提高到80%以上

5.5 良种培育的未来发展方向

随着测序技术的不断发展及测序成本的降低，全基因组大规模测序成为可能，从而形成了基于全基因组策略的分子选择育种，相信随着人们对动植物基因组水平认识的不断深入、标记密度的不断增加以及演算方法的不断完善，全基因组选择将会成为遗传育种最有效的方法。

《全国农业现代化规划（2016—2020年）》（国发〔2016〕58号）指出，坚持以科技创新为引领，激发创新活力，使农业科技创新能力总体上达到发展中国家的领先水平；实施一批重点科技计划，尽快突破一批具有自主知识产权的重大技术及装备；保障国家种业安全，加强杂种优势利用、分子设计育种、高效制繁种等关键技术的研发，培育和推广适应机械化生产、高产优质、多抗广适的突破性新品种，完善良种繁育基地设施条件，健全园艺作物良种苗木繁育体系，推进主要农作物新一轮品种的更新换代；建设畜禽良种繁育体系，推进联合育种和全基因组选择育种，加快本品种选育和新品种培育，推动主要畜禽品种国产化；提升现代渔业种业创新能力，建设一批水产种质资源保护库、种质资源场、育种创新基地、品种性能测试中心；加强种质资源普查、收集、保护与评价利用；深入推进种业领域科研成果权益改革，加快培育一批具有国际竞争力的现代种业企业。

参 考 文 献

[1] 国务院. 国务院关于加快推进现代农作物种业发展的意见［EB/OL］.［2011-04-18］.http：//www.gov.cn/zhengce/content/2011/04/18/content_2828.htm.

[2] 国家发展和改革委员会. 全国新增1 000亿斤粮食生产能力规划（2009—2020年）［EB/OL］.［2009-11-03］.http：//www.gov.cn/gzdt/2009-11/03/content_1455493.htm.

［3］国务院.全国现代农业发展规划（2011—2015年）[EB/OL].[2012-02-13]. http：//www.gov.cn/zwgk/2012-02/13/content_2062487.htm.

［4］国务院.全国农业现代化规划（2016—2020年）[EB/OL].[2016-10-20]. http：//www.gov.cn/zhengce/content/2016-10/20/content_5122217.htm.

［5］国务院办公厅.全国现代农作物种业发展规划（2012—2020年）[EB/OL].[2012-12-26]. http：//www.gov.cn/zwgk/2012-12/31/content_2302986.htm.

［6］农业部.全国畜禽遗传资源保护和利用"十三五"规划[EB/OL].[2017-11-25]. http：//www.moa.gov.cn/govpublic/XMYS/201611/t20161111_5360757.htm.

［7］农业部.全国草食畜牧业发展规划（2016—2020年）[EB/OL].[2017-11-30]. http：//www.moa.gov.cn/nybgb/2016/dibaqi/201712/t20171219_6102799.htm.

［8］刘忠松，罗赫荣.现在植物育种学[M].北京：科学出版社，2010.

［9］贺信义.畜禽遗传育种[M].北京：农业出版社，1985.

［10］白文林，尹荣焕，尹荣兰.动物分子育种研究与实践[M].沈阳：辽宁科学技术出版社，2014.

［11］李宁，朱作言.动物遗传育种与克隆的分子生物学基础研究[M].北京：科学出版社，2009.

［12］施巧琴，吴松刚.工业微生物育种学[M].2版.北京：科学出版社，2003.

［13］廖宇静.微生物遗传育种学[M].北京：气象出版社，2010.

［14］蒋如璋.微生物遗传育种的原理与应用[M].北京：科学出版社，2017.

［15］邱军.加快推进种子产业化做大做强我国种业[J].中国种业，2010（10）：5-7.

［16］聂明，李怀波，万佳蓉，等.工业微生物遗传育种的研究进展[J].现代食品科技，2005（3）：184-187.

［17］张彭湃.微生物菌种选育技术的发展与研究进展[J].生物学教学，2005（9）：3-5.

［18］吴亦楠，邢新会，张翀，等.ARTP生物育种技术与装备开发及其产业化发展[J].生物产业技术，2017（1）：37-45.

［19］隋澎，张翀，王立言.开发高效菌株育种技术提升生物产业创新能力[J].生物产业技术，2015（3）：82-84.

［20］王立言.常压室温等离子体对微生物的作用机理及其应用基础研究[D].北京：清华大学，2009.

［21］张雪.常压室温等离子体（ARTP）的微生物诱变机理研究[D].北京：清华大学，2015.

［22］关淑艳，费建博，刘智博，等.分子标记辅助选择（MAS）在玉米抗逆育种中的应用[J].吉林农业大学学报，2018，40（4）：399-407.

［23］农业部农业贸易促进中心政策研究所，中国农业科学院农业信息研究所国际情报研究室.2016年全球生物技术/转基因作物商业化发展态势[J].中国生物工程杂志，2017.37（4）：1-8.

［24］《新饲料》编辑整理.转基因的是是非非，数据胜于雄辩[J].饲料与畜牧，2017（2）：5-12.

［25］张雪，张晓菲，王立言，等.常压室温等离子体生物诱变育种及其应用研究进展[J].化

工学报，2014，65（7）：2676-2684.

[26] Zhang X, Zhang C, Zhou Q Q, et al. Quantitative evaluation of DNA damage and mutation rate by atmospheric and room-temperature plasma (ARTP) and conventional mutagenesis [J]. Applied Microbiology and Biotechnology, 2015, 99 (13): 5639-5646.

[27] Wang L Y, Huang Z L, Li G, et al. Novel mutation breeding method for streptomyces avermitilis using an atmospheric pressure glow discharge plasma [J]. Journal of Applied Microbiology, 2010, 108 (3): 851-858.

[28] Li H P, Sun W T, Wang H B, et al. Electrical features of radio-frequency, atmospheric-pressure, bare-metallic-electrode glow discharges [J]. Plasma Chemistry and Plasma Processing, 2007, 27 (5): 529-545.

[29] Zhang X, Zhang X F, Li H P, et al. Atmospheric and room temperature plasma (ARTP) as a new powerful mutagenesis tool [J]. Applied Microbiology and Biotechnology, 2014, 98 (12): 5387-5396.

[30] Tan Y, Fang M, Jin L, et al. Culture characteristics of the atmospheric and room temperature plasma-mutated spirulina platensis mutants in CO_2 aeration culture system for biomass production [J]. Journal of Bioscience and Bioengineering, 2015, 120 (4): 438-443.

[31] Fang M, Wang T, Zhang C, et al. Intermediate-sensor assisted push-pull strategy and its application in heterologous deoxyviolacein production in escherichia coli [J]. Metabolic Engineering, 2016 (33): 41-51.

第6章

农田土壤修复与保育

随着我国农业的发展，农田土壤受污染的比例不断攀升。2005—2013年，我国政府进行了第一次全国土壤污染状况调查，结果显示：耕地土壤污染超标率高达19.4%。几十年间，在耕地面积逐年减少的情况下，农田土壤受污染的比例不断增加。我国耕地面临土壤污染状况日益加剧、耕地土壤质量退化凸显等问题，农田土壤质量以及农产品安全受到了严重威胁，影响了我国农业的可持续发展和社会经济效益。

在我国长期的农业生产中，化肥、农药的过量施用和使用、利用污水（废水）对农田进行灌溉、农业废弃物未能妥善处置以及大气沉降等问题，严重破坏了土壤原有的理化性质，降低了土壤的耕作能力，使其污染程度不断恶化，导致我国可用耕地数量减少，农产品的品质和安全性严重下降，对人类和环境造成严重危害。土壤是人类赖以生存和发展的重要环境，也是保障农产品安全的首要基础，其生产功能和生态功能不可替代，农田土壤的修复与保育势在必行。

农田土壤修复对技术的要求非常高，往往需要综合考虑修复效果、生态影响、经济可行性等多种因素。更为重要的是，在修复土壤的同时，不能对土壤的生态和生物学功能（孕育生命的能力）造成不良影响，应采取绿色安全的措施恢复土壤功能。因此，农田土壤修复技术的选择要因地制宜，严格对其进行风险管控，以可行性、经济性以及安全性为基本原则。一般来说，修复技术要求成本低、操作性强、风险可控，使农民能够认同与接受，便于大面积实施与推广，对土壤扰动小，在治理过程中不带入新的污染物或者潜在污染物，不对农田环境及周围的生态环境造成不利影响。

近年来，我国对土壤修复技术进行了大量研究，可将其分为化学修复（淋洗、电动修复、固化/稳定化等）、物理修复（工程措施、热脱附等）和生物修复（植物修复、微生物修复等）三大类。对于农田而言，一般以原位修复为主要研究方向。常规的物理、化学修复方法效率高、见效快，通常适用于小面积的重度污染土壤，但其修复过程本身会存在一定的安全风险，如淋洗法和固化/稳定化法所使用的淋洗剂、固化剂等物理化学药剂，会对土壤的理化性质产生影响，同时有可能成为新的污染源。工程措施和热脱附等方法工程量大、对设备的要求高、资金投入大，不适合大面积的农田土壤修复。而生物修复可利用植物、微生物与土壤污染物的相互作用有效处理污染物，是目前应用范围较广、可行性较强的绿色修复技术，具有应用成本低、操作简单、不影响正常农业生产、不带入二次污染等优点。

人多地少、耕地资源短缺是我国农业用地的基本国情，耕地土壤污染问题亟待解决。党的十八大以来，我国对生态环境保护高度重视。2018年，我国政府正式出台了《中华人民共和国土壤污染防治法》（以下简称《土壤污染防治法》），继大气和水体后，土壤污染防治工作终于有法可依，为污染防治攻坚战提供了法治保障。但目前我国农田土壤修复市场仅处于起步阶段，污染责任主体不明确、盈利模式不清晰、资金缺口大、修复技术不成熟以及行业标准不完善等问题严重制约了我国农田土壤修复技术的发展。本章根据我国农田的污染现状，首先分析了污染来源，总结了污染物种类及其对生态环境、农产品以及人体的危害性；其次对比分析了常见的农田土壤修复技术，列举了国内外的土壤修复案例，并对农田土壤修复的经济性进行了系统分析；最后基于当前农田土壤修复产业所面临的问题，对土壤的修复与保育给出了建议并进行了展望。

6.1 我国农田污染现状

目前，我国耕地土壤的主要污染物为重金属、DDT和多环芳烃等。其中，中轻度、轻度、中度和重度污染点位的比例分别为13.7%、2.8%、1.8%和1.1%。农田土壤的污染程度虽以中轻度为主，但涉及面积巨大、污染种类繁杂，污染形势不容忽视，亟待修复治理。土壤是一个复杂的开放系统，大气和水中的各种污染物都可汇聚于此，加之我国幅员辽阔，土壤以及农作物类型多样，因此土壤污染成因复杂、污染源种类繁多、污染程度不一，即使是相邻地块的污染状况和污染特性也具有很大的空间差异。目前，我国土壤的污染面积、污染程度以及分布情况尚无法翔实调查，因而加大了土壤治理的难度，使农田土壤修复无法保证长久、稳定的效果。以重金属污染为例，由于重金属在土壤体系中的迁移特性不同，不同作物对重金属的富集和耐受能力也有很大差别，因此只能因地制宜、按需定制合适的修复技术路线与方案，这就使各种修复技术的普适性和可移植性受到显著制约，造成修复技术的大面积推广应用面临众多困难。此外，由于没有大规模、易推广的修复技术及配套设施，目前主要以农户实施为主，而大多数农户不愿改变原有的耕作方式，不愿面临收益风险，缺乏配合与积极性，造成土地流转困难，严重阻滞了土地的安全利用。如果上述问题得不到解决，将会造成土壤损耗，可耕种面积减少，污染程度也会不断加剧。

6.1.1 污染成因

农田污染起因众多，主要有点源污染和面源污染。点源污染主要是工业废水和城市污水通过固定排污口排放而对农田造成的集中污染，具有污染物浓度高、成分复杂的特点。近几年由于国家的高度重视，点源污染得到了相对控制。但随着农业的发展，农业生产过程中产生的污染物也进入农田并成为农田污染的主要路径之一，农田污染已从工业点源污染向农业面源污染转变。化肥和农药的过度施用、污水灌溉、农业废弃物、大气沉降等都是我国农田面源污染的重要原因。相较于点源污染，面源污染的分散性更强、不确定性更大、污染范围更广、监测难度更高。

1. 化肥

2016年，我国化肥施用量为5 984.1万t，占全世界化肥施用量的1/3，是世界粮食主产国中化肥施用量较大的国家。我国单位播种面积的化肥施用量已经超过350 kg/hm^2，远远高于国际规定的用量标准（发达国家为防止水体污染，规定化肥安全标准施用量为225 kg/hm^2）。化肥施用过程中会引入大量污染物，长期大量施用会严重影响土壤的生态系统安全。

化肥污染主要体现在以下几个方面：一是造成土壤中重金属元素的富集。磷肥的主要生产原料为磷矿石，在原料开采和加工过程中会带入一些天然伴生的重金属，尤其是重金属镉。因此，农田长期施用磷肥会导致重金属含量超标。有学者认为，"镉大米"事件就是磷肥中镉含量过高所致。另外，利用酸生产的磷肥所带有的三氯乙醛也具有很强的毒性。二是对土壤性能和微生态的破坏，主要体现在土壤营养比例失衡、有机质含量减少、微生物活性降低、土壤酸化加剧、土壤板结、综合肥力和保水能力降低等。化肥的过量施入还会促使土壤有害元素的释放，影响土壤微生态，使土壤质量恶化，危害农作物。三是对水体环境的污染。我国的化肥利用率仅为30%~40%，不能被植物直接吸收利用或不能被土壤所吸附的化学成分会直接流入地表或地下水，造成水体富营养化。

人们对化肥污染问题的关注较多，但需要注意的是，有机肥也并非绝对安全，若有机肥原料中掺入了有毒有害物质，同样会对农田土壤造成严重污染。而且从某种程度上来说，化肥由于组分单一、生产工艺流程成熟，严把质量关是可以有效控制污染物的，而有机肥由于原料来源复杂、缺乏有效监控检验措施，反而会成为污染的不确定性因素。因此，应对肥料安全进行严格把控。

2. 农药

农药滥用也是造成农田土壤污染的一大因素。农药能够起到杀菌、杀虫、除草、调节植物生长等作用，在防治病虫害、保障农业生产方面做出了重大贡献。然而为了提高产量和收益，农药滥用现象不断增加，农田土壤污染问题也不断加剧。1983—2004年，全国农药施用量从86.2万t涨至132万t，增长超过了53%，其中违规使用高毒农药的现象层出不穷。更为重要的是，农药的利用率低，只有少部分能够作用在农作物上，其余则全部扩散到土壤、大气以及水体中。农药的活性成分会长时间存在于环境中，污染范围极为广泛。例如，农药中残留的大量重金属以及有机污染物会杀死部分微生物，破坏土壤微生态，加重土壤酸化程度，恶化土壤板结状态；农药残留会通过农作物进入食物链，最终对人体造成危害。

3. 污水灌溉

我国水资源短缺，水体自净能力和污染物承载能力有限，因此通常需要将生活污水、工业废水等城市污水经过处理并达到灌溉水质量标准后进行污水灌溉。城市污水一般含有微生物、病原体、重金属、化肥、农药残留、抗生素等，未经处理或处理不达标的污水直接进入农田将会造成农田土壤重金属超标和有机物污染等问题，进而恶化土壤环境，威胁农作物安全。第一次全国土壤污染状况调查结果显示,在55个污水灌溉区中,有39个有土壤污染问题,占调查总量的近3/4;在所调查的1 378个土壤点位中,364个存在污染问题,占调查总量的26.4%,其中,重金属镉、砷以及多环芳烃为主要污染物。

4. 农业废弃物

农用地膜、农作物秸秆、禽畜粪便等是农业废弃物的主要来源,这些废弃物若处理不当会也会严重影响农业生产和土壤质量。

(1)农用地膜

地膜覆盖技术于20世纪70年代末引入我国。该技术推广普及后,我国干旱、半干旱地区的水资源利用率得到了有效提高,促进了农民增产增收,产生了巨大的经济效益。地膜覆盖能够起到保温保墒、节水防冻的作用,并且能够促进植物对氮元素的吸收,提高氮元素利用率,促进农作物早熟,提高农产品的品质和产量。国家统计局数据显示,2015年我国地膜覆盖面积达到了2.75亿亩,使用量高达145.5万t。随着地膜的大量使用,也带来了农田的"白色污染"问题。普通的地膜为难降解的高分子化合物聚乙烯,在日本和欧洲的一些国家地膜厚度在0.018~0.03 mm,强度高、易回收,而我国在实际生产中为节约成本主要使用0.005~0.01 mm的超薄地膜,容易破碎、难以回收。在生产实践中,农民直接将地膜碎片翻入土壤中,长此以往使大量的废弃残膜累积在土壤中,成为农田土壤的一大隐患。我国于2013年启动了《聚乙烯吹塑农用地面覆盖薄膜》(GB 13735—2017)修订工作,并于2018年5月1日正式实施,取代了1992年的国家标准,将地膜最低厚度从(0.008±0.003)mm提高到了(0.010±0.002)mm。尽管如此,大量不可降解地膜已混入土壤中,破坏了土壤结构,影响了土壤中的微生物群落,造成土壤生物学功能退化,同时由于植物种子与土壤无法直接接触而影响了农业生产。

(2)农作物秸秆

秸秆对农田土壤的污染主要来源于焚烧。20世纪70年代之前,我国农作物秸秆主要作为生活燃料和饲料使用,后来随着农业发展,农民为抢农时便直接将秸秆在田间进行焚烧,浪费了大量的生物资源,同时造成了严重的环境污染。秸秆中的有机物经过焚烧后转化成大量的有毒有害气体，如二氧化碳、二氧化硫、氮氧化物等，造成严重的土壤有机质消耗和大气污染，部分有毒有害气体还会通过大气沉降返回土壤，间接对土壤造成危害。另外，秸秆在田间直接焚烧产生的高温会杀死土壤中大量的微生物，对农田土壤的微生态系统造成破坏。

（3）禽畜粪便

禽畜粪便也会带来严重的土壤污染问题。一些饲养禽畜的饲料和兽药中滥用激素、重金属微量元素等，导致禽畜粪便进入农田后其所含的激素、重金属等在土壤中富集，造成农田土壤污染。另外，禽畜粪便中的细菌含量极高，病原微生物会导致土壤微生物的污染，影响土壤微生态的健康。禽畜的粪尿中还含有高浓度的有机物，若不经妥善处理就排放至农田会导致植物死亡等。

5. 大气沉降

大气沉降中的物质包括镉、铅、汞、锌等重金属，以及二氧化硫、氟化物、氮氯化物、碳氢化合物等化学物质。农田土壤极易受周边大气环境的影响，大气沉降是一种最容易被忽略，却影响范围极广的土壤污染来源。矿山开采、金属冶炼、燃煤发电、汽车尾气等人类活动会产生大量的粉尘和废气并排向大气，这些污染物又以降尘或者降水的方式返回地面，重新进入土壤。

6.1.2 污染物的种类

我国农田的污染物种类繁多，总体上可分为无机污染物和有机污染物两大类。无机污染物以农业生产和人类活动过程中带入的重金属元素为主；有机污染物主要包括由农药残留、石油泄漏、地膜使用等带来的有机类物质。

1. 无机污染物

农田土壤中的无机污染物主要为重金属元素镉、汞、铅、砷、铬、铜、镍、锌等，以及硝酸盐、碳酸盐、氯化物、硫酸盐等。这些无机污染物长期贮存在土壤中，会造成土壤板结、盐渍化等问题。当前，土壤的重金属污染问题日益突出，重金属已成为农田土壤污染中最常见的污染物质，几乎所有污染源中都会携带重金属元素。目前，我国受重金属污染的耕地面积近3亿亩，每年受重金属污染的粮食作物超过1 200万t。除了人类的生产活动会带来重金属污染，土壤重金属元素背景值这一自然因素也会导致土壤重金属超标，尤其在矿产资源丰富的地区，土壤本身的重金属元素背景值就偏高，加之长期的农业生产过程中带来的重金属污染，更加剧了土壤的污染程度。重金属无法被降解，通过食物链进入人体后会大量累积，毒性和危害性极大，对土壤环境、农产品安全以及人类健康都会造成严重威胁。

2. 有机污染物

有机污染物主要包括农药、石油烃、多氯联苯、废弃残膜（PE等）等。农药是存在最为广泛的农田有机污染物，其种类繁多、成分复杂，最常见的是有机氯类（六六六、DDT等）和有机磷类（敌敌畏、敌百虫等）。农药的成分稳定，在土壤中不易被降解，即便是二氯喹啉酸等新型低毒农药也会对土壤造成潜在的污染。农药大量、持续性地使用，必定会对土壤微生态及理化性质造成严重危害。石油烃在石油开采、运输的过程中经常因泄漏而进入土壤。石油烃会改变土壤的理化性质，影响土壤的微生态结构。另外，多环芳烃、苯系物等石油衍生物质具有致癌、致畸以及致突变等特性，会对人体造成潜在危害。多氯联苯是人类生产活动中产生的高毒持久性有机污染物，被我国电力、化工、冶金等行业广泛使用。它并非随着农药进入农田，但却能够存在于多种介质中，并最终进入土壤环境。地膜也是一种农田中常见的有机污染物，使用后残留在土壤中的PE地膜碎片难以降解，影响土壤的通透性和保水能力，阻碍植物根部的正常生长发育。

6.1.3 污染的危害性

1. 对土壤质量的影响

农田污染对土壤质量的影响体现在多个方面，包括土壤板结、酸化、盐碱化、营养物质贫瘠、保水能力差、微生态多样性减少等。农田土壤污染的各种问题是许多污染因素共同作用的结果，如化肥、农药的长期施用会使重金属含量超标，导致土壤板结；农田残留的地膜以及不合理的污水灌溉会使土壤的保水能力下降，不利于植物对营养成分的吸收利用，从而导致土壤中的水分大量蒸发、盐碱富集。研究表明，农用地膜的残留量达到24 kg/亩时，土壤水分的渗透速度会降低2/3。各种无机、有机污染物会对土壤微生物产生毒害作用，导致土壤酶活性降低和微生物多样性减少，进而影响土壤有机质的矿化和微生物的正常代谢等，土壤污染的隐蔽性和滞后性导致土壤出现这些症状后很难恢复。土壤是作物生长的载体，是农业生产的基础，若大量污染物累积在农作物中将会直接影响农产品品质和人类健康。

2. 对农产品的影响

农田土壤污染对农产品的影响主要体现在农产品品质降低、安全性差、产量减少等。土壤板结、营养失衡、地力下降等会直接阻碍作物正常的生长发育，出现种子萌发困难、出苗率低、根系不发达、有毒物质含量超标等问题。化肥的不合理施用会使农作物中的重金属元素和亚硝酸盐等含量超标；重金属的存在会使作物幼苗生长缓慢、生物量下降，导致农产品中的营养元素含量降低；残留地膜会抑制农作物根系的正常生长发育，从而影响农作物产量。研究表明，土壤地膜残留量为3.9 kg/亩时，可使玉米减产11%～23%、小麦减产9%～16%、蔬菜减产14.6%～59.2%。

3. 对人体的影响

人体中的有害物质部分来源于农产品，而农产品中的有害物质主要来源于作物对土壤中有害物质的吸收利用以及农药的附着。农药的滥用，尤其是高毒农药残留具有致畸、致癌、致突变的危害，这些有毒有害的化学成分被人体摄入后，有可能诱发癌症等一系列疾病，对人体健康产生巨大威胁。许多农作物都对重金属有富集能力，人体通过食物链摄取这些农作物后会导致重金属在体内过量累积，进而影响人体正常的生理功能，造成神经系统的损伤，甚至导致死亡。农民在进行农作时，会通过扬尘使有害的物质颗粒进入大气，人体再通过呼吸作用将这些有害物质吸入体内，可能会造成重金属、有机污染物等的过量累积，同样会威胁人体健康。

6.1.4 修复技术需求与目标

2016年5月28日，国务院印发了《土壤污染防治行动计划》（国发〔2016〕31号）（简称"土十条"），对我国土壤污染防治工作进行了全面的战略部署，提出实施农用地分类管理、加强污染源监管、严控新增土壤污染等要求。现阶段，我国农田的污染面积不断扩张，污染程度不断加剧。如前所述，我国目前土壤的污染源广泛、污染种类复杂、风险管控不完善，土壤治理速度远不及污染扩散的速度，治理工作较难开展。

目前，我国农田土壤修复存在诸多问题，主要体现在以下几个方面：

一是资金问题。虽然我国土壤修复的专项经费在逐年增加，修复市场潜力巨大，但土壤修复资金投入量大、修复周期长、收益回报慢，因此企业参与的积极性不高。我国的农田污染主要靠政府投入资金进行试点修复，目前还没有形成一套成熟的产业链，大量修复技术只能停留在实验室研究阶段。因此，应促进科学家/高校/研究院所、企业、政府三者的密切合作，各自发挥作用，平衡各方利益，实现科研成果的转化落地。

二是技术问题。我国已经在土壤修复技术方面进行了大量研究，但过分注重实验室修复效果，技术单一，对实际修复的可行性、安全性缺少评估，存在修复后易产生二次污染等诸多问题。对于治理工作的实际需求，目前的专业人员、操作流程、工程设备等仍不够健全。

三是管理问题。目前我国还没有建立健全的土壤修复管理制度，缺乏风险管控、检测监管。在农田修复过程中，应注重修复技术的选择、工程实施的规范，以及修复效果的监测，完善整个修复流程，实现修复技术的可持续模式。

当下的修复目标不仅是要治理已被污染的土地，还应做到防治兼备，消除污染源，且不能忽视农业生产、大气、水体中不断输入的污染物。在综合治理方面，应在保障农民利益、农业安全生产的前提下开展治理工作，在改善土壤环境质量的同时加强风险管控意识，根据污染物种类采用可行的修复技术或复合修复技术进行农田土壤环境治理。

表6-1列出了我国近几年出台的与农田土壤修复相关的政策、法规以及农田修复和保育需要达到的目标。

表6-1　农田土壤修复相关政策、法规及其目标

政策、法规	目标/政策要点
《土壤污染防治行动计划》	到2020年，受污染耕地安全利用率达到90%左右，受污染耕地治理与修复面积达到1 000万亩
《关于编制"十三五"秸秆综合利用实施方案的指导意见》	到2020年，秸秆综合利用率达到85%以上
《到2020年化肥使用量零增长行动方案》	到2020年，农作物秸秆养分还田率达到60%
《到2020年农药使用量零增长行动方案》	到2020年，力争实现农药使用总量零增长
《农用地土壤环境管理办法（试行）》	建立农用地土壤污染状况定期调查制度，建立全国土壤环境质量监测网络
《土壤污染防治法》	完善我国生态环境保护、污染防治的法律制度体系

注：2016年，我国完成了《重金属污染综合防治"十二五"规划》；2017—2018年，14个重金属污染防治重点省份陆续下发了《重金属污染综合防治"十三五"规划》。

6.2 农田土壤修复技术

目前，我国在农田土壤修复技术方面开展了大量的研究工作，主要以原位修复为主，包括化学修复、物理修复和生物修复。本节主要介绍目前常见的土壤修复技术，并在基本原理、技术特点、适用范围等方面进行比较和描述（表6-2）。

表6-2　农田土壤修复技术总结

技术名称	花费	修复周期	优点	缺点	适用范围
淋洗	中等	短	可处理重度污染土壤、修复效率高	仅适用于渗透性强、多孔隙的沙质土壤，可能会影响土壤性质	重度污染土壤
电动修复	低	中等	花费低	仅适用于传导性强、渗透性低的土壤	中轻度污染土壤
固化/稳定化	中等	短	操作简单、对土壤扰动小	影响土壤理化性质，易产生二次污染	中轻度污染土壤
工程措施	高	短	处理彻底	破坏土壤结构、工程量大、花费高	小面积重度污染土壤
热脱附	高	中等	工艺简单、设备可移动	高温加热耗能大，设备成本高，不利于土壤微生物生长，易改变土壤性质	挥发性有机物污染土壤
植物修复	低	长	成本低、可行性强、无二次污染、绿色环保	修复周期长，处理深度有限	轻度污染土壤
微生物修复（强化和刺激）	低	中等	成本低、易操作、不影响土壤性质、无二次污染问题、安全环保	不适用于高浓度污染土壤	轻度污染土壤
秸秆还田	低	中等	经济高效、环境友好	—	所有土壤
农业生态修复	低	长	投入少、操作简单	不适用于高浓度污染土壤	轻度污染土壤

6.2.1 化学修复

1. 淋洗

土壤淋洗技术是将淋洗剂注入受污染的土壤，通过溶解、螯合、络合、离子交换等作用将污染物转移到淋洗液中，以去除土壤中的污染物，是一种较为成熟的土壤修复技术。常见的土壤淋洗剂包括酸、碱、盐等无机化合物，柠檬酸、乙二胺四乙酸（EDTA）等螯合剂，以及十二烷基硫酸钠（SDS）、十二烷基苯磺酸钠（SDBS）、腐植酸、单宁酸、环糊精等表面活性剂。Tuin等利用浓度为0.1 mol/L的盐酸（HCl）对重金属污染土壤进行淋洗，结果表明对铜、镉、铅、镍、锌5种重金属的去除率分别为92%、88%、79%、77%、75%。姚萍等利用柠檬酸和EDTA复合淋洗受污染的农田土壤，处理后土壤中的重金属铅和镉分别减少51.01%和97.99%。章瑞英等研究了SDS等3种表面活性剂对DDT的洗脱效果，结果表明当SDS质量浓度为10 g/L时，DDT的总洗脱率为34.62%。

在工程实施上，土壤淋洗技术分为原位淋洗和异位淋洗两种方式。原位淋洗技术是通过注射井将淋洗液注入土壤，使土壤中的污染物与淋洗剂充分接触并进行反应，然后利用提取井将淋洗液进行回收处理，处理后的淋洗液可进行多次循环利用。原位淋洗技术无须对土壤进行挖掘、运输等，是一种高效的治理方式，但在工程实施的过程中，若淋洗液处理不当会存在污染地下水的风险。异位淋洗技术首先要利用挖掘机将污染土壤移出，再进行分筛、除杂，然后与淋洗剂经过搅拌混合，最后进行固液分离回收淋洗剂，使用后的淋洗剂必须进行无害化处理，淋洗后的土壤经检测合格后被重新填回。

土壤淋洗技术可对小面积重度污染土壤进行处理，具有应用范围广、处理速度快、效果显著等优势。该技术既可以处理重金属等无机污染物，也可以处理石油烃、多环芳烃、多氯联苯等有机污染物，适用于渗透性强、多孔隙的砂质土壤（要求土壤水力传导系数不得小于10^{-4} cm/s）。但若淋洗剂选择不当，则会造成土壤理化性质改变、营养物质缺失等不良影响。另外，该技术的问题和难点主要在于淋洗剂的选择。高效淋洗剂的价格通常比较昂贵，因此寻找一种经济适用且不会对土壤和地下水环境造成二次污染的淋洗剂是该技术的核心和亟待解决的关键问题。

2. 电动修复

电动修复是一种可处理重金属离子和有机污染物的原位修复技术。该技术的基本原理是在土壤两端插入电极，使污染物在直流电场的作用下通过电泳、电迁移、电渗析等作用移动至电极两端，最后对污染物进行集中处理，从而将污染物从土壤中去除。例如，Li等研究了电流密度对电动修复效果的影响，通过阳极逼近法使土壤中六价铬的去除率达到92.5%。Xu等的研究表明，利用电动-可渗透反应墙技术对土壤中的重金属砷、铬的处理量分别能够达到126.5 mg/kg和1 507.6 mg/kg。Li等认为电动修复能够促进多环芳烃的生物降解能力，尤其适用于重度多环芳烃污染的土壤。

与淋洗技术的土壤适用类型相反，电动修复对传导性强、渗透性低的土壤修复效果较好，并能够同时处理多种污染物，是一种经济可行的修复方式。但在对污染物进行集中处理时，同样存在产生二次污染的风险，而且处理成本较高。

3. 固化/稳定化

固化/稳定化技术是将改良剂与受污染的土壤混合，使污染物固定在土壤中，以此来降低污染物在土壤中的迁移扩散和生物可利用度等，进而改善土壤污染状况。常用的改良剂包括碱性物质（如石灰、钙镁磷肥等）、有机改良剂（如腐植酸、尿素等）、磷酸盐、矿物材料（如硅藻土、海泡石、沸石、蒙脱土等）。Sparrow研究表明，土壤中施入生石灰能够有效降低重金属镉的生物可利用度，减少土豆和胡萝卜对重金属的富集量。屠乃美等研究了不同改良剂对湖南水稻种植土壤中重金属的处理效果，结果表明，土壤经钙镁磷肥和海泡石处理后能够明显降低糙米中重金属铅和镉的含量。

固化/稳定化技术能够处理土壤中的重金属和有机污染物，是一种简单易行、对土壤扰动小的原位修复技术，但是不能保证修复效果的长期稳定性。改良剂通过改变污染物在土壤中的赋存形态，将污染物固定在土壤中，但它受土壤理化性质改变的影响较大，污染物有再次活化的可能，易产生二次污染。

6.2.2 物理修复

1. 工程措施

土壤物理修复的工程措施主要有客土、换土和深耕翻土等操作方式。客土法是指在原有污染耕地的耕作层上覆盖一层干净的土壤,以降低污染物对农作物的毒害作用。但干净的土壤较难获得,且污染物通常具有迁移性强的特点,无法保证干净的土壤后期不被污染。换土法是将受污染的土壤全部移除,替换成未受污染的土壤。该方法处理效果彻底,但工程量极大,并且移除的土壤若不能进行妥善处理,还会存在二次污染的隐患。客土法和换土法花费高,在日本的修复价格能达到2万~5万日元/hm^2。在我国,土壤运输价格占据了大部分修复成本,实际应用的经济性较差。深耕翻土是对土壤进行翻动,将土壤表层的污染物埋于土壤深处。该方法对土壤扰动大,易破坏土壤结构,引起地力下降和二次污染等众多问题。因此,工程措施只适用于小面积的重度污染土壤,对农业大棚内的土壤修复具有明显效果,但对于大面积农田土壤的污染治理是不适宜的。

2. 热脱附

热脱附技术主要适用于对受高浓度有机物和挥发性重金属污染的土壤进行修复,可用于处理重金属汞、石油烃、多环芳烃、多氯联苯以及半挥发性有机物等。热脱附是通过热交换作用,在真空或通入载气的条件下将土壤中的污染物加热至足够的温度,使有机物从土壤中分离或挥发进入气体收集处理系统的过程。热脱附具有对污染物的处理范围广、工艺简单、设备可移动等特点。目前,欧美国家已把热脱附技术作为处理土壤有机污染物的一种有效的工程化手段。该方法的不足是处理时间长、能耗大、设备及人工操作成本高,而且经过高温加热的土壤理化性质极易改变,对土壤微生物也存在潜在威胁。

6.2.3 生物修复

1. 植物修复

植物修复是一种通过超富集植物对土壤中的污染物进行富集的绿色修复方式,

主要有植物提取、植物挥发和植物固定等方法。其中，植物提取法是指种植能够通过根系对土壤中的污染物进行吸收的超富集植物，使土壤中的污染物转移至地上部分，再通过收割的方式带走污染物，该方法较适于对浅层土壤污染的修复；植物挥发法是利用植物根系分泌的物质，使土壤中的挥发性污染物通过植物转移至大气中，这种方法应用范围小，且会产生二次污染；植物固定法是利用植物根际的微生物或分泌物与污染物发生反应，将污染物固定在土壤中而不被植物吸收利用，这种方法受环境的影响较大，存在污染物重新释放的风险。

2. 微生物强化

微生物强化技术是指将具有特定功能的土著/外源微生物菌种进行扩大培养后加入受污染土壤，通过菌株对污染物的吸收、钝化、降解、氧化还原等作用实现对目标污染物的高效修复。微生物强化技术能够提高土壤微生物的种群数量，提高污染物的处理效率，具有成本低、无二次污染的特点。Ouyang等利用该技术进行了胜利油田的含油污泥处理场地试验，经处理后的土壤油泥含量降低了45%～53%，油泥的降解率相较于传统的堆肥方式提高了14%～22%。微生物是土壤生物修复的重要因素，因此功能菌株的筛选至关重要。应选择在土壤中具有良好生长繁殖能力的菌株，并且能够与土著微生物共同形成优势菌群，以提高污染物的处理效率。

3. 微生物刺激

微生物刺激是指向土壤中投加微生物所需的氮源、磷源等营养物质，以促进或强化土著微生物的生长和代谢，加快土壤净化效率。微生物刺激剂具有多样性，一般根据种植种类、土壤以及微生物所需的营养元素进行添加。王辉等在沈阳前进农场大棚中研究了土著微生物在不同条件下对农田土壤中DDT的降解效果，结果表明，通过向土壤中添加血粉并定期翻土，对土壤DDT的降解效果最佳，降解率可达43.41%。

目前，微生物强化和微生物刺激被认为是最安全环保的土壤修复技术，能够实现生产和修复的同时进行，操作简单、成本效益高，且不会产生毒副产物，适用于大面积农田污染土壤的修复。

6.2.4 农业废弃生物质综合利用修复

农业废弃生物质是指在农业生产过程中产生的种植废弃物和养殖废弃物,主要包括各种农作物秸秆、农产品加工废弃物、禽畜粪便等。农业废弃生物质的综合利用能够将农业废弃物转化为人类可利用的再生资源,避免处理不当造成的能源浪费和秸秆焚烧带来的环境污染。目前,农业废弃生物质的综合利用方式主要有以下几种:

1. 燃烧发电

农业废弃生物质直接燃烧发电是生物质可再生能源发电技术的一种。该技术是将农业废弃物在锅炉中直接燃烧,利用其产生的蒸汽带动发电机发电,对于缓解能源短缺、促进经济循环具有重要意义。

2. 用作饲料

农作物秸秆自身粗纤维含量很高,很难被动物消化吸收。目前,秸秆通常经过微生物发酵或青贮技术进行处理后作为动物的饲料使用。

3. 用作肥料

禽畜粪便和秸秆中含有氮、磷、钾、有机质等营养元素,将禽畜粪便和秸秆收集堆积后进行堆沤产生有机肥,是改良土壤、培肥地力的有效方式。

4. 生产酒精

玉米秸秆、稻谷壳、甘蔗渣等农业副产品可经洗涤、水解、蒸煮、发酵、蒸馏等工艺流程制成酒精,这也是生物质综合利用的一种方式。

5. 制造沼气

单用秸秆或将其与禽畜粪便组合后经过厌氧发酵可产生沼气,其能量利用率较高;发酵产生的沼液、沼渣等副产物还是良好的有机肥料和土壤改良剂。

6. 秸秆直接还田

虽然生物质能源的再生利用方式较多,但前述五种生物质综合利用手段均存在收集困难、运输费用高等问题,大大增加了原料成本。因此,目前较为经济的综合利用方式是秸秆直接还田。该技术是在农作物收割时将秸秆进行原位粉碎处理,通过翻耕的方式将秸秆直接返还至土壤中，经土壤微生物作用后，秸秆中的有机物会转化成有机质贮存于土壤中。秸秆直接还田能够增加土壤有机质含量，改善土壤容重和通透性，提高土壤含水量，是一种经济高效、促进农业可持续发展的重要手段。

6.2.5　农业生态修复

农业生态修复主要是在农业生产过程中对种植种类的调整和耕作方式、管理方式的改变。该方法具有投入少、科学合理等特点，能够最大限度地发挥土壤生态系统的自我修复功能。合理的耕作方式和管理措施不仅能够降低土壤污染带来的安全风险，还能够有效调节土壤的理化性质，避免资源浪费，促进农业的健康可持续发展。

调整种植种类是一种降低作物受污染程度的有效措施。对于污染程度较轻的土壤，可通过调整种植作物的种类来保障农产品质量安全。在重金属轻度污染的土地上，可选择种植对重金属富集能力低的作物，避免作物体内因重金属过量富集而带来安全隐患。除此之外，轮作也是一种科学的耕作方式，通过在同一地块有序地轮换种植不同种类的作物，能够有效防治病虫害，均衡利用土壤养分，调节土壤肥力。

此外，还可以通过对耕作方式和管理方式的改变调节土壤状态，如在施用农药和化肥前进行土壤肥力调查，根据土壤营养状况进行测土配方施肥，避免农药化肥以及有机肥的不合理或过度施用。科学实施秸秆还田能够提高土壤有机质含量和生物量，对土壤理化性质进行改善，同时还能够改变部分污染物（如重金属）在土壤中的赋存形态，以此降低污染物对土壤及农作物的危害。

6.2.6　联合修复

虽然目前的土壤修复技术有很多，但没有任何一种单一的修复技术能够适用所有污染土壤的治理，这也限制了土壤修复技术的实际应用。不同土壤的基本性质、污染状况及技术需求等会有很大差别，无论是复合污染源还是单一污染源，土壤污染问题都十分复杂，适宜土壤修复技术的开发与选择是土壤修复领域研究的重点和难点。联合修复是根据污染土壤修复的实际需求，综合土壤性质、污染物性质、处理难易程度、修复成本等因素对修复方法进行优化组合的一种手段，以使不同的修复方法进行技术互补，减少修复过程给土壤带来的副作用，从而达到修复效果的最优化。目前，研究较多的联合修复技术主要分为生物联合修复技术和化学/物理-生物联合修复技术。

1. 生物联合修复技术

（1）微生物强化-微生物刺激联合修复技术

微生物强化与微生物刺激相结合是提高微生物修复能力的最佳方式。土壤自身所含的功能性菌株数量有限，且不同的功能性菌株对微生物刺激剂的需求差异较大，不能完全发挥土著菌株自身对土壤污染物的净化能力。因此，通过生物强化作用扩大功能性菌株的数量，利用微生物刺激增强功能性菌株的生长繁殖能力，能够更好地促进微生物修复的效果。Mahbub等在重金属汞含量为280 mg/kg的土壤中，利用微生物强化和添加营养物质的方式能够在7天内使重金属汞的含量减少60%以上。

（2）植物-微生物联合修复技术

该技术是通过植物和微生物的生命代谢活动共同处理土壤污染物的技术，主要包括植物与菌根结合、植物与内生菌结合、植物与根际微生物结合以及植物与非共生微生物结合等。植物在土壤中形成的庞大根际环境为微生物提供了有利的生长环境，同时植物根部的分泌物能够给微生物提供一定的营养物质，增强其生长活性，提高其对污染物的处理能力。对于不易被植物吸收利用的污染物，微生物能够通过降解、分解、溶解等作用将其转变成可被植物吸收利用的形态，污染物通过植物根部到达地上部分，以此达到促进植物修复的目的。另外，污染物形态的改变还有可能降低污染物本身对植物的毒害作用。王洪等对沈抚污灌区多环芳烃污染农田的土壤进行了生物联合修复，利用苜蓿-高效微生物-污泥发酵肥对多环芳烃进行处理，结果表明该方法对土壤中多环芳烃的去除率能够达到61.1%，符合农作物安全标准，并且处理后的土壤增加了多环芳烃降解菌的数量，有利于农田土壤的长期修复。

植物修复和微生物修复对于土壤中污染物的修复能力和修复效果具有各自的局限性，如植物通常生长周期较长，对土壤污染物的富集量有限；微生物的吸收、钝化等作用不能将污染物彻底从土壤中去除，等等。植物-微生物联合修复技术形成了土壤环境—植物—微生物的复杂体系，能够互补二者在修复过程中的不足，研究土壤环境、植物和微生物之间的相互作用机制是提高修复效果的重要工作，对促进生物修复的发展和应用具有重要意义。

2. 化学/物理-生物联合修复技术

化学/物理-生物联合修复技术不仅能够平衡化学/物理修复和生物修复的修复周期，以最快的速度达到最好的修复效果，还能避免化学/物理修复过程中对土壤性质以及生态环境的破坏。化学和物理修复技术通常具有修复效率高但易产生二次污染的特点，生物修复能够在一定程度上弥补这两类修复方法的不足，可以对残余的少量药剂和污染物进行进一步处理，以达到预期的修复效果和改良土壤的目的。以生物修复为主导的化学/物理-生物联合修复技术可根据不同的生物修复作用机理，选择适宜的物理、化学药剂及修复手段进行复合，以此提升微生物或植物对土壤污染物的修复效果。因此，针对不同的污染问题，科学地采用化学-物理-生物相复合的修复技术将有可能实现低成本、高效率、可持续的土壤污染物去除效果。

何佳颖利用腐殖质-电动-铬还原菌对重金属铬污染土壤进行了联合修复效果的研究并取得了良好效果，重金属铬的去除率达到90%以上。魏树和等认为电动-植物联合修复技术在对重金属污染土壤的修复上具有一定的应用前景，通过施加适宜的电场能够活化土壤中的部分重金属，使植物更好地实现对重金属的富集作用。刘帅霞等研究了秸秆-复合菌-污泥对铬污染土壤的联合修复效果，结果表明1%秸秆+1%复合菌+30%污泥的最优物料组合能够使重金属铬的还原率达到96.6%，该方法不仅提升了铬污染土壤的修复效率，同时实现了农作物秸秆与活性污泥的资源化利用。

6.3 农田土壤修复案例

6.3.1 国外修复案例

1. 日本（镉污染修复）

案例名称：日本富山县神通川流域重金属镉污染农田修复。

目标污染物：重金属镉。

工程简介：在日本明治初期，三井金属矿业公司在神通川上游建造了一座铅锌矿厂。该矿厂在冶炼过程中直接将大量含有重金属镉的废水排入神通川，造成河水严重污染。河流两侧的稻田用这种被污染的河水进行灌溉，有毒的重金属镉在作物体内富集，使产出的稻米富集了大量的重金属镉。人们长时间吃这种含镉量很高的大米、喝被镉污染的神通川水，引起了慢性镉中毒，导致了1955—1972年的"骨痛病"事件发生。该事件是日本政府确认的首起工业污染疾病，直接促使日本政府于1970年颁布了《农业用地土壤污染防治法》。1975年，科学家向政府提出用客土法修复土壤，整项工程于1979年启动，历时33年，覆盖了神通川盆地1.3万亩农田，耗资407亿日元（以2020年汇率约合26.9亿元人民币），工程费用由三井金属矿业公司、日本中央政府和富山县政府分摊。

主要修复技术：客土法。

修复费用：约20万元人民币/亩。

技术方案：先用推土机将30 cm厚的表层污染土壤剥离到地边，再用挖掘机在田间挖一个梯形沟，并填入地边受污染的土壤；然后将挖出来的未被污染的土壤填埋在20 cm的上部，压实作为耕土；最后用未被污染的土壤覆盖表面，层高20.5 cm，配合有机肥、土壤改良剂等即可进行耕种。

治理效果：土壤修复后，农户可安全种植作物。据富山县介绍，这里种植的未经打磨的水稻中，镉含量降至0.08～0.09 mg/kg，远低于日本食品卫生法规定的0.4 mg/kg的安全基准值。

2. 以色列（盐碱地修复）

案例名称：以色列盐碱地修复。

工程简介：以色列的水资源严重匮乏，沙漠面积占国土面积的2/3，存在大量的盐碱地。滴灌是最理想的节水灌溉方式，维护得当可连续使用10～15年，能有效防止土壤盐碱化和土壤板结。

主要修复技术：滴灌。

治理效果：以色列发展了滴灌技术以后，可耕种面积从7.5%增加到了20%，水肥利用率能够达到90%。通过对植物根部的直接灌溉，大大减少了蒸腾作用和渗透作用的损失，有效避免了水资源的浪费。滴灌技术同时还能够达到降盐、洗盐的目的，降低植物根部的盐碱含量，提高农作物的产量。随着该技术的发展，以色列的科学家将电脑控制系统引入整个滴灌体系，能不间断地监测土壤和植物的干湿度和酸碱度变化，自动调节滴灌时间和注水量，使土壤的全盐含量降到适合植物生长的范围。到目前为止，以色列90%以上的农田都已应用自动滴灌技术，农业用水较之前大量减少，土地使用率得到了极大的提高。

修复费用：滴灌技术成本高昂，只适合以色列等人多地少、技术化密集管理的沙漠小国。

3. 美国（石油污染）

案例名称：美国加利福尼亚州长滩港"S"码头土壤修复。

目标污染物：污泥（石油产品残余物、半挥发性有机物、多环芳烃、重金属）。

施工单位：美国长滩港。

工程简介：长滩港是美国西海岸的重要港口城市，曾经是美国太平洋舰队的母港，后被圣迭戈所取代，现在是美国最大的集装箱港口之一。长滩港对于空气质量的改善相比于世界上任何其他海港都更快、更积极，创造了一系列减少或消除不利环境的环保计划。长滩港"S"码头位于长滩港中心地带，占地175英亩（1英亩≈ 0.4 hm^2），1930—1994年用于生产石油和天然气。石油开采造成该码头地面沉陷，使当地水位低于外部水位。1948—1970年，部分土地被用作含油废物的掩埋场，掩埋的废土坑约32个。1994年，长滩港收购该土地进行油污废弃物的清理和土壤修复工作。

主要修复技术：化学稳定法。

修复费用：总填土量约为419万t，工程总费用为3 989万美元。

技术方案：挖掘/储存废土—填埋新土—废土固化回填—填埋新土—铺盖表层不透水路面（图6-1）。首先，挖出坑内的污染土壤，再将新土填入坑中至5.5英尺（1英尺＝30.48 cm）的高度；其次，将挖出的污染土壤进行化学稳定固化并回填至9.5英尺高度（高于将来地下水位1英尺）；最后，将填埋新土填充到12.5英尺的高度，并铺设一层2.5英尺的混凝土地面。

开挖污染的废土

回填开挖的土坑

化学稳定固化含油废土

场地整治完成

填实固化后的废土

图6-1 美国长滩港石油污染土壤修复过程

（图片来源：生态修复网）

治理效果：经过4年的环境整治和土壤填埋，长滩港"S"码头已成为一个可开发的海运码头。该案例对因石油开采引起的场地污染修复工程具有良好的指导意义。

4. 欧洲（重金属）

案例名称：荷兰肯潘地区土壤修复。

目标污染物：重金属镉。

工程简介：19世纪末期，荷兰的肯潘地区劳动力相对低廉、闲置土地数量较多，吸引了大量来自比利时的锌矿冶炼厂，并在此后的一个世纪持续运营。锌矿冶炼的残渣——锌矿灰中含有多种高浓度金属物质，但由于锌矿灰可以从工厂免费获得，1970年以前被广泛用作肯潘地区的基本建筑材料，许多当地的居民用其修整房屋，市政当局用其修整了2 400 km的土路，使肯潘地区的土壤出现多种重金属元素超标的现象。1990年年底的一项调查显示，肯潘地区动植物体内的镉含量偏高，农产品一般不符合欧盟标准，浅层地下水不可使用，蓄水区也受到了污染。当地人的肾脏疾病、骨质疏松症、癌症等的发病率均高于荷兰人的平均水平。荷兰环境部、北布拉邦省、林堡省和相关市政府成立了肯潘地区土壤管理委员会，负责土壤管理，并委托相关专业公司进行调查和修复。由于锌矿灰含有普通土壤中所没有的放射性元素，因此在治理过程中创造性地将空间地理技术与大面积重金属污染调查结合起来，使污染调查所需的时间和成本大大降低。

主要修复技术：①通过伽马能谱仪、探地雷达和X射线荧光分析仪等工具，对肯潘地区1 200 km的锌矿灰道路进行了调查和采样，将不同路段的锌矿灰和放射性元素进行对比，对污染状况相似的地区进行分类，然后考虑人口密度和自然环境因素，确定需要优先修复的区域；②运用X射线荧光分析仪分析土壤中放射性元素的分布，与给定几何性质和密度的传统校准方法相比，该方法提升了数据分析的准确性，加快了探测采样的速度；③通过严格的环境法规和现代科技手段的强制性应用，从根本上遏制了新的污染源，如建立沉积物捕集器、预防沉积物扩散等；④应用大面积场地风险分析方法对其地球物理特性进行实时的数据传输，以分析大型矿场、城市、河道等场地和区域的污染状况，实时监测和实时传输也成为欧洲土壤修复的趋势。

治理效果：基于可靠的调查结果，肯潘地区的土壤修复最终取得了良好效果，该地区后来成为周边旅游的热门目的地。肯潘地区土壤管理委员会推荐农户们根据土壤状况种植适宜的农作物，一些农产品已达到欧盟的质量标准。除了大规模修复，委员会还鼓励当地企业和个人小规模修复附近的土壤，并提供高达60%的融资支持。这些小规模的土壤治理项目也显著改善了肯潘地区的整体环境。

6.3.2 国内修复案例

1. 重金属修复

（1）广西环江农田修复工程

目标污染物：混合重金属。

施工单位：北京瑞美德环境修复有限公司。

工程简介：该项目是中国土壤修复行业首个国家级产业化示范项目。2001年，广西壮族自治区河池市环江毛南族自治县（以下简称环江县）因洪水冲击引发尾矿库垮坝事故，使下游近万亩农田受到严重污染，大规模减产和绝产，农民生计和群众健康也受到了严重损失，造成了巨大的社会影响。调查结果显示，该地区农田土壤主要受到砷、铅、锌、镉、铜等重金属污染，砷、铅和锌主要集中分布在土壤表层0～30 cm范围。在多种重金属混合污染的同时，当地农田还存在含硫尾矿的酸污染问题，pH最低为2.5。2011年，环保部门和当地政府投资2 650万元共同对1 280亩受重金属污染的农田土壤进行修复，项目周期为2年。

主要修复技术：植物修复。

修复费用：2万～3万元/亩。

技术方案：蜈蚣草在生长过程中能够快速提取、浓缩和富集土壤中的重金属砷，是一种砷超富集植物。该工程在污染土壤中种植蜈蚣草，密度为30 cm×30 cm，每年收获2～3次，每次收获量>5 000 kg/hm²，将收获的蜈蚣草进行焚烧，并根据环保要求对灰渣进行填埋处理。焚烧炉体为卧式链条炉排，加工能力为60 kg/h，以柴油作为辅助燃料自动点火；第一燃烧室温度为750～850℃，第二燃烧室温度为950～1 200℃，出口烟气含氧量（干烟气）6%～10%，停留时间≥3秒，焚烧炉体表温度≤35℃，炉膛负压为-3～-10 Pa，焚烧残渣热灼率≤5%；年运转时间>2 800小时，使用寿命为10年。

治理效果：经过2年的修复，土壤pH由修复前的2～3提高到5～6，硫铁矿返酸状况得到了有效抑制；利用植物萃取技术，每年可从土壤中去除10.5%的重金属镉和28.6%的重金属砷；玉米、水稻和甘蔗平均每亩分别增产154%、29.6%和

105%；玉米籽粒中重金属锌、镉、铅和砷的含量分别降低了0.5%、4.1%、4.9%和39%，农产品重金属含量的合格率高于95%；同时，重金属超富集植物收获物的焚烧也得到了安全利用。该项目实施过程中，单种桑养蚕一项就使农民增收627万元，受益人口超过5 600人。

土壤重金属污染治理是一项长期、复杂的系统性工程，其修复技术还不成熟。对于该工程，验收单位的评价为经过2年的土壤修复，核心示范区及推广区中土壤的重金属含量呈整体下降趋势，基本起到了示范作用，土壤重金属治理的成效初步呈现。

（2）湖南株洲镉污染农田修复

目标污染物：重金属镉。

施工单位：湖南森美思环保有限责任公司。

工程简介：2016年，湖南森美思环保有限责任公司联合湖南省农业科学院，在湖南省农业委员会的统一部署和监督下，对湖南省株洲市的150亩重金属镉中度污染农田进行了治理。

主要修复技术：固化/稳定化技术。

技术方案：利用陶瓷纳米复合材料对重金属离子的化学络合、化学键合、离子交换等作用将重金属离子吸附在自身孔内。具体方法为在耕种前将材料均匀地撒施在污染土壤中，通过翻耕使其与土壤均匀混合，然后按照正常流程进行水稻播种，不影响农田的正常操作和种植，操作简便，修复过程见图6-2。使用的陶瓷纳米复合材料主要有以下优点：①具有物理和机械稳定性，陶瓷颗粒坚固，吸附重金属后不会随水流走；②具有化学稳定性，不会因土壤pH的变化而使污染物重新释放；③具有生物稳定性，5~35 nm的孔能够阻挡微生物进入，避免重金属转化为流动性或毒性更大的有机重金属（如甲基汞）；④具有地质稳定性，吸附重金属后的陶瓷纳米颗粒经过1~3个种植周期后，会在重力作用下向地下迁移，最后离开耕作层，使重金属在耕作层以下矿化，防止植物根系对重金属的再次吸收，从而达到使重金属钝化的目的；⑤具有土壤特性和结构的保护性，陶瓷纳米颗粒不会吸收碱土金属、钾、磷和其他营养成分，也无化学品引入，能够增加土壤的透气性；⑥具有长期有效性，该材料的吸附能力大，对于土壤中的活性重金属能够实现长时间吸附。

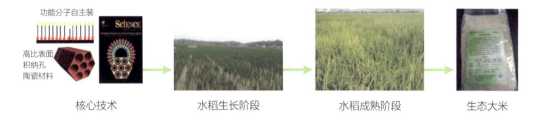

图6-2 项目图片

（图片来源：湖南森美思环保有限责任公司官网）

修复效果：第三方试验数据表明，早稻对照区水稻镉含量平均为1.082 mg/kg，治理区水稻镉含量平均为0.189 mg/kg，治理后水稻镉含量下降了82.53%；晚稻对照区水稻镉含量平均为1.017 mg/kg，治理区水稻镉含量平均为0.172 mg/kg，治理后水稻镉含量下降了83.09%，符合重金属镉含量低于0.2 mg/kg的国家大米质量标准。

2. 石油污染修复

案例名称：中原油田污染耕地土壤修复。

目标污染物：石油烃。

施工单位：清华大学、中石化原油分公司。

工程简介：河南省濮阳市五星乡后港村11亩耕地被原油污染了18年，存在管道穿孔污染、井台周围的石油泄漏污染以及泥浆池污染等多种陈旧性污染情况。场地盐含量普遍较高，为正常耕地的2～4倍，属于油盐混合型污染，治理难度较大。土地污染后，农民长期弃耕并用作大麦场，场地土壤板结严重，地表80%无植被覆盖。

主要修复技术：微生物修复。

修复费用：1 650～2 100元/亩。

技术方案：利用真菌-细菌强化修复石油污染土壤。深翻土地后，首先通过灌溉将污染地块的盐含量降至耕地正常水平（3~6 g/kg）；然后施加麦秸（以防止返盐）及真菌-细菌微生物制剂，调整土壤水分含量在20%~25%，按照碳、氮、磷、钾（C∶N∶P∶K）比例为100∶10∶1∶2调整土壤中氮、磷、钾的含量，每两周翻耕一次（图6-3）。修复过程历时161天，修复后的地块种植苜蓿和小麦。

图6-3 石油污染土壤修复过程

治理效果：修复结束后，土壤样品送至中国农业科学院进行全面检测。结果显示：土壤、全盐、水溶钠、水溶氯以及各项肥力指标均已达到或接近正常耕地水平，各类污染地块中石油烃的含量均降至国外参考临界值以下，修复地块地表植物茂盛，根系生长正常，能起到固土作用，恢复了作物种植能力。同时，免除了企业每年向当地赔付1 300元/亩的负担。

3. 持久性有机污染物修复

案例名称：世界银行多氯联苯管理与处置示范项目。

目标污染物：多氯联苯（PCBs）。

施工单位：杭州大地环保有限公司。

工程简介：2001年5月23日，中国政府签署了《关于持久性有机污染物（POPs）的斯德哥尔摩公约》，该公约于2004年11月11日正式对中国生效。所列的第一批POPs就包括多氯联苯。该公约规定，到2028年以前，需完成含PCBs液体和被PCBs污染设备的环境无害化管理。该项目是中国消除POPs活动的开始。项目的主要目标是辨别和建立环境友好且经济高效的政策、处理方法及治理技术，以便于安全管理和处置我国以特殊方式暂存的PCBs和被PCBs污染的废物。2006年1月，示范项目正式启动，浙江省为该示范项目的示范省，杭州大地环保公司是该项目的具体实施单位。

主要修复技术：热脱附。

修复费用：污染土方量为110 000 m³，总投资3 300万美元。

技术方案：污染物经过加热从土壤转至大气中，再通过气体净化去除污染物。具体方法为污染土壤通过破碎、筛分等预处理进入加热装置；对土壤的加热温度和停留时间加以控制，目标污染物达到沸点以上气化挥发并与土壤分离；通过气体处理系统对气化污染物进行去除或回收处理（图6-4）。

（a）热脱附处置装置　　　　　　（b）热脱附设备废气处理系统

图6-4　项目图片

治理效果：该项目首先对浙江省PCBs储存场地状况进行了深入调查，并建设热脱附处理站；然后对多个PCBs储存场地的污染土壤进行清理和运输，采用间接热脱附设备对污染土壤进行有效处理。验收测试结果显示，经处理的土壤PCBs含量为0.25 mg/kg，完成了原浙江省环境保护厅对热脱附项目环境影响评价批复中的要求（工、商业用地：14 mg/kg；居住用地：1.5 mg/kg）。该项目建立的PCBs热脱附处置站是中国第一个长期稳定运行的热脱附处理站，填补了我国热脱附处理的技术空白，使我国PCBs污染场地的处置和管理水平得到了显著提升。

4. 秸秆还田与土壤修复

（1）保定市利用土著菌进行秸秆腐熟还田

目标物：玉米秸秆。

施工单位：北京禾和润生科技有限公司、清华大学。

工程简介：为响应河北省保定市委、市政府高度重视秸秆禁烧和综合利用工作的要求，保定市财政局、原市农业局、各县原农业局及有关单位委托北京禾和润生科技有限公司进行秸秆助腐还田示范工作。北京禾和润生科技有限公司联合清华大学实验室，通过生物菌剂助腐技术在保定市开展了7个市（县）3 600亩11宗地块的大田试验示范，解决了秸秆废弃和焚烧带来的资源浪费和环境污染问题，改善了土壤环境，消除了焚烧隐患。保定市处于华北平原腹地，以小麦和玉米轮作为主，10月末收获玉米并在短期内种植小麦，整个种植及作物收割均以大规模机械操作为主。

主要修复技术：秸秆直接还田。

技术方案：针对保定市当地土壤特点进行秸秆助腐土著菌种筛选，经大规模发酵后应用至大田土壤。具体方法为玉米秸秆被收割机粉碎后在土壤表面晾晒3天以上，以进一步去湿；在小麦种植前将微生物菌剂与复合肥同时撒入土壤，不增加原有工作量；撒施复合肥和菌剂的当天进行旋耕，旋耕深度15~18 cm，然后按照正常种植习惯种植小麦即可（图6-5）。

治理效果：施加微生物菌剂后，不会因秸秆还田而造成作物减产，不影响土壤肥力、种子出苗率。相较于对照组，经菌剂处理后的秸秆明显腐化变黑，并且轻轻触动即易碎易断，说明微生物菌剂达到了良好的秸秆腐化效果。

图6-5 秸秆腐熟还田过程

（2）北大荒兴凯湖农场水稻田改良

施工单位：北京三聚环保新材料股份有限公司。

工程简介：利用秸秆等生物质在特定条件下受热产生的固态物质——生物质炭（图6-6）来提高土壤肥力、促进作物生长，达到农业固氮减排的目的。生物质炭因其含碳量高且结构稳定，可大幅度降低秸秆直接燃烧排放的二氧化碳、氮氧化物、二氧化硫的量，使秸秆有效成分还田，破解秸秆综合循环利用难题。

主要修复技术：生物质综合利用

图6-6 生物质炭

（肥料缓释剂、土壤改良剂）。

技术方案：以秸秆等生物质材料为基础，采用"分质利用、炭化"技术将秸秆分解成生物质气（绿色燃气）、木醋液（生物杀虫剂液体肥）、生物质炭（生物质炭基复合肥、生物质炭土壤改良剂），将有机质与养分同步还田。

治理效果：与施用普通肥相比，经炭基肥处理的植株长势较好，水稻地上部分生物量增加50%，地下部分生物量增加26.8%。

6.4 土壤修复与保育

6.4.1 经济性分析

1. 土壤修复的经济性分析

农田土壤修复技术的选择要考虑诸多因素。一是对生态环境的影响，如修复技术对土壤的扰动程度、对土壤生物多样性的影响、对土地使用功能的改变、是否会产生二次污染影响水体和大气环境等。二是对社会环境的影响。项目的实施过程应有明确的技术指标和完善的管理制度，以保障施工人员和公众的健康安全；应重视人们对修复技术的接受度、满意度，以促进社会和谐。三是对经济的影响。土壤修复的成本投入较高，要根据农田实际情况进行成本预算，在达到修复效果的同时使成本投入最小化。

目前，我国的土壤修复项目以场地污染修复项目居多，受污染的场地修复后具有一定的经济价值，大部分由地产驱动，因此资金来源广、发展较快。农田污染土壤的修复要求要远高于污染场地土壤的修复要求，不仅需要去除目标污染物、确保民众的身体健康安全，还要使农田土壤恢复正常功能，提升土壤和农产品质量。我国农田污染土壤面积大、修复周期较长，需要大量的成本投入。"土十条"提出，到2020年，受污染耕地治理与修复面积达到1 000万亩。假设以1 000元/亩的修复成本计算，可以达到100亿元。有研究表明，我国农田的修复成本可超过同等面积农田种植作物30年产生的收益总和，由此看来，农田土壤修复并不会在短时间内带来实质性的经济效益，因此修复进展较为缓慢。但食品安全和农业的可持续发展等问接效益是我们需要长远考虑的问题，不但要考虑修复成本的投入，同时应注重农田土壤修复带来的生态经济性和社会经济性。农田土壤的修复将会有效保护土地资源，提高土地利用率，保障我国可用耕地面积，提升土壤质量，减少污染物对农作物安全的威胁，避免土壤污染带来的生态环境风险，对于我国食品安全和农业的可持续发展具有重大意义。在农民增产增收、促进就业的同时，还能够减少人们在健康风险中的暴露程度，保障民众生命安全。

2. 土壤保育的经济性分析

优质的土壤是保障农产品品质的重要条件之一，土壤保育对于农业的可持续发展至关重要。土壤的品质不仅影响粮食安全，还会影响农民的收益，关系到农业的经济效益。欧美国家的人均耕地面积大，农田土壤的保育可以靠休耕进行管理。休耕能够改良土壤，防止土地退化，让土壤得以充分的恢复。而在我国人多地少的特殊国情下，无法照搬国外土壤的保育模式，不仅要对受污染的耕地进行修复，还要对未受污染的耕地和修复后的耕地进行保育。在我国目前农田污染严重、可利用耕地面积减少等情况下，应同时聚焦土壤修复和保育，以防止农田污染、土地退化。因此，应加强对土壤状态的监测和土壤污染源的监管，合理利用农业资源，充分运用先进的科学技术、农业装备和管理理念，将土壤保育与生态农业相结合，以实现土地资源的可持续利用，促进农产品安全，提高农业综合经济效益。

（1）秸秆还田和轮作

秸秆还田能够增加土壤有机质和矿物质含量，为土壤微生物提供碳源和养分，起到减肥增效的作用，还能够增加土壤的通透性，有利于作物根系发育，提高土壤保水能力，改善土壤理化性质，促进土壤微生物活性。

轮作是一种优化的种植制度，能够减轻土壤连作带来的病虫害问题，均衡利用土壤养分，提高肥效和农作物质量，实现作物增产增效。尤其是水旱交替的耕作方式，可以促进土壤有机物分解，调节土壤有机质含量。轮作的方式还能够防止土壤板结、酸化，从而起到改良土壤的效果。我国2018年出台的《土壤污染防治法》中，对于列入严格管控类的农用地，鼓励采取诸如种植结构调整、退耕还林、退耕还湿、休耕轮作、休牧轮牧等措施。

（2）测土配方施肥

"土十条"提出，到2020年测土配方施肥技术推广覆盖率提高到90％以上。测土配方施肥是通过对土壤的养分测试以及田间的肥料试验寻求作物与肥料之间、肥料与土壤之间的作用规律，根据作物对肥料的需要量、作物目标产量、土壤的供肥性能和肥料对农作物的增产效应等因素，对氮、磷、钾以及微量元素等进行合理配比施用，对肥料的品种、使用量、施肥时间和使用方法加以优化。测土配方施肥技术使化肥使用精准化，能够提高化肥利用率，以合理的肥料投入量获取最大的经济效益，还能够有效避免肥料滥用造成的资源浪费和对土壤理化性质的不良影响。

（3）滴灌施肥

滴灌施肥技术是根据土壤养分状况、作物对肥料的吸收规律、作物生长过程中对养分的需求以及气候条件等进行阶段性施肥的一种方式。滴灌施肥技术可以调节灌溉水中营养物质的浓度，满足作物所需要的营养量，能够精准地将营养补加至作物根部附近，并有效地被植物根系所吸收利用，减少养分的流失，提高作物的质量和产量。该技术不仅能够提高化肥利用率，还可以节省大量的劳动力、物料运输、燃料动力以及时间成本等，便于农业生产管理，提高工作效率，使农业的经济性大大提高。

（4）使用土壤改良剂、调节剂

土壤改良剂主要能够起到一定的改善土壤理化性质的作用，使土壤环境更有利于作物生长，但它并不是给作物提供营养物质的主要来源。目前，常用的土壤改良剂主要有生石灰、熟石灰、钙镁磷肥等。

土壤调节剂通常以天然泥炭等富含有机质、腐植酸的有机物为主要原料，通过适当添加生物活性成分及营养元素再经过科学的工艺加工制成，主要通过保水、保肥、增强土壤通透性等功能对土壤状态进行调节。土壤调节剂能够起到疏松土壤的作用，可以提高土壤透气性以及水分和肥料的渗透能力，还能够提高土壤微生物活性，防止土壤板结，降低土壤容重，具有改良土壤、保水防旱、提高农作物抗病性、增加农作物产量、改善农产品质量和保持农作物原生态等多种功能。

（5）施用有机肥

有机肥含有丰富的有机质和农作物所需要的各种营养元素，可以在土壤中缓慢分解释放，肥效周期长，能够增加土壤有效养分，提供作物生长所需的营养元素和土壤微生物活动所需的碳及能量。有机肥主要包括农家自制堆肥、沤肥、厩肥、秸秆、绿肥和商品有机肥等，能够提高土壤保水保肥能力，促进土壤团粒结构形成，改善土壤的物理性状，缓解土壤酸化，增加土壤酶活性，并起到改良土壤、培肥地力、提升农作物品质的作用。目前，化肥减量和有机肥增施已经逐渐成为一种被广泛接受和提倡的施肥方法。

6.4.2 未来展望及建议

1. 污染详情有待进一步调查

虽然我国在2014年公布了《全国土壤污染状况调查公报》，明确了农田土壤的主要污染物种类和污染程度的平均水平，基本掌握了全国土壤环境质量的总体情况，但是普查布点的密集度较低，不能详尽了解农田污染的具体状况。因此，国家及各地方政府已经开始开展全国农业用地土壤污染详查工作，以对农田污染土壤的区域分布、污染类型、污染程度以及污染变化趋势等进行全面了解。更为重要的是要调查污染源头，分析其周边污染情况以及污染扩散程度和规律，做到真正的防治结合；同时，进一步借助大数据和人工智能（AI）系统对土壤污染数据进行分析和关联，以实现对污染状况的掌握、对修复技术以及保育方式的选择，对于我国农业的可持续发展具有重要意义。

2. 加强修复技术的绿色化、产业化

近年来，随着土壤修复技术的研发、修复设备的引进，污染场地的修复水平不断提高，但我国相关研究和工程实施仍处于起步阶段，虽然土壤污染修复技术种类繁多，但可行性较强的修复路线较少，目前的修复工程以污染场地修复为主，农田土壤的修复案例较少。农田土壤修复与场地修复不同，不仅要去除污染物，减少其对农作物的毒害，还要关注治理后土壤的耕作能力、营养状况以及农产品安全等，对于修复技术的要求自然更高。根据《全国土壤污染状况调查公报》的调查结果，我国受污染的农田土壤中90%以上属于轻中度污染,虽然污染程度较轻,但涉及面积巨大。因此,农田土壤的修复不能选择适用于治理小面积重度污染土壤的常规成熟的场地修复技术,应选择绿色经济、安全高效的修复技术。目前常用的修复技术主要有土壤淋洗、热脱附、生物修复等。我国农田土壤污染多存在混合污染的现象,在修复技术选择方面应从单一技术向复合技术转变。对于重度污染的农田土壤,可利用物理/化学修复、生物修复、农艺生态修复以及土壤保育等相结合的方法以发挥各自的优势,如对土壤进行物理/化学治理后,再采取生物修复的措施进行污染物清除,最后加以土壤保育使土壤恢复地力,从而达到农田土壤修复的目的。对于轻度污染的土壤,可将生物修复、生态修复与土壤保育联合运用,实现理想的修复效果。生物修复技术具有修复成本低、应用广、环境友好、操作简单、无二次污染、不影响正常耕作等优点,在农田治理领域进行了多项应用示范项目,将成为农田污染土壤修复技术的发展趋势,是最具潜力的绿色可持续修复技术。

当前,我国对于农田污染土壤修复设备的智能化、集成化研究相对滞后。在现场检测方面,国产仪器的适用性、精确度和便利性不足,目前常用的土壤快速检测仪主要靠进口设备。进口仪器虽精度高、可靠性强,但不能满足不同土壤的检测需求,无法做到检测项目的定制化,制约了修复技术的前期调查工作。在工程应用方面,缺乏可以大规模应用的关键设备,阻碍了修复技术的规模化应用和产业化发展。

3. 制定完善的政策、标准

2018年,我国正式出台了《土壤污染防治法》,完善了我国生态环保、污染防治的法律制度,土壤污染预防和管控已进入法治化的轨道。但土壤修复行业的标准体系仍不健全,相关标准不够系统、操作性差,不能有效地指导和规范修复行业。例如,场地调查、样品采集、样品分析化验、方案设计、现场实施等环节信息不流畅,没有相应的管理制度和统一的标准流程,易存在脱节问题。我国土壤污染面积大,资金筹集困难、缺口大,大面积的农田土壤污染修复费用极高,目前的修复费用主要由政府承担。因此,应衡量环境风险和经济性,根据我国国情合理规划污染耕地的土地用途,并根据污染农田将来的土地用途来设定修复目标,避免过度修复,付出大量的人力、物力、财力。土壤修复工作应在国家法律法规的指导与约束下建立土壤修复技术管理体制，设定污染修复评估指标，对土壤修复工作进行更为具体的安排和规划。

4. 建立成熟的商业模式

2018年，国家启动了"场地土壤污染成因与治理技术"重点科技专项，重点关注场地土壤污染防治的重大科技需求，重点支持场地土壤污染形成机制研究、监测预警、风险管控、修复治理以及安全利用等技术、材料和装备的创新研发与场地示范，建立土壤污染防控与修复的系统性解决技术方案和产业化模式，在典型地区开展规模化应用示范，以实现环境、经济、社会等综合效益。加之《土壤污染防治法》和"土十条"的出台，极有力地推动了环境监测、调查评估、设备制造、药剂生产等土壤修复相关行业的发展。此外，随着一批基于互联网、智能传感器、数据分析管理和远程智能控制的修复创新技术应运而生，土壤修复行业必将迎来巨大的发展与转变。但目前的土壤修复行业存在商业模式不成熟、资金缺口大、盈利模式不明确等问题。"土十条"中明确提出要通过PPP模式发挥财政资金撬动功能，带动更多的社会资本参与到土壤污染防治工作中来。在PPP模式下，环保企业和政府建立了商业合作关系——环保企业向政府提供环境修复服务，政府将自主运营权转交给环保企业。企业在政府的扶持下，能够获得更多的市场份额，减少环境治理所需承担的风险；同时，政府也能减少财政压力，降低非专业化运营的弊端。土壤修复行业存在"谁污染，谁治理""谁使用，谁治理"及政府出资垫资（Remedy-Transfer，RT）、"修复-开发-移交"（Remedy-Operate-Transfer，ROT）、"修复-开发-拥有"（Remedy-Operate-Own，ROO）、"受让-修复-转让"（Transfer-Remedy-Transfer，TRT）等多种商业模式。根据我国农田污染现状以及土地用途规划，应积极探索形成适宜且可持续的土壤修复商业模式，建立多渠道的资金筹集机制，充分发挥各方优势，引入社会资本，形成以污染企业、受益者为主体，政府、社会等为辅助的多元化场地修复资金来源。

6.4.3 智能土壤修复与保育系统

智能土壤修复与保育系统是基于现有的环境监测机制建设的布局合理、功能完善、涵盖各种污染源的多要素生态环境监测网络，借助物联网、云计算、大数据应用等，通过网络和信息安全科技手段建设的土壤环境质量监管自动化体系。该系统依托环保云平台为生态环境主管部门的业务系统提供信息基础资源（计算、存储、网络、安全）和系统软件资源（操作系统、数据库、GIS等），形成包括存储与管理平台和分析与支撑平台在内的大数据资源中心。"土十条"提出，加强社会监督，推进信息公开；根据土壤环境质量的监测和调查结果，适时发布全国土壤环境状况；各省（区、市）人民政府定期公布本行政区域各地级市（州、盟）的土壤环境状况；重点行业企业应当按照有关规定，向社会公开其企业污染物名称、排放方式、排放浓度、排放量，以及污染防治设施的建设和运行等情况。

智能土壤修复与保育系统可以对土壤的基本性质、营养状况、污染物信息、土壤微生态信息等进行大数据采集，同时建立模型库，在进行大量的分析检测后，将定量数据与非定量数据进行汇总与标准化、离散化。这些数据经过系统处理后，可与模型库中的数据一同进入大数据分析平台进行土壤状况分析、污染成因分析、技术可行性分析以及成本估算等，然后再将数据与国家标准、EPA标准以及行业标准等标准数据进行比对，用数字化的方式描述污染现状，提出有依据与针对性的评估报告与修复、保育方案。建设智能土壤修复与保育系统的目的是利用数据获取信息、利用数据支撑决策、利用数据提升管理、利用数据驱动创新，实现环境状况的全面把控以及污染的全面监管，并根据评估报告精准采取合理、有效的修复与保育措施。

随着2018年土壤污染状况监测网络、全国土壤环境信息化管理平台、土壤污染防治标准体系的确立，土壤污染防治工作正逐渐走上正轨。土壤修复应同其他行业一样，将互联网平台与修复平台相结合，促进我国土壤修复的快速、稳定发展，保障人类健康和食品安全，推动社会经济发展。

参 考 文 献

[1] 陈印军,方琳娜,杨俊彦.我国农田土壤污染状况及防治对策[J].中国农业资源与区划,2014(35):1-5.
[2] 张灿强,王莉,华春林,等.中国主要粮食生产的化肥削减潜力及其碳减排效应[J].资源科学,2016(38):790-797.
[3] 李学林.农田污染与农产品质量安全问题分析[J].南方农业,2018(12):161-162.
[4] 徐丽萍.拨开土壤污染迷雾[J].环境,2013(8):14-16.
[5] 钟秀明,武雪萍.我国农田污染与农产品质量安全现状、问题及对策[J].中国农业资源与区划,2007(28):27-32.
[6] 王文兴,童莉,海热提.土壤污染物来源及前沿问题[J].生态环境,2005(14):1-5.
[7] 李涵,郭欢乐,柳瑜,等.农田土壤重金属污染及调控措施[J].湖南农业科学,2018(1):40-44.
[8] 马铁铮,马友华,徐露露,等.农田土壤重金属污染的农业生态修复技术[J].农业资源与环境学报,2013(30):39-43.
[9] 王宝山,温成成,孙秦川,等.石油烃类污染对青藏高原北麓河地区冻区土壤微生物多样性的影响[J].环境工程学报,2018(12):2917-2928.
[10] 南殿杰,解红绒,李燕峨,等.覆盖光降解地膜对土壤污染及棉花生育影响的研究[J].棉花学报,1994(6):103-108.
[11] 冯芳,张起鹏,王倩,等.农业地膜应用危害及其防治措施探讨[J].国土与自然资源研究,2015(1):42-43.
[12] Tuin B J W, Tels M. Removing heavy-metals from contaminated clay soils by extraction with hydrochloric-acid, edta or hypochlorite solutions [J]. Environmental Technology, 1990 (11): 1039-1052.
[13] 姚苹,郭欣,王亚婷,等.柠檬酸强化低浓度EDTA对成都平原农田土壤铅和镉的淋洗效率[J].农业环境科学学报,2018(37):448-455.
[14] 章瑞英,王国庆,陈伟伟,等.三种表面活性剂对高浓度DDTs污染土壤的洗脱作用[J].生态环境学报,2009(18):2166-2171.
[15] Li G, Guo S, Li S, et al. Comparison of approaching and fixed anodes for avoiding the "focusing" effect during electrokinetic remediation of chromium-contaminated soil [J]. Chemical Engineering Journal, 2012, 203: 231-238.
[16] Xu Y, Li J, Xia W, et al. Enhanced remediation of arsenic and chromium co-contaminated soil by eletrokinetic-permeable reactive barriers with different reagents [J]. Environmental Science and Pollution Research International, 2019 (26): 3392-3403.

[17] Li F, Guo S, Hartog N. Electrokinetics-enhanced biodegradation of heavy polycyclic aromatic hydrocarbons in soil around iron and steel industries [J]. Electrochimica Acta, 2012, 85: 228-234.

[18] Sparrow LA, Salardini AA. Effects of residues of lime and phosphorus fertilizer on cadmium uptake and yield of potatoes and carrots [J]. Journal of Plant Nutrition, 1997 (20): 1333-1349.

[19] 屠乃美, 郑华, 邹永霞, 等. 不同改良剂对铅镉污染稻田的改良效应研究 [J]. 农业环境保护, 2000 (19): 324-326.

[20] 胡鹏杰, 李柱, 吴龙华. 我国农田土壤重金属污染修复技术、问题及对策刍议 [J]. 农业现代化研究, 2018 (39): 535-542.

[21] Ouyang W, Liu H, Murygina V, et al. Comparison of bio-augmentation and composting for remediation of oily sludge: A field-scale study in China [J]. Process Biochemistry, 2005, 40: 3763-3768.

[22] 王辉, 孙丽娜, 吴昊, 等. 血粉刺激修复DDTs污染农田土壤的现场实验 [J]. 中国环境科学, 2017 (37): 654-660.

[23] Mahbub K R, Krishnan K, Andrews S, et al. Bio-augmentation and nutrient amendment decrease concentration of mercury in contaminated soil [J]. Science of the Total Environment, 2017, 576: 303-309.

[24] 王洪, 孙铁珩, 李海波, 等. PAHs污染农田土壤联合生物修复技术研究 [D]. 上海: 上海大学, 2018.

[25] 何佳颖. 凹凸棒土-电动-铬还原菌联合修复Cr(Ⅵ)污染土壤的效果研究 [D]. 上海: 上海大学, 2018.

[26] 魏树和, 徐雷, 韩冉, 等. 重金属污染土壤的电动-植物联合修复技术研究进展 [J]. 南京林业大学学报(自然科学版), 2019 (43): 154-160.

[27] 刘帅霞, 孙哲, 曹瑞雪. 秸秆-复合菌-污泥联合修复铬污染土壤技术 [J]. 环境工程学报, 2017 (11): 5696-5702.

[28] Hou D, Ding Z, Li G, et al. A sustainability assessment framework for agricultural land remediation in China [J]. Land Degradation & Development, 2018 (29): 1005-1018.

[29] 郭亚利, 刘锦华, 王仕海. 植烟土壤保育及改良技术的研究进展 [J]. 贵州农业科学, 2016 (44): 79-85.

第7章

生物制造

7.1 生物制造与生态农业

生态农业的内涵不仅包括种植过程的绿色可再生性，还包括农业废弃物的绿色转化与循环，以实现农业系统的生态加工。农业废弃物作为生物质资源的最主要来源之一，可以通过生物制造等技术将其转化为生物质能源、材料和化学品等，不仅可以解决农业废弃物简单丢弃或焚烧带来的污染问题，还可以扩展产品链，将农业与制造业有机结合。其中，生物质能源是农业废弃物生物质转化的主要产品，不仅可以作为化石能源的有效替代能源，而且是优化生态的重要手段。生物质能源可利用农业废弃物、畜禽粪便、生活垃圾、城乡废水转化而得，这本身就是高效的污染治理手段，而且在其利用过程中通过有效处理可以不排出氮、硫、磷和其他有害物质，还能转化为优质肥料或其他有用物质，在生态容许的限度内保持碳平衡。用农业废弃物生产沼气可以把碳、氢元素转化为能源，把氮、磷、硫等元素转化为优质的有机肥料供农业使用，以减少乃至取代化肥，促进生态农业的发展。因此，发展生物质能源本身就是促进生态优化、扩增碳汇的主要途径之一。通过细胞培养、生物工程等技术将农业废弃物等生物质原料转化为高附加值化学品，可以为农业废弃物变废为宝提供新途径。

7.1.1 生物制造的主要原料

生物制造是一个以生物体机能进行大规模物质加工与物质转化从而获得工业商品的新行业，是以微生物细胞或酶作为催化剂将生物质等原料转化为能源、化学品和材料的过程工程，是一种促进能源与化学品脱离石化工业路线的新模式。生物制造的核心技术包括合成生物学、动植物细胞培养、代谢工程、发酵工程、生物分离、生物炼制系统集成等，具有绿色清洁、低碳环保等特性。生物质资源是生物制造的主要原料，从广义上讲，生物质是指通过植物光合作用所产生的各种生物有机体的总称，包括所有的植物、微生物和以植物、微生物为食物的动物，以及由其产生的废弃物，还包括海产物、纸浆废物、可降解的城市垃圾、有机废水等；从狭义上讲，生物质主要是指农林业生产过程中除粮食、果实以外的秸秆、树木等木质纤维素，农产品加工业的下脚料，农林废弃物等物质。根据《美国国家能源安全条例》的定义，生物质是指可再生的有机物质，包括木材及其废弃物、农产品及农业废弃物、动物废弃物、城镇垃圾和水生植物等。

生物质资源之所以受到人们的关注，是因为其具有以下优点或特性：

一是可再生性。生物质资源是生物利用大气、水、土地等，通过光合作用而产生的各种有机体，因此是可再生的，不像化石能源最终会枯竭用尽。

二是可储存与可替代性。生物质是一种有机资源，可方便地存储原料本身或其液体、气体燃料产品，亦可应用于已有的石油、煤炭动力系统中。

三是储量巨大。生物质资源是自然界中最丰富的有机资源，可充分满足能源供给的要求。

四是分布及来源广泛。生物质资源分布广泛、种类繁多且产品丰富，应根据实际情况选择合适的生物质资源进行综合利用，提高其附加值。

五是维持碳平衡。在生物质燃烧或加工利用的过程中产生的二氧化碳，可在再生时重新被固定和吸收，并不会增加二氧化碳的净排放量，因此可以维持地球的碳平衡。

生物质资源按照来源主要分为七大类，即农业生物质资源、林业生物质资源、生活污水、工业有机废水、城市有机固体废物、禽畜粪便和微生物生物质资源。按照具体特征可分为四大类：第一类为木质纤维素类生物质，如农作物秸秆、林业废弃物等，该类生物质主要包含纤维素、半纤维素和木质素三大组分，是生产替代能源的潜力型原料；第二类为淀粉类生物质，如玉米、小麦等粮食作物及木薯、甜薯、菊芋等富含淀粉的有机物，目前淀粉加工工艺成熟，糖化成本较低；第三类为油脂类生物质，如各种食用和非食用的动植物油、地沟油、潲水油和微生物油脂，是生物炼制过程的主要加工对象，尤其适于生物柴油行业；第四类为其他可被加工利用的有机物质（如生活污水、工业废水等）。其中，农业废弃物，如秸秆、油脂加工下脚料、禽畜粪便等是生物质资源最重要的来源，亦是我国发展生物质能源的主要原料。

7.1.2 生物制造与生态农业的关系

生态农业是按照生态学原理和经济学原理，运用现代化科学技术、管理手段以及传统农业的有效经验建立起来的现代化高效农业。它除了具备传统农业的一般特征，还可以弥补传统农业的缺陷。生态农业可形成生态与经济的良性循环，实现生态、社会和经济三大效益的统一。党的十八大提出"努力走向社会主义生态文明新时代"，这一时代的到来标志着我国农业即将进入生态农业时代。自古至今，农业就是最基础的产业，我国更是具有悠久的农业历史。从对人类的功能上说，农业不仅是食物最重要的来源，而且是生态环境的一大子系统。生物制造与生态农业有着密切的关系，它基于农业、反哺农业，不断推动生态农业的进程，并进一步与生态农业相结合形成循环产业链，既可以获得生物制造所需的丰富的生物质资源，延长农业产业链，提高工业附加值，又可以改善生态环境，丰富农业内涵，实现生物制造与生态农业的相互依存、相互促进。

7.2 现代生物制造技术

7.2.1 合成生物学技术

合成生物学技术是推动生物制造和生物经济发展最重要的使能技术之一。合成生物学是一门新兴的交叉学科，是分子生物学、系统生物学、生物信息学、计算机科学和工程学等多学科交叉的产物，旨在利用工程学的理念来研究、设计和改造生物/生命体系。由于生物体系的复杂性，要清晰、定量地理解生命过程的系统行为，从而精确地调控或者改造细胞的生理代谢过程是一件极其困难的事情。借鉴电子学等其他工程学科，合成生物学的基本出发点是将复杂的生命系统拆分为各个功能元件，通过对生物元件进行标准化、模块化的定义，实现对生物元件的重新组装，搭建具有特定新功能的生物装置，甚至构建一个全新的生物系统。这种将工程学的思想与生物学研究充分融合的特点使合成生物学迅速颠覆了传统生物学的研究范式，从而使采用正向工程策略去研究、改造生命，甚至创造新的生命成为可能。

经过20年的发展，合成生物学技术已在生物质能源、化学品制造、作物育种、生物基材料、信息处理、环境监测、医药健康等领域获得广泛的应用，被视为一种革命性的全新生物技术。2014年，美国国防部将其列为21世纪优先发展的六大颠覆性技术之一，英国商业创新技能部将其列为未来的八大技术之一，我国在《"十三五"国家科技创新战略规划》（国发〔2016〕43号）中将其列为战略性、前瞻性的重点发展方向。

合成生物学的主要研究方向可以分为三个层次：①对现有的生物系统进行改造或者重新设计，使其具有新的功能或者特性以满足人类生产生活的需求；②生物元件的设计、改造和标准化，并利用生物元件设计新的基因回路以实现复杂的功能；③从头设计与合成人工基因组，创建全新的生物系统乃至生命体。为了实现这些研究目标，合成生物学遵循工程设计的原理，将"设计—构建—测试—学习"循环引入生物体系的研究与改造当中。大规模基因测序、合成以及编辑技术的飞速发展使创建全新的生物元件、新功能代谢途径或基因线路变得极为简单，是合成生物学中最基本的使能技术，为合成生物学的研究奠定了基础。然而，创建复杂的甚至全新的生命体系需要对生物系统进行深入的理解和认识，因此系统生物学技术、大数据与人工智能、自动化技术的结合是促进合成生物学实现飞跃发展的核心动力。

合成生物学的发展是推动生物制造产业和生物经济发展的关键动力，将会对医药生物技术、农业生物技术、工业生物学技术及相关产业的发展产生深远的影响。合成生物学技术在科技部印发的《"十三五"生物技术创新专项规划》（国科发社〔2017〕103号）中被列为前沿关键技术。国家发展改革委发布的《"十三五"生物产业发展规划》（发改高技〔2016〕2665号）提出，要提高生物制造产业创新发展能力，推动生物基材料、生物基化学品、新型发酵产品等的规模化生产与应用，推动绿色生物工艺在化工、医药、轻纺、食品等行业的应用示范；到2020年，现代生物制造产业的产值超过1万亿元，生物基产品在全部化学品产量中的比重达到25%，与传统路线相比，能量消耗和污染物排放降低了30%，为我国经济社会的绿色、可持续发展做出了重大贡献。

以下主要对合成生物学技术在生物制造产业发展中的应用做一些简要介绍。

1. 在生物质能源领域的应用

生物质能源领域是合成生物学应用的一个重要领域。合成生物学技术在改造微生物生产长链醇、生物柴油等可再生能源方面取得了巨大的成功，实现了异丁醇、生物柴油、角鲨烯等产品的商业化，这些产品可以替代石化汽油、石化柴油、航空煤油，在减少对化石资源的依赖、降低温室气体排放等方面具有重要意义。长链醇（如正丁醇、异丁醇、异戊醇等）是一类良好的汽油燃料替代品，与乙醇相比具有更高的能量密度和辛烷值，且不易吸水、挥发性低，能与汽油良好互溶，无须对发动机进行更改。2008年，美国加利福尼亚大学洛杉矶分校的James Liao教授在英国《自然》（Nature）杂志上首次报道了通过构建新的生物合成途径实现利用葡萄糖生产长链醇的技术思路：通过氨基酸合成中间代谢产物——2-酮基酸，再经过脱羧和还原反应转化为相应的长链醇。通过对该途径的优化与拓展，Liao小组于2008年实现了从葡萄糖到正丁醇、异戊醇、丙醇、丁醇、活性戊醇和苯乙醇等高级长链醇的生产。美国Gevo公司于2012年利用生物法技术实现了年产150万加仑[1]的异丁醇生产。生物柴油是一种可以替代石化柴油的清洁能源，其合成方法通常是将植物油脂或动物油脂通过酯交换反应变成脂肪酸甲酯或乙酯。美国加利福尼亚大学伯克利分校的Jay Keasling研究小组于2010年通过在大肠杆菌中同时引入脂肪酰基辅酶A的生物合成途径以及乙醇的合成途径，最后通过蜡酯合成酶的催化实现了从葡萄糖到生物柴油的直接合成。Jay Keasling创办的LS9公司致力于推广糖基生物柴油的产业化。

2. 在生物医药领域的应用

合成生物学的另一个重要应用领域是通过改造微生物生产出具有重要药用价值的天然产物。植物和微生物来源的天然产物具有极其重要的药用价值，虽然这些天然产物在整个已知化合物中所占的比例很小，但以其为基础发展成为药物的比例却非常高。尽管目前植物提取是获得天然产物的主要途径，但是由于植物具有生长缓慢、天然产物含量低、成分复杂等缺点，因而极大地限制了对植物来源的

---

[1] 1加仑（英）≈ 3.785 L。

天然产物的研究和利用。利用微生物直接生产天然产物可以克服以上缺点，有望极大地降低天然产物的价格。其中，加利福尼亚大学伯克利分校的Jay Keasling于2013年利用微生物实现了青蒿素前体——青蒿素酸的产业化，成为合成生物学技术工业应用的一个典范。青蒿素是治疗疟疾的主要药物，我国屠呦呦教授正是由于发现了青蒿素而获得了2015年诺贝尔生理学或医学奖。Jay Keasling小组与Amyris公司于2013年利用超过10年的时间将青蒿中的青蒿素合成途径在酵母中实现了高效的表达和优化，在发酵罐中实现了超过25 g/L的青蒿酸生产。该技术已经授权给赛诺菲公司，该公司利用酵母产生的青蒿酸及自主开发的半合成技术在2014年就产出了35 t青蒿素原料药，可供7 000万人份治疗使用。2015年，美国斯坦福大学的Christina Smolke将来源于植物、细菌和啮齿动物的21个基因混合导入酵母菌中，经过大量的修饰与优化，改造过的酵母能将糖直接转化为吗啡等止痛药物的前体——蒂巴因，再进一步引入相应的基因可以合成一种广泛使用的止痛药氢可酮。美国麻省理工学院的Gregory Stephanopoulos于2010年在大肠杆菌中利用多模块的途径工程方法，通过调整各模块的基因表达水平，减少了中间代谢物的积累，使紫杉醇的前体——紫杉二烯的产量提高了15 000倍。

3. 在生物基材料领域的应用

生物基材料是利用可再生生物质资源开发的一类环境友好、可循环利用的材料。以聚乳酸（PLA）、聚丁二酸丁二醇酯（PBS）、聚羟基酸（PHA）等为代表的生物基材料，由于具有生物可降解性、生物相容性等优点而在医用材料、塑料、地膜等领域得到极其广泛的应用，对于减少由不可降解的石油基塑料产生的"白色污染"具有重要意义。然而，目前生物基材料的广泛应用受限于其较高的生产成本。清华大学的陈国强教授课题组于2011年基于合成生物学开发的蓝水生物技术可以显著降低生物基材料的发酵成本，为其规模化应用开辟了新的途径。蓝水生物技术利用合成生物学技术改造的嗜盐微生物发酵生产PHA，这种微生物可以直接利用海水在开放式的环境中进行发酵而无须灭菌，极大地节约了淡水资源和能耗。利用合成生物学技术还可以进一步改造微生物的长度和体积，使其能够自然沉降，从而简化了分离和纯化过程。美国的Genomatica公司于2011年在大肠杆菌中设计了一条合成丁二醇的非天然生物合成途径，通过一系列的酶挖掘、途径调配与系统水平的改造实现了从糖到丁二醇的生物合成，使该技术产业化，为全生物基PBS合成铺平了道路。同样，PBS的另一单体丁二酸以及PLA的单体乳酸也可以通过合成生物学技术利用微生物发酵进行工业化生产。

4. 在农业领域的应用

合成生物学在农业领域具有广阔的应用前景。土壤盐碱化、干旱、高/低温等环境胁迫会严重影响植物的生长发育，降低农作物的产量。利用合成生物学技术从不同物种特别是微生物中挖掘出的抗逆生物元件，可以在农作物中构建抗逆基因模块，减少逆环境对植物的影响。通过对植物的光合作用过程进行改造可以提高植物的光合利用效率，有望极大地提高农作物的产量。通过对固氮微生物的改造，有望大幅提高农作物根际联合的内生固氮效率，从而减少化肥的施用。

5. 在环境监测和治理方面的应用

合成生物学在环境监测和治理方面也展示了巨大的应用前景。利用人工构建的生物传感器及基因回路可以快速地监测水源、土壤、大气和食品中的污染物。例如，英国爱丁堡大学的Joshi研究组于2011年设计和构建出一种可以快速监测水中砷含量的微生物，该种微生物通过响应不同浓度的砷离子而改变细胞的代谢状况，并关联溶液中的pH变化。pH变化可以利用pH检测仪或者廉价的pH试纸监测，大大降低了成本。同样，对环境中产生的污染物可以通过合成生物学技术在微生物中构建难降解化合物的降解途径，从而为环境修复提供新的解决方案。

7.2.2 植物组织和细胞培养技术

1. 发展历程

植物组织和细胞培养技术的理论基础来源于细胞全能性假说（Schleiden M J，Schwann T，1838），但是真正尝试进行植物组织和细胞培养的是德国植物学家Haberlandt G（1902），他首创了植物细胞培养技术，也就是从植物组织中分离出单细胞，并且将其接种在人工合成的培养基中进行离体培养。虽然该实验没有获得再生植株，但是为植物细胞培养技术开辟出一条全新的思路。1934年，Gautheret、

Nobercour和White成功地利用茄子、烟草、萝卜和杨树的细胞培养出愈伤组织，同时发现植物体内含有一种与植物细胞分裂密切相关的物质——吲哚乙酸（IAA），并称之为细胞生长素（auxin）。1953年，Muir和Skoog等培养烟草的髓组织细胞获得成功，发现了另外一种与植物细胞分裂密切相关的物质——kinin，并称之为植物细胞分裂素（cytokinin）。紧接着，1954年，Muir等利用烟草细胞在培养液中培养成功，Stewad等用胡萝卜细胞、Reinert用云杉细胞、Nickel用菜豆细胞、Torrey用豌豆细胞在液体培养基中培养成功，从此奠定了植物细胞大规模培养的基础。其中，细胞生长素和细胞分裂素的发现为植物细胞的大规模培养奠定了理论基础。1956年，世界上多位科学家发现单细胞在培养液中分裂并能形成细胞团；同年，Tulecke和Nickel开创了大容器培养植物细胞生产次生代谢产物的先河。1958年，Steward用胡萝卜形成层组织培养获得愈伤组织，再将愈伤组织投放在液体培养基中进行培养而形成了不定胚（embryo），最后发育成植物体。同年，Skoog等利用烟草茎秆髓组织细胞培养获得愈伤组织，再继续培养长出了根和茎叶，从此证明了植物细胞具有全能性。1960年，Cockung等开创了原生质体培养技术，并且证明不同种属细胞的原生质体可以融合。1964年，Guha和Mahashiwari培养花粉粒获得单倍体植株。1971年，Takede等培养原生质体也获得了完整植株。以上研究从多角度、多方面验证了植物细胞具有分化的全能性。随着研究的不断深入，逐步发展出植物组织培养、植物器官培养、原生质体培养、单倍体培养、细胞培养、细胞融合、冠瘿瘤培养以及不定根或毛状根培养等技术。

20世纪80年代，利用植物细胞培养生产植物次生代谢产物的研究成为热点。1977年，Noguchi等就用20 t发酵罐开展了利用烟草细胞培养生产尼古丁的实验。同年，Alfermann等利用洋地黄培养细胞把甲基洋地黄毒苷转化为甲基地戈辛，证明了植物细胞的生物转化能力。1985年，日本三井石油化学公司利用紫草细胞大规模培养生产紫草宁并投放市场，首次实现了植物细胞培养技术的产业化。1990年，Hamill等将外源基因转入烟草毛状根以提高尼古丁含量。1992年，G.Fett-Neto等利用紫杉细胞培养生产抗癌药物紫杉醇等研究开展得如火如荼。1993年，Matsumoto等将人类促红细胞生成素的基因转入烟草细胞，以通过烟草细胞的大规模培养生产促红细胞生成素。从此，利用植物细胞大规模培养生产高价代谢产物或活性成分的研究在世界范围内展开。此后，利用紫杉细胞培养生产紫杉醇、利用长春花细胞培养生产长春碱、利用人参细胞培养生产人参皂苷、利用藏红花细胞培养生产藏红花素、利用黄连细胞培养生产小檗碱等生物制药研究成为热点。但是到21世纪初，植物细胞培养技术的研究一度沉寂，这主要与植物细胞培养技术的产业化进程相关。而此时植物组织培养技术却获得长足发展，在产业化和市场化方面取得巨大成功，并且在世界范围内掀起了植物组织培养热，有大批园艺作物被克隆成功，如马铃薯脱毒苗、康乃馨脱毒苗、草莓脱毒苗、非洲菊克隆苗、大花蕙兰克隆苗、蝴蝶兰克隆苗、红鹤芋克隆苗的产业化生产相继取得成功，并快速步入产业化。时至今日，植物组织和细胞培养已经成为农业产业重要的前沿技术。

2. 植物细胞培养技术

（1）技术"瓶颈"

植物细胞培养技术在珍稀植物资源生产以及生物转化方面具有不可替代的优势，为此世界各国的科学家在该领域进行了大量的研究。但是，随着研究的不断深入，植物细胞大规模培养的产业化难题成了横亘在科学家面前难以逾越的鸿沟。虽然在20世纪80年代曾有日本的化工企业尝试过紫草细胞的产业化生产，但是由于培养技术的复杂性以及市场准入和产品成本过高等原因，其生产并没有得到推广和普及。进入21世纪，植物细胞大规模培养的产业化难题仍然没有得到很好的解决，存在植物细胞在液体培养基中生长速度缓慢、培养周期相对较长、长时间培养容易染菌、因细胞壁非常脆弱而容易破碎、缺少适用于大规模培养的生物反应器（发酵罐）等一系列问题，严重影响了该技术的产业化。为此，摆在科学家面前的难题是必须解决细胞增殖缓慢的问题，缩短细胞培养周期，控制污染，设计和制造出剪切力更小的新型生物反应器等。经过近10年的努力，科学家终于找到了解决以上问题的方法，为植物细胞大规模培养生产高价代谢产物的产业化提供了技术保障。2002年，加拿大的Phyton Biotech公司与美国的百时美施贵宝（Pepsi-myers squibb）公司合作用紫杉细胞培养生产出了紫杉醇，并已经投放市场。

一种新技术是否具有生命力取决于市场，如果其技术产品不能得到社会的应用，那么再高的技术、再好的产品也只能是画饼充饥。对于植物细胞培养技术而言，由于其研究对象是珍稀名贵的植物资源，尤其在一些濒临灭绝、生长缓慢、生长周期长、生长环境恶劣、种植成本高或人工无法种成活的药用植物以及高价植物资源的生产方面具有显著优势，因而该技术在保护珍稀野生植物资源、维持生态平衡、维护自然环境以及经济可持续发展等方面具有积极的作用。因此，无论从其经济效益还是社会效益来看，植物细胞培养技术都具有重要的价值和意义，也正是基于其光明前景，科学家和制药企业才不断地努力研发与攻关。

（2）在生态农业中的应用

植物细胞培养技术的目标是生产有重要药用价值的植物次生代谢产物。虽然在研发初期，人们尝试过对烟草、紫草、黄连、人参、三七等细胞的大规模培养，但因这些药用植物很容易人工栽培，其成本优势远大于植物细胞培养，所以相关研究因没有竞争力而被迫终止。但是，对于一些产量低、珍稀名贵、濒危灭绝或有效成分含量极低的药用植物，其细胞培养技术一直为科学家所重视，如对紫杉、藏红花、雪莲、竹节参、肉苁蓉等植物的细胞培养一直在持续研究。研究者在改善细胞培养基，优化培养方式、生物反应器、培养条件，促进细胞增殖速度，缩短培养周期，调控次生代谢途径等方面开展了大量研究，特别是在次生代谢产物合成调控方面，通过在培养液中添加代谢前体和诱导因子可以促进目标产物的快速合成。由于植物次生代谢网络极为复杂，对于不同种类药用植物的有效成分的代谢途径不尽明了，所以研究者只能针对上游已知的主代谢途径进行调控。然而很多具有重要药用价值的成分往往处于分支途径，甚至处于分支代谢途径的末端，因此分配到目标产物的"代谢流"已经非常有限，积累量很低，如在植物体中紫杉醇、长春新碱等重要抗癌成分的含量非常低，所以在上游代谢途径采取调控措施的效果并不显著。如何更有效地提高处于代谢支路或代谢末端的目标产物含量呢？首要方法是必须了解目标产物代谢途径中参与每一步生物化学反应的酶的种类，查明整个代谢网络以及相关代谢途径中参与反应的酶或相关基因。当然，由于植物生物化学、植物生理学或植物分子生物学的研究具有局限性，人们还不能详细了解或掌握所有药用植物的次生代谢网络。但是，科学家还是尽最大努力比较详细地研究了一些重要产物的代谢途径，如紫杉醇、黄酮类化合物、长春碱、类胡萝卜素等的合成途径都已公诸于世，并且已克隆出这些代谢途径中相关酶的基因序列。最佳的调控策略就是在充分了解代谢途径中关键基因的基础上，克隆出该基因的上游顺式作用元件序列，再通过该序列分析获得转录因子的相关信息，然后通过控制这些转录因子的合成与关闭来调控相关基因的转录与表达，从而实现目标产物的快速合成。当然，在转录因子中有的促进基因表达，有的阻碍基因表达，因而可以根据这些转录因子的功能来促进其转录或关闭，也就是诱导某些转录因子基因快速转录、阻碍某些转录因子基因表达沉默，从而实现其下游基因的过表达。在庞大的代谢网络中，目标产物往往只存在于某个下游支路，想要扩大目标产物的"代谢流"，不但要促进该支路相关基因的表达，同时还要抑制或阻碍其他代谢支路相关基因的表达。只有通过诱导或抑制措施对整个代谢网络进行调控，才能更有效地促进目标产物的合成。当然，在充分了解其他代谢支路关键基因序列的基础上，通过对该基因的敲除也可以有效地改变"代谢流"的方向以促进目标产物的快速合成。目前，人们还不能全面地了解每种植物目标产物代谢途径中的关键基因序列，特别是在没有掌握这些关键基因上游顺式作用元件序列的情况下，只有通过添加一些酶抑制剂来阻断非目标代谢途径，或通过添加一些酶诱导剂来促进目标"代谢流"，这也是有效提高目标产物的良好措施。

由于植物细胞培养技术在珍稀药用植物资源以及高价药用植物资源的生产方面具有不可替代的优势和光明的市场前景，科学家在近几年又开发出了新技术，即将植物合成高价目标产物的相关基因克隆出来，并转移到微生物细胞中，通过微生物发酵实现表达，生产出植物才能够合成的化合物，如利用大肠杆菌合成紫杉二烯，利用酵母合成文多灵或长春碱，利用酵母合成β-胡萝卜素、玉米黄质、藏红花酸或藏红花醛等研究均已取得成功。相信在不久的将来，这一合成生物学技术将实现产业化，届时将形成一个全新的生物技术产业，并带动一系列相关产业的发展。植物细胞培养技术所针对的是生长缓慢、繁殖系数低、濒危灭绝、人工无法繁殖、活性成分含量低和珍稀名贵的药用植物品种，该技术的成功与成熟将使植物的自然生产变成工业化生产，将农业种植业变成工业制造。为此，植物细胞培养技术的产业化不仅对珍稀名贵或濒临灭绝的植物资源进行了良好的保护，而且还使那些珍稀濒危植物实现了最大的经济和社会价值，对生态农业的发展具有重大贡献。

3. 植物组织培养技术

与植物细胞培养技术相比，植物组织培养技术在20世纪80年代就取得了巨大成功，并且为农业现代化生产做出了重要贡献。很多通过无性繁殖的农作物，由于长时间、多世代地进行扦插、分株、嫁接等技术操作非常容易被病毒侵染，而且这些农作物将终身带毒，若由带毒个体继续无性繁殖将世代携毒，表现为农作物的叶片、果实、块茎或块根出现小型化、畸形或硬化，导致产量和品质均大幅下降。例如，草莓在感染病毒之后，其叶片、植株和果实均出现小型化，果实的品质和产量严重下降。通过草莓茎尖培养可以获得脱毒苗，而脱毒苗可以恢复草莓的原有品种特性，从而能够获得高产量和高品质的草莓产品。马铃薯、红薯、大蒜、百合等依靠块茎、根茎或鳞片进行繁殖的农作物很容易被病毒感染，因此会造成植株、块茎、根茎或鳞茎的小型化、畸形化、低产量和低品质。通过茎尖培养技术可以获得这些农作物的脱毒苗或无毒种球，种植这些脱毒苗或无毒种球就可以恢复农作物的正常生长发育，重新获得高产量和高品质的马铃薯、红薯、大蒜和百合产品。康乃馨是著名的观赏花卉，因其依靠侧芽扦插繁殖而很容易被病毒侵染。被感染的康乃馨植株和花朵呈小型化、色彩变化无常、色泽暗淡无华，失去了观赏价值。通过康乃馨茎尖培养可以获得脱毒苗，并再次恢复其品种特性，生产出雍容华贵、色彩缤纷和靓丽芳香的切花。对于长年通过嫁接繁殖的果树，如苹果、梨、桃子、葡萄和大枣等也容易被病毒感染，为此通过其茎尖培养可获得脱毒苗，再种植脱毒苗就可以实现这些果树的正常生长发育，获得高产量和高品质的水果。

此外，还有一些不能通过种子繁殖的农作物，如红鹤芋、非洲菊、大花蕙兰、蝴蝶兰、石斛兰等高观赏价值的花卉植物，利用传统分株技术繁殖的系数极低，无法满足市场的需求。而通过利用这些植物的叶片、茎节、茎尖、根尖或分生组织等培养出克隆苗，并在短时间内获得大量种苗，就可以使人们在机场、饭店、公司、写字楼以及家庭随处可见这些高档花卉，这些都得益于植物组织培养技术的产业化与商业化。对于一些生长速度缓慢、繁殖系数低、人工无法培育或者濒危的珍稀植物品种，均可通过植物组织培养技术获得克隆苗，并通过克隆苗的种植获得产品。以上所述的各类农作物脱毒苗或克隆苗均已实现了产业化生产，在保障和恢复良性生态农业的发展过程中发挥着重要的积极作用。

7.2.3 生物炼制技术

在石油化工业中，对石油进行相对简单的转化和精炼可以生产出各种燃料、溶剂、大宗化学品、纤维、塑料、精细化学品等。而对于生物质原料，则需要相对更复杂的生物炼制过程才能将其转化为燃料和各种化学品。

生物炼制（biorefining）是指以生物质（木质纤维素、淀粉等）为原料，通过物理、化学、生物方法或这几种方法的集成将其加工成化学品、功能材料和能源物质（如液体燃料）的过程。在生物炼制过程中，不同的生物质原料首先可以转化为不同的平台化合物，如生物基合成气、糖类（葡萄糖、木糖等），然后再采用生物或化学方法将其加工成C_1~C_6平台化合物，最后由平台化合物生成各种化学品，如图7-1所示。

C_1平台化合物：主要指生物质热解后产生的合成气，组分主要是氢气和一氧化碳，可以直接燃烧发电。生物质合成气亦可通过费托合成生产甲醇、二甲醚和异构烷烃等。生物质原料经厌氧发酵后可生产生物沼气（主要成分为甲烷、氢气和二氧化碳），用于农村家庭的炊事以及日常照明和取暖。

C_2平台化合物：主要指乙醇，其作为一种重要的化工原料可广泛用于化工、燃料和医药等领域。目前，工业化生产的生物乙醇多以粮食作物（玉米、小麦或薯类等淀粉质原料）或糖蜜、蔗糖加工废料为原料，经发酵、蒸馏、脱水等工艺制得，但存在与人争粮的问题，且从长远的角度来看具有规模限制性和不可持续性。以木质纤维素（如农作物废弃物）等非食用性生物质原料生产生物乙醇越来越受到人们的重视。乙醇的另一个用途是脱水生产乙烯。乙烯是世界上产量最大的化学品之一，乙烯工业是石油化工产业的核心，乙烯产品占石化产品的比例超过75%，在国民经济中占据重要的地位。若能以生物乙醇大规模生产乙烯，将大大降低人类对化石能源的依赖程度。

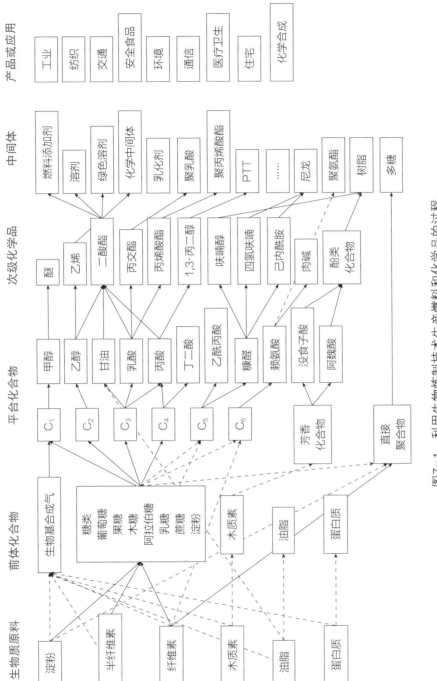

图7-1 利用生物炼制技术生产燃料和化学品的过程

C_3平台化合物：主要是甘油、乳酸和丙酸。甘油是一种重要的中间平台化合物，通过化学法和生物法可转化为多种产品，如1,3-丙二醇。该物质与对苯二酸聚合可生产聚对苯二甲酸丙二醇酯（PTT）。3-羟基丙酸和乳酸可生产丙烯酸、丙烯酰胺和丙烯腈等化合物。

C_4平台化合物：主要包括琥珀酸、富马酸和天冬氨酸等。琥珀酸可进一步转化为四氢呋喃、1,4-丁二醇等产品。富马酸可用于生产耐化学腐蚀性能好且耐热好的不饱和聚酯树脂。在医药工业中，富马酸常用于生产解毒药二巯基丁二酸，用于治疗铅、汞、砷、镍、铜等金属中毒。天冬氨酸是一种酸性氨基酸，在医药、食品和化工等方面有着广泛的用途。

C_5平台化合物：主要包括乙酰丙酸、糠醛和谷氨酸等。糠醛是呋喃环系最重要的衍生物，其化学性质活泼，可通过氧化、缩合等反应制备众多衍生物，产品在塑料、医药、农药等工业有广泛的应用。

C_6平台化合物：主要包括柠檬酸、赖氨酸和葡萄糖酸等，这些化合物可用于合成多种化学品、药物等，用于化工和医药等领域。

以可再生的生物质资源为原料的生物炼制技术使人类生活从碳氢化合物（石油）的经济模式向碳水化合物（糖）的经济模式转变。生物炼制技术从利用简单生物技术生产单一产品发展到采用一系列技术耦合利用生物质原料生产出多样的产品，这个过程主要经历了三个阶段：第一代生物炼制技术是以谷物为原料生产一定量的乙醇、副产品饲料和二氧化碳，典型的例子是采用干法粉碎技术的乙醇厂，但其生产过程中的灵活性差；第二代生物炼制技术也是以谷物为原料，与第一代不同的地方在于可以生产一系列产品，还可以根据需求来调整产品种类，包括淀粉、乙醇、玉米油、高果糖玉米浆等，该技术的典型例子是现行的湿磨技术，为将现有的农业生产单元与工业产品线相结合提供了多种可能；第三代生物炼制技术是以农业或林业生物质等为原料生产多样性产品，可用作燃料、塑料等。

在化学组成上，生物质与石油存在明显差异，这使人们无法直接照搬石油化工成熟的工艺路线，必须寻找适合于生物质高效转化的新工艺路线。此外，生物质化工技术与石油化工技术之间有重要的差异性，目前生物质的转化大多依赖于生物技术（如发酵等），但周期长且反应效率相对较低。生物炼制技术通常具有以下特点：①有利于本国的农业经济和工业发展，不易受到国际油价的制约；②具有环境友好的生产过程，可以有效减少温室气体尤其是二氧化碳的排放；③在寻找生产不同种大宗或特殊化学品的低成本方式上有较大的技术发展空间。基于其独特的优越性和性能，生物炼制技术越来越受到全世界研究者的关注。

7.3 生物制造产品及其应用

生物质通过生物制造可以获得多种产品，其中生物燃料是已具有规模化应用的生物制造产品。自20世纪70年代以来，由于受到石油资源、价格和全球环境变化的影响，生物燃料的开发成为许多国家日益重视的研究方向。从形态角度划分，生物燃料可分为气体、固体或液体燃料，用于替代传统的汽油或柴油等燃料，具有良好的运输性和可贮藏性；同时，由于生物燃料是由可再生的生物质原料制得的，因此在碳减排方面明显优于石化燃料。从狭义上讲，生物燃料指的是通过生物质资源生产的生物柴油、生物乙醇以及航空生物燃料等，是可再生能源综合开发利用的重要研究方向。从长远的角度看，生物燃料的发展潜力在于其可使用非食用原料，如农林废弃物、城市垃圾以及生长迅速的木质纤维素类能源植物，如芒草、柳枝稷等。此外，生物燃料在产品上具有多样性，除了液态的生物柴油和生物乙醇，还有固态燃料或者气态沼气等。生物燃料的优势主要体现在三大方面：①环境保护方面，可有效降低温室气体及一氧化碳、氮氧化物等其他空气污染物的排放量，且因其可生物降解而对土壤及地下水的危害小；②能源安全和国家安全方面，可减轻石油资源紧缺国家对进口石油的过度依赖；③带动效应方面，其兴起可促进农业、制造业、建筑业和汽车等行业的多元化发展，从而带动经济发展。在我国大力发展生物燃料，还可以推动农业工业化，增加农民收入，具有重大的社会、经济和环境意义。

目前，在世界范围内迅速发展的生物燃料主要有生物柴油、生物乙醇和生物丁醇等液体生物燃料，其中生物柴油和生物乙醇已具有相当的规模。

7.3.1 生物柴油

生物柴油是一种长链脂肪酸的单烷基酯（脂肪酸甲酯或脂肪酸乙酯），主要通过植物油脂（大豆油、棕榈油、蓖麻油和菜籽油等）、动物油脂、微藻油脂或者废弃油脂（地沟油）与短链脂肪醇（甲醇或乙醇）发生酯交换反应，再经洗涤干燥而制得。与传统石化柴油相比，生物柴油具有可再生、环保特性优良、点火性能好、发动机启动性能好、适用性广、原料广泛等特性。表7-1比较了生物柴油和普通0#柴油的基本性能。

表7-1 生物柴油和0#柴油的性能比较

性能参数	单位	0#柴油（GB 252—2000）	生物柴油（EN 14214）
密度（15℃）	kg/m³	实测	860～900
闪点	℃	≥55	≥120
黏度	mm³/s	3.0～8.0（20℃）	3.5～5.0（40℃）
热值	MJ/L	35	32
燃烧功效（柴油=100）	%	100	104
硫含量	%	≤0.2	≤0.01
十六烷值	—	≥45	≥51.0
氧含量	%	0	10.9

注：GB 252—2000 指《轻柴油》；EN 14214 为欧盟标准。

生物柴油的生产方法主要分为物理法和化学法。

物理法：包括直接混合法和微乳化法。其原理均是将植物油与石化柴油及改良剂等按比例混合，但长期使用会导致气阀积碳等不良效应，因此物理法生产的柴油不能被称为合格的生物柴油。

化学法：主要包括热裂解法、酯化法、酯交换法。

热裂解法是在热或热和催化剂作用下，将一种物质转化为另一种物质。甘油三酯热裂解后会产生一系列混合物，主要包括烷烃、烯烃、芳烃和羧酸等。该方法具有过程简单、污染小的优点，但是因为反应途径和产物的多样性，热裂解程度不易控制，使其很难被量化且产物复杂。此外，该方法还需要高温和催化剂，导致能耗高，且裂解设备昂贵，生产成本高。

酯化法通常指脂肪酸与醇（甲醇或乙醇）在酸催化下发生酯化反应生成脂肪酸甲（乙）酯。该方法中用到的脂肪酸价格高，会增加生物柴油的生产成本，不利于工业化生产。

现阶段，工业上最常用的生物柴油生产方法是酯交换法，或称为转酯化法，一般工艺流程如图7-2所示。通过该方法得到的产物燃烧性能接近轻柴油，且燃烧后排放性能大大优于轻柴油，可在柴油机上直接代替柴油使用。酯交换反应过程如图7-3所示。从反应式来看，每1 mol甘油三酸酯需要3 mol醇进行反应，其中酯交换反应和酯化反应互为逆反应，为使反应平衡向右进行，在实际操作中常使用过量的甲醇。甘油是酯交换过程中的主要副产物，也具有较高的商业价值。

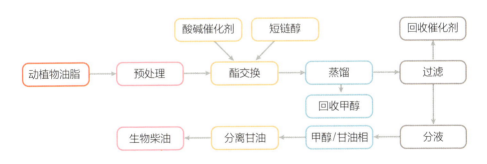

图7-2　酯交换反应制备生物柴油的一般工艺流程

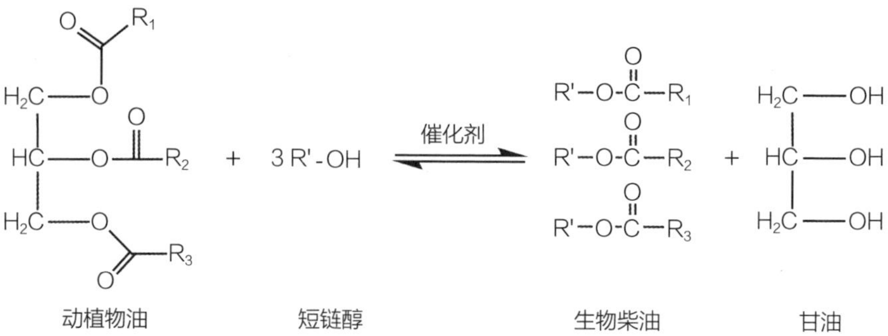

图7-3 酯交换反应制备生物柴油

酯交换反应过程中，按照所使用的催化剂类别可分为酸催化、碱催化、离子液体催化和生物酶催化。酸催化法适用于游离脂肪酸和含水量高的油脂，产率高，但是反应过程中对设备的要求高，反应条件较苛刻。碱催化法是在氢氧化钾、甲醇钠等碱性催化剂的作用下进行的酯交换反应，但反应过程中脂肪酸易与碱发生皂化反应，且生成的水会促进酯的水解并发生皂化反应，进而使后期产物与甘油的分离变得复杂。该方法对含有大量游离脂肪酸的廉价油脂不适用，需对原料进行脱水脱酸处理，工艺复杂且成本高。研究表明，只有当油脂原料中的游离脂肪酸含量低于0.5%且水含量低于0.06%时，碱催化剂才适合反应，否则甲酯含量有明显的降低。针对酸碱催化反应中存在的问题，开发新型酸碱催化剂和工艺成为目前的研究热点。使用固体酸（如沸石分子筛、杂多酸、离子交换树脂、固体超强酸等）作为催化剂时，对油脂原料的要求低，可适用于脂肪酸含量高的低成本油，且反应结束后催化剂易于分离，但具有反应速率慢、反应温度较高且转化率低的缺点；使用固体碱（如碱金属、碱土金属氧化物，水滑石、类水滑石固体碱，负载型固体碱等）催化时，产物与固体催化剂易于分离，工艺流程简单环保，但易形成甲醇-油脂-催化剂三相体系，进而降低反应速率。此外，超强固体碱催化剂存在制备复杂、造价昂贵、强度差等问题，目前仍处于研发阶段。

离子液体是一种新型的环境友好型液体酸碱催化剂，同时拥有液体酸碱的高密度反应活性位和固体酸碱的不挥发性，且它的结构和酸碱性可调，具有取代传统工业催化剂的潜力，已应用于生物柴油的制备中。相比于Lewis酸性离子液体，新型Bronsted碱性离子液体催化剂可催化不同油脂（如菜籽油、蓖麻油、光皮树果实油、棉籽油和地沟油）合成生物柴油，反应所需温度低、反应时间相对较短、稳定性好，离子液体可重复利用，但其本身价格昂贵，回收和循环使用效率还需进一步提高。

生物酶催化法（以下简称酶法）是以脂肪酶（胞外脂肪酶）或微生物细胞（胞内脂肪酶）为催化剂催化油脂和醇类反应转化为生物柴油的方法。脂肪酶包括酵母脂肪酶、根霉脂肪酶、毛霉脂肪酶、猪胰脂肪酶等，根据来源不同，其催化特性也会存在很大差异。脂肪酶的选择性强、反应条件温和，但转化率和转化效率相对较低，且醇易使脂肪酶失活。脂肪酶的成本问题是限制酶法生产生物柴油的商业化应用的最大问题，只有有效提高脂肪酶的寿命，才能使酶催化的生物柴油生产技术具有产业化的可能。直接利用微生物细胞生长的胞内脂肪酶催化合成生物柴油，免去了脂肪酶的提取纯化等工序，有望降低生物柴油的生产成本，但全细胞催化体系仍然存在传质阻力大、放大困难、细胞培养成本高等缺点。清华大学化工系应用化学所通过十几年的攻关研发，先后开发了若干代酶法生产生物柴油技术。所开发的第二代技术通过引入新型有机介质体系进行酶促油脂原料和甲醇的转酯化反应，其过程操作简单，单程转化率达90%以上。在该工艺中，脂肪酶无须任何处理就可以直接连续循环使用，并且表现出很好的操作稳定性，与常规酶法工艺相比，酶的使用寿命延长了数十倍，大大降低了生物酶的使用成本，而且可以同时催化中性油脂和游离酸的转化，具有广泛的原料适用性，可以加工含游离脂肪酸较高的废弃油脂，大幅降低了生物柴油的原料成本。2006年12月，以此技术建立的全球第一套酶法生产生物柴油的工业化生产装置（2万t/a）在湖南省益阳市的海纳百川生物工程有限公司正式投产，运行良好。经过技术升级和改进，清华大学化工系应用化学所开发出液体脂肪酶和固定化脂肪酶联合催化的第三代酶法生物柴油生产技术，进一步降低了催化剂的使用成本，并与企业合作正在建设年产20万t的工业化生产装置。

生物柴油作为新型生物燃料具有许多优点，但与传统柴油相比，其缺点体现在低温流动性差、与空气接触会发生氧化反应以及热值偏低等方面，进一步对生物柴油进行改性研究可为生物柴油的工业化应用提供技术依据。生物柴油的低温流动性与脂肪酸甲酯的饱和度以及碳链长度、支链程度有关,可通过加入降凝剂、采用混合法和支链醇代替甲醇等方法提高生物柴油的低温流动性。生物柴油的氧化安定性不如石化柴油,在储存和使用过程中添加抗氧化剂可以有效抑制氧化。通过对第一代生物柴油的裂化改性,研究开发了第二代生物柴油的生产技术。第二代生物柴油的分子组成、结构和性能更加接近石化柴油,十六烷值高,可直接用于现役柴油发动机,无须改装设备,动力可以获得更大的提高。

现阶段,全球众多国家致力于生物柴油生产技术的改进和产业化进程的推进,并制定了相应的行业标准。生物柴油研究的发展方向主要有以下六个方面:①原料多元化,开发新兴的油脂原料(如微生物油脂原料);②改进现有工艺,开发新型催化剂和反应器,优化分离提取过程和节能减排;③开发利用副产物,提高利润,形成新兴产业链;④生产装置的优化和技术的集成,实现连续化、规模化、大型化和高效化;⑤研制和评定生物柴油的配方,得到与石化柴油合适的调配比例;⑥制定与生物柴油相关的产品标准,规范市场。

7.3.2 生物乙醇

生物乙醇是生物质通过微生物发酵转化而成的燃料乙醇,它可单独或与汽油混合配制成乙醇汽油,用于汽车燃料。与汽油相比,一方面,乙醇具有更高的辛烷值,掺入汽油中可以取代含铅添加剂以改善汽油的防爆性能;另一方面,乙醇含氧量高,可减少发动机内的碳沉淀和一氧化碳等不完全燃烧污染物的排放,改善燃烧性能。

第一代生物乙醇主要以淀粉类物质(如玉米、小麦等)经酶解糖化后发酵制得,或直接以糖类物质(如甘蔗汁、糖蜜等)发酵生产,但是原料成本较高(占生产总成本的70%~80%),且从粮食安全的角度考虑,玉米、小麦等主要粮食作物大量用于生产生物乙醇是不现实的。因此,寻找非粮生物质作为生产原料是生物燃料发展的必然趋势。第二代生物乙醇以木质纤维素类生物质,如甘蔗渣、废弃的玉米秸秆和其他类型的农林废弃物为原料,但需先对其进行预处理,破坏其抗降解屏障，再用酶将原料中的聚糖（主要是纤维素）转化为单糖（如葡萄糖、木糖），最后再采用微生物将单糖转化为乙醇。目前，第三代乙醇技术也已进入实验研究阶段，主要以可进行光合作用、能将二氧化碳转化为多糖的藻类为原料进行生物乙醇的生产。

1. 利用木质纤维素类生物质生产生物乙醇

以木质纤维素类生物质为原料生产乙醇时，预处理是必不可少的步骤。木质纤维原料主要由纤维素、半纤维素和木质素组成，结构复杂。三大组分中的纤维素排列紧密，构成细胞壁的骨架；半纤维素作为基质分散或包裹在纤维素微束周围或者表面，保护纤维素不受破坏；纤维素和半纤维素被木质素包裹，阻碍了酶对纤维素和半纤维素的接触，且木质素对酶具有无效吸附作用，进一步导致酶水解效率降低。预处理的目的就是破坏木质纤维原料中抗降解的屏障，提高纤维的可及性和疏松性，促进酶与底物的接触，进而提高酶解糖化和发酵产乙醇的效率。

预处理方式通常可分为物理法、化学法、物理-化学法以及生物法四大类。

物理法是采用研磨或其他破坏方法（如机械粉碎、电磁处理、高压处理等）打断或破坏物料原有的结构，增大比表面积和孔径，降低纤维素的结晶度和聚合度。

化学法是利用酸、碱、氧化剂和有机溶剂等试剂降解或分离木质纤维原料中的某些成分，以达到克服生物顽抗性的目的。常用的化学法包括稀酸法、碱法、有机溶剂法、水热法等。其中，稀酸法和水热法是先将原料中的半纤维素降解为可溶性单糖，以进一步破坏木质素与半纤维素间的化学键，打破原料的晶体结构，从而提高其纤维可及性，改善酶解糖化效率；碱法则主要作用于原料中的木质素组分，通过脱除木质素来增大原料的内表面积和孔隙率，并降低木质素对酶的无效吸附，进而促进酶解；有机溶剂法是采用有机溶剂（如醇类、有机酸、酮类等）或其水溶液对木质纤维原料进行预处理，通过脱除或溶解木质素提高纤维残渣的酶水解效率，该方法可以得到较高纯度的低分子量木质素，但缺点是溶剂多数易挥发且易燃易爆，安全系数低。

物理-化学法主要包括蒸汽爆破预处理、氨纤维爆破预处理和水热预处理等。该方法是利用物理高温高压作用和化学试剂相结合来处理木质纤维原料。

生物法预处理则是利用真菌或细菌降解木质纤维原料，以提高后续可发酵糖生产的预处理方式。但是该方法的预处理时间长，仍需进行拓展研究。

2. 利用纤维糖化和发酵生产生物乙醇

通过纤维糖化和发酵生产生物乙醇的方法主要有分步水解糖化发酵法、同步糖化发酵法、同步糖化共发酵法、直接微生物转化法和固定化细胞发酵法。

分步水解糖化发酵法是一种比较传统的方法，工艺流程如图7-4所示。该方法先用纤维素酶水解原料中的纤维素，再把酶解后的糖液作为发酵碳源进行发酵生产乙醇。

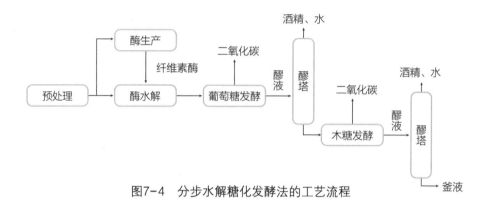

图7-4 分步水解糖化发酵法的工艺流程

同步糖化发酵法是将原料水解和发酵过程相结合，在同一个发酵罐中进行的乙醇生产，如图7-5所示。因为纤维素酶解和乙醇发酵在同一反应器中进行，纤维素酶解产生的葡萄糖可以立即被酵母利用，所以纤维二糖和葡萄糖的浓度低，可有效降低纤维二糖和葡萄糖对纤维素酶的抑制作用，有利于酶解的进行。在同步糖化发酵过程中，乙醇质量浓度和纤维素的转化率是评价其经济性的两个重要因素。在大部分同步糖化发酵法中，只有在较低的乙醇质量浓度（20～40 g/L）时才具有较高的纤维素转化率。为克服同步糖化发酵过程的温度并非水解和发酵各自最佳温度这一矛盾，可采用半同步糖化发酵法，即先将纤维素固体在最佳的酶解温度（通常为50℃）下预水解一段时间，再接种菌株进行同步糖化发酵。该工艺可以有效提高酶解效率，进而提高纤维素到乙醇的转化率。

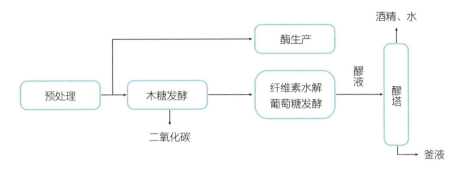

图7-5 同步糖化发酵法的工艺流程

同步糖化共发酵法是在同一生物反应器中利用一种微生物实现己糖和戊糖的同时发酵，工艺流程如图7-6所示。该方法一方面简化了预处理过程中戊糖的分离步骤，可节约投资；另一方面大大减少了酶用量，可降低生产成本。因而，同步糖化共发酵法是一个经济可行的方法，但关键是寻找可实现己糖和戊糖共同转化的高效且经济的酶。

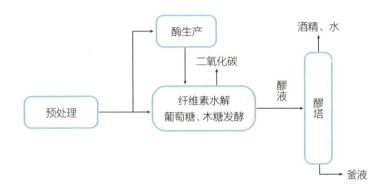

图7-6 同步糖化共发酵法的工艺流程

直接微生物转化法又称统合生物加工法（CBP），是将纤维素酶的生产、纤维素酶解糖化和己糖、戊糖发酵三个过程耦合成一步，进而减少了反应容器，节约了生产成本。但该工艺存在菌种耐乙醇浓度低、产生多种副反应以及发酵液中乙醇浓度和得率低等问题，还需进一步优化工艺。目前，该方向研究较多的微生物包括热纤维端孢菌、热硫化氢梭菌和乙醇热厌氧杆菌等。

固定化细胞发酵法是用载体将酵母细胞固定起来进行乙醇发酵的一种方法。该方法不仅可增加细胞密度，而且可以反复循环使用，提高发酵强度，最终提高发酵液中乙醇的浓度。

生物乙醇的发展除了有利于改善环境，在促进农业产业化、推动农业经济发展和实现农业增效等方面也有重要的作用。在生物乙醇的生产过程中，高成本的纤维素酶和木聚糖酶是限制乙醇产业化的重要因素，有效降低酶的成本或寻找新型高效的酶是第二代生物乙醇生产的关键点之一。此外，纤维素原料的储藏和运输也是制约产业化的关键因素，采用价廉且收储运简单的木质纤维素为原料生产生物乙醇，有助于推进生物乙醇的工业化进程。现阶段纤维素原料的预处理还需进一步开发，以获得经济、节能、环保的工业化技术。

7.3.3 生物丁醇

丁醇又被称为丁基乙醇，有四种异构体，分别为 n-丁醇、iso-丁醇、sec-丁醇和 $tert$-丁醇，其结构及主要用途见表7-2。早在1861年法国人Pasteur就发现丁醇是乳酸和乳酸钙厌氧转化的直接产物。1912年，以色列化学家Weizmann C. 发现了丙酮丁醇梭菌（*Clostridium acetobutylicum*）菌株，并将其用于土豆发酵制备得到丁醇和丙酮。以生物质为原料制得的丁醇叫作生物丁醇，因其具有以下优点或特性而成为另一种极具潜力的生物燃料：①热值大约为汽油的83%，高于乙醇和甲醇，因此相同质量的丁醇比乙醇可多输出近1/3的动力；②腐蚀性小于乙醇，可利用现有的管道进行运输，且相较于其他低碳醇具有相对较高的闪点和沸点，有更高的安全性；③具有适度的水溶性，这一特性使纯化丁醇所需的能耗低于与水混溶的低碳醇（如乙醇、甲醇和丙醇）；④与石化汽油和柴油的互溶性更好，不必对现有的发动机构造进行较大的改动，且可使用几乎100%体积分数的丁醇作为燃料。全球范围内对丁醇的消费在进一步增加，从投资收益率来看，生物丁醇具有很大的经济优势。

表7-2 不同类型丁醇的结构和主要用途

异构体	结构式	主要用途
n-丁醇（1-丁醇）		作为溶剂、稀释剂或平台化合物，用于表面涂料、塑料、纺织工业和汽油添加剂
iso-丁醇（2-甲基-1-丙醇）		用作有机合成原料、萃取溶剂、分析试剂、汽油添加剂等
sec-丁醇（2-丁醇）		作为制动液、香水、清洗剂等的成分，用作溶剂、生产甲乙酮的中间体
tert-丁醇（2-甲基-2-丙醇）		作为溶剂，如用于过氧化物、油溶性树脂和抗氧化物等的制备

生物丁醇通常采用生物质发酵法制得，其原料主要包括淀粉类（谷物类和薯类等）、糖类（甘蔗、糖蜜、甜菜等）和纤维类（农林废弃生物质等）。原料的不同对制取工艺的选择也有一定的影响。图7-7为生物丁醇的生化法生产路径。

传统发酵路线又被称为"ABE发酵"或"丙酮丁醇发酵"，是以淀粉类和糖类为原料，经水解得到发酵液，再在丙酮丁醇梭菌的作用下发酵生产丁醇、丙酮和乙醇的混合物，发酵流程见图7-8。利用该方法进行工业化生产丁醇和丙酮始于1912年，在生产规模上仅次于用酿酒酵母发酵生产乙醇。该方法在发酵过程中主要产生三种类型的产物：①溶剂，即丙酮、丁醇和乙醇；②有机酸，即乳酸、乙酸和丁酸；③气体，即二氧化碳和氢气。该方法一般利用丙酮丁醇梭菌在严格厌氧条件

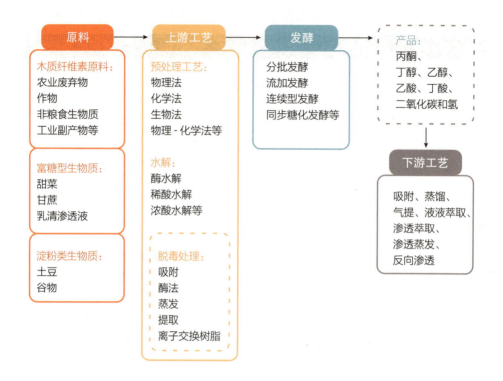

图7-7 生物丁醇的生化法生产路径

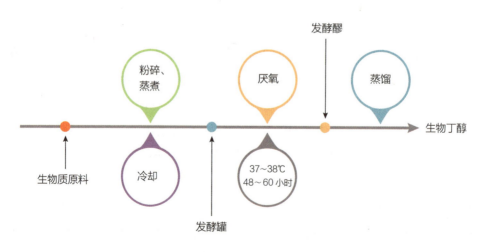

图7-8 ABE发酵流程

下进行，同时产生副产物丙酮和乙醇，所形成的发酵液被称作ABE发酵液。该工艺适宜的发酵温度为37～38℃，pH为4.3。

除了ABE发酵工艺，还有两步发酵法、萃取发酵法、固定化技术和四步整合法等工艺可用于生产生物丁醇。两步发酵法是建立在传统方法的基础上，先用厌氧梭菌将糖发酵成丁酸，再将丁酸发酵成丁醇。该方法中产酸和产溶剂的过程分别在两个发酵罐中完成，可有效降低丁醇的毒性，有助于发酵稳定、连续地进行。萃取发酵法是将萃取和发酵过程有机结合，采用合适的萃取剂将丁醇从醪液中移除，一方面解除了底物抑制，另一方面可避免代谢产物积累给微生物代谢带来的影响。固定化技术是将梭菌细胞固定在载体（如藻酸钠胶体颗粒）上进行生化反应生产丁醇，至少一周内丁醇产率可保持不变。与传统发酵法相比，该技术具有反应速率快、产率高、重复利用率高和设备投资少等优点。四步整合法是将预处理、水解、发酵和回收四个步骤整合起来，相较于传统的葡萄糖发酵，该方法生产丁醇的能力可以提高两倍。

甘油是生物柴油生产中的主要副产物，也可作为碳源发酵生产丁醇。巴氏梭菌可将甘油作为唯一碳源进行发酵，通过磷酸化和氧化途径部分转化为磷酸二羟基丙酮，该物质可用于糖酵解途径。藻类因其增长率高、水需求量小等优势，被认为是一种具有潜力的环保型丁醇生产原料，但培养得到的藻类生物量往往浓度很低，分离和下游加工时具有较高的成本，因而限制了藻类在生物丁醇生产中的应用。

原料的成本对生物丁醇价格的影响很大，且考虑到粮食安全的问题，利用可再生能源和经济上可行的原材料逐渐成为现阶段的研究热点。水果加工工业废料、淀粉基包装材料、大豆糖蜜、餐厨垃圾等均可用来制备生物丁醇。在利用发酵方法制备生物丁醇的研究中，木质纤维素原料是另外一种重要的可再生生物质原料，主要包括玉米秸秆、玉米芯、麦麸及多种农作物残渣和木屑等林业废弃物。然而，产丁醇的菌株均无法直接以木质纤维素原料作为发酵底物，必须采用预处理及水解技术将其转化为可利用的单糖。Ranjan等使用硫酸酸解稻秆，选用丙酮丁醇梭菌NCIM 2337作为发酵菌株，丁醇和总溶剂产量分别为13.5 g/L和20.6 g/L。

在预处理和水解过程中，除了产生单糖，还会产生毒性化合物抑制物。研究发现，香豆酸和阿魏酸的质量浓度在0.3 g/L时会对产溶剂梭菌产生抑制作用，而传统抑制剂如糠醛对拜氏梭菌（*Clostridium beijerinckii*）无抑制作用。除了以生物质为原料进行发酵，还可以以生物合成气为原料采用厌氧发酵转化生产丁醇。生物合成气是生物质气化得到的气体产物。现阶段，可利用生物合成气生产丁醇的菌株有食一氧化碳梭菌（*C. carboxidivorans*）P7 DSM 15243和食甲基丁酸梭菌（*B. methylotrophicum*）DSM 3468。Köpke等将丙酮丁醇梭菌中丁醇代谢途径的关键基因在永达尔梭菌（*Clostridium ljungdahlii*）中成功同源表达，为以合成气为原料合成生物丁醇构建了转化平台。此外，将生物质气化和化学合成相结合亦可转化生产丁醇。该技术以农林废弃生物质为原料，首先将其气化为合成气，再将经过预处理的合成气通入化学合成反应器，在合适的催化剂作用下转化为丁醇、甲醇、乙醇和正丙醇。美国北达科他州大学能源和环境研究中心与加拿大Syntec生物燃料公司进行合作，开发了采用化学法将农林废弃物转化生产生物丁醇的技术。

生物丁醇虽然是另一种具有潜力的生物燃料，但其产业化还存在原料成本高、发酵产物多等问题。为进一步推进生物丁醇的工业化发展，应以木质纤维素原料等廉价的非粮食作物为原料进行丁醇的生产，改善发酵工艺，提高丁醇产率，并结合基因工程等手段对菌株进行改造，得到优良高产且具有高丁醇耐受性的菌株，为生物丁醇的工业化生产奠定基础。

7.4 生物制造案例

7.4.1 农业废弃物秸秆的生物炼制

秸秆是农业生物质资源中最重要的一类，通常指农作物（玉米、小麦、甘蔗、甜高粱等）经加工提取籽实后的剩余物。秸秆中粗纤维含量高，占30%～40%，并含有木质素，还有一定量的钙、磷、镁等矿物质和有机质，其热值相当于标准煤的50%。我国是农业大国，拥有丰富的农业生物质资源。据统计，2016年我国农作物秸秆的总量超过8亿t,是世界上秸秆资源最丰富的国家。秸秆通过各种化学转化（如热解、水解、液化等）或生物转化（如酶解、耗氧、厌氧发酵等）可获得多种能源（如生物乙醇）和化学产品（如乳酸、丁二酸和谷氨酸等）。

1. 用于生产生物乙醇

随着生物乙醇的逐步推广，以秸秆为原料生产生物乙醇成为一大研发热点。其中，玉米秸秆是我国产量最大的一种农作物秸秆，2016年的产量超过2.3亿t。根据玉米秸秆的结构特性，国内目前应用较多的预处理方式主要是蒸气爆破和稀酸预处理。2016年，中国科学院过程工程研究所采用蒸气爆破预处理技术处理玉米秸秆，选择纤维素酶（Cellic CTec2）及酿酒酵母（Saccharomyces cerevisiae）IPE 003菌株进行同步糖化共发酵，生产的乙醇质量浓度达到60.8 g/L，乙醇产量为理论产量的75.30％。若将蒸气爆破后的玉米秸秆进行水洗，可有效减轻抑制物的影响，最终的乙醇产量可达理论产量的85.60％。为提高预处理效率，2015年，南京林业大学在蒸气爆破预处理中加入酸催化剂，酶水解后相继使用酿酒酵母NL 22菌株和氧化葡萄糖酸杆菌（Gluconobacter oxydans）NL 71菌株进行发酵，实现了乙醇和木糖酸的联产，产量分别为41.48 g/L和54.97 g/L，提高了整个炼制过程的经济性。酸性预处理是通过溶解木质纤维素中的半纤维素来提高纤维素酶的可及性的。2014年，华东理工大学开发了干法酸预处理技术，减轻了酸对设备的腐蚀，并克服了传统稀酸预处理废水排放量大的缺点，使用丝状真菌（Amorphotheca resinae）ZN 1菌株对预处理后的秸秆进行生物脱毒和同步糖化发酵，最终的乙醇质量浓度可达71.40 g/L。除了蒸气爆破和酸性预处理，通过稀碱预处理也可以增加纤维素酶的可及性，该方法是利用碱溶液来溶解原料中的木质素和乙酰基的。2009年，浙江大学将纤维素酶、纤维二糖酶和酿酒酵母ZU 10对稀碱预处理后的玉米秸秆进行同步糖化发酵，最终的乙醇产率和质量浓度分别为0.35 g/g葡萄糖和27.8 g/L。此外，热水预处理亦可增强纤维素的可及性，并减少抑制物的产生。2012年，清华大学化工系应用化学所开发了基于甲酸脱木素的Formiline分级预处理技术（图7-9），可以实现纤维素乙醇、糠醛和高纯度木质素联产。该技术基于甲酸对木质素具有良好的溶解性能且具有酸性可水解半纤维素的特性，可以在

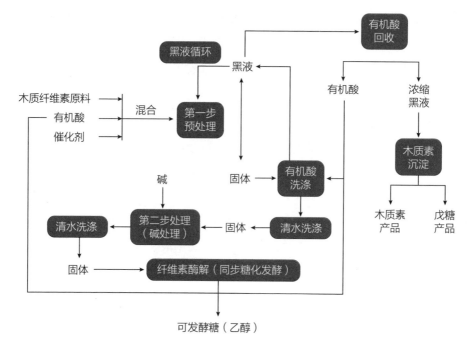

图7-9　木质纤维素类生物质的Formiline分级预处理技术

"一锅法"处理中水解半纤维素、溶解木质素,而纤维素以固体形式回收可在对原料进行有效预处理的同时获得组分的清洁分离。预处理后的纤维素固体具有良好的酶解和发酵性能,经过多步补料水解糖化可获得高达247 g/L的葡萄糖质量浓度,而同步糖化发酵可获得80 g/L的乙醇质量浓度。

在产业化生产方面,美国、中国、巴西、意大利、芬兰、丹麦、德国等国家已有一些颇具规模的第二代生物乙醇生产公司,如表7-3所示。

表7-3　以秸秆为原料生产第二代生物乙醇的公司

国家	公司	原料	技术方案
美国	Abengoa	玉米秸秆、小麦秸秆	稀酸汽爆预处理、纤维素酶水解、戊糖/己糖共发酵、Cargill共发酵菌株
	Dupont	玉米秸秆	氨爆预处理、纤维素酶解、共发酵菌株
	Poet-DSM	玉米秸秆	稀酸汽爆预处理、纤维素酶解、C_5/C_6共发酵菌株
中国	山东龙力生物	玉米秸秆	以提取完功能糖后的生物残渣为原料进行乙醇的生产
	河南天冠集团	秸秆	利用酸水解和酶水解相结合的工艺处理秸秆，破坏或脱除木质素，再分步发酵生产乙醇
中国—丹麦	黑龙江建业燃料有限责任公司与丹麦生物燃料技术控股公司合作	玉米秸秆、棉花秸秆和小麦秸秆	收集锤击浸酸压粒、稀酸汽爆、酶水解、C_5/C_6共发酵、蒸馏、脱水，蒸馏后制成生物质纤维素乙醇及5种副产品
丹麦	Elam	秸秆	生物酒精处理示范单元（Process DemonstrationUnit-PDU），包括分段预处理和发酵工艺
	BioGasol Aps	玉米秸秆等	预处理、水解、发酵和蒸馏原材料，循环使用生产过程中的水
巴西	Granbio	秸秆	PROESA™预处理技术、诺维信公司酶制剂、蒂斯曼公司共发酵菌株
意大利	Beta Renewable	小麦秸秆	PROESA汽爆预处理、纤维素酶解、共发酵菌株
芬兰	Chempolis	小麦秸秆、玉米秸秆	有机溶剂抽提
德国	Clariant	小麦秸秆及谷物秸秆	SUNLIQUID®技术、中性汽爆预处理、在线纤维素酶生产、共发酵菌株

2. 用于生产生物丁醇

在生物丁醇生产过程中,原料的价格对于整个过程的成本影响很大,因此需要选择低成本的原料进行发酵。现阶段,ABE发酵所用的原料包括农业废弃物,如玉米纤维、非食用大麦秆、玉米秸秆、小麦秸秆、柳枝稷和糖枫水解液等。此外,工业副产物(如乳清渗透液、米糠、小麦糠和废水藻)也可用于生物丁醇的生产。

现阶段,在以秸秆为原料生产生物丁醇方面国内外已开展了很多研究,如表7-4所示。

表7-4　国内外利用秸秆发酵生产生物丁醇的研究

原料	微生物	丁醇质量浓度（得率）/（g/L）	文献
小麦秸秆	拜氏梭菌 P 260	19.5	Qureshi et al., 2007
	丙酮丁醇梭菌ATCC 824	7.05（0.155 g/g 葡萄糖）	Wang et al., 2013
	拜氏梭菌B 592和10132、食纤维梭菌(*Clostridium cellulovorans*) 35296	11.2 14.2	Nanda et al., 2014 Valdez-Vazquez et al., 2015
大麦秆和小麦秸秆	拜氏梭菌 P 260	13.62	Qureshi et al., 2010a
水稻秸秆	生孢梭菌(*Clostridium sporogenes*) BE 01	3.43	Gottumukkala et al., 2013
	生孢梭菌 BE 01	约5.5	Gottumukkala et al., 2014
	拜氏梭菌 NCIMB 8052	13.8	Li et al., 2018

续表

原料	微生物	丁醇质量浓度（得率）/（g/L）	文献
玉米秸秆和小麦秸秆	拜氏梭菌P 260	12.3	Qureshi et al., 2010b
玉米秸秆	里氏木霉（*T. reesei*）和大肠杆菌（*E. coli*）	1.88（62%理论）	Minty et al., 2013
	拜氏梭菌P 260	26.27	Li et al., 2014
甜高粱秸秆	丙酮丁醇芽孢杆菌（*Bacillus acetobutylicum*）Bd 3	10.29	程意峰等，2008

3. 用于生产乳酸

乳酸，学名是2-羟基丙醇酸，分子中有一个不对称的碳原子，具有旋光性，因此有 *L*-乳酸和 *D*-乳酸两种旋光异构体。其中，*L*-乳酸可制成酸味剂、调味剂、植物生长调节剂、生物可降解材料和手性药物等，广泛用于食品、医药、纺织、制革、环保和农业等领域；*D*-乳酸则多用于医药、农药和化工等领域的手性合成。工业上乳酸的合成方法主要有发酵法和化学合成法。目前，国内外工业化生产乳酸主要采用发酵法，如细菌发酵法、根霉发酵法和基因工程酵母发酵法。

以甜高粱秸秆和玉米秸秆为原料可以发酵生产乳酸。王勇以甜高粱秸秆为底物，以乳酸凝结芽孢杆菌（*B.coagulans*）LA 1507作为发酵菌株，采用开放式同步糖化发酵法生产 *L*-乳酸，产品得率和产量分别为0.437 g/g原料秸秆和111 g/L。甜高粱秸秆除了可以作为发酵底物，因其多孔和抗压的特性，还可作为乳酸菌的固定化载体，用于 *L*-乳酸的反复批次发酵，如以填充了甜高粱秸秆的纤维床固定化反应器作为发酵反应器，*L*-乳酸的产量在80～90 g/L。李兴江等以玉米秸秆为原料，先用绿色木霉为转化菌株制备秸秆糖，再用米根霉（*Rhizopus oryzae*）发酵生产 *L*-乳酸，48小时发酵后获得81.6 g/L的 *L*-乳酸。随着聚乳酸市场的不断推广，对 *D*-乳酸的需求逐渐增加。王刚等以左旋乳酸芽孢杆菌为实验材料，开展了玉米秸秆同步糖化发酵生产D-乳酸的研究。当接种量为10%、葡萄糖质量浓度为90 g/L、含氮量为5 g/L、高温蒸煮后的玉米秸秆芯添加量为30 g/L、纤维素酶添加量为300 U/L时，在37℃下发酵6天，产酸量最高可达72 g/L。

国内外一些利用秸秆发酵生产乳酸的研究见表7-5。

表7-5　国内外利用秸秆发酵生产乳酸的研究

原料	微生物	产率/(g/g)	每小时生产强度/(g/L)	产量/(g/L)	乳酸类型	文献
玉米秸秆	鼠李糖乳杆菌（*Lactobacillus rhamnosus*）和短乳杆菌（*Lactobacillus brevis*）	0.70	0.58	20.95	—	Cui et al., 2011
	乳酸片球菌（*P. acidilactici*）TY 112	—	—	77.66	L	Yi et al., 2016
	乳酸片球菌ZP 26	—	—	76.76	D	Yi et al., 2016
	植物乳杆菌（*Lactobacillus plantarum*）NCIMB 8826 ldhL1 和△ldhL1-pCU-PxylAB	—	0.75	27.3	D	Zhang et al., 2016
	凝结芽孢杆菌	0.95	3.69	—	—	Ahring et al., 2016

续表

原料	微生物	产率/(g/g)	每小时生产强度/(g/L)	产量/(g/L)	乳酸类型	文献
小麦秸秆	短乳杆菌和戊糖乳杆菌（*Lactobacillus pentosus*）	0.95	—	—	L	Garde et al., 2002
	米根霉	0.23	—	6.8	L	Maas et al., 2006
	凝结芽孢杆菌DSM 2314	0.43	—	40.7	L	Maas et al., 2008
	凝结芽孢杆菌IPE 22	—	—	46.12	—	Zhang et al., 2014
高粱秆	植物乳杆菌NCIMB 8826 ldhL1和△ldhL1-pCU-PxylAB	—	0.65	22.0	D	Zhang et al., 2016

4. 用于生产丁二酸

丁二酸是一种重要的四碳化合物，可作为有机合成的中间产物、合成原料，广泛用于食品添加剂、制药等领域。以大量农作物秸秆为原料生产丁二酸，一方面可以减轻对化石原料的依赖，另一方面可以充分利用农业废弃物开发绿色的工艺模式。李兴江等先用碱法和酶解法处理玉米秸秆，再利用产琥珀酸放线杆菌（*A. succinogens*）FH 7发酵生产丁二酸，质量浓度达到73 g/L。国内外一些秸秆发酵生产丁二酸的研究如表7-6所示。

表7-6 国内外秸秆发酵生产丁二酸的研究

原料	微生物	产率/(g/g)	每小时生产强度/(g/L)	产量/(g/L)	文献
作物秸秆废弃物	产琥珀酸放线杆菌	1.23	—	15.8	Li et al.，2010
玉米秸秆	产琥珀酸放线杆菌HF 7	—	—	73	李兴江等，2008
玉米秸秆	产琥珀酸放线杆菌SF 9	—	—	35.53	方林，2009
玉米秸秆	大肠杆菌SD 121	0.87	0.96	57.81	Wang et al.，2011
玉米秸秆	产琥珀酸放线杆菌130Z Native	0.78	1.77	39.6	Bradfield et al.，2015
玉米秸秆稀酸预处理水解液	产琥珀酸巴斯夫菌（*Basfia succiniciproducens*）CCUG 57335	0.69	0.43	30	Salvachua et al.，2016
棉花秸秆	产琥珀酸放线杆菌130Z	—	1.17	63	Li et al.，2013

5. 其他案例

除了生物乙醇、乳酸和丁二酸，通过生物炼制还可以用秸秆生产丁酸、谷氨酸和乳链菌肽。艾斌凌先用1%的碱处理水稻秸秆，再用可分解纤维素和半纤维素的混合菌株发酵生产丁酸，其转化率为理论值的35%，产量可达16.1 g/L。李翠平等用玉米秸秆酶解液与玉米糖化液混合发酵生产γ-聚谷氨酸，当混合比例为3∶7时发酵效果最好，γ-聚谷氨酸产量可达80.00 g/L。程琪越利用玉米秸秆和淀粉进行同步糖化发酵，用来生产乳链菌肽和乳酸。胡瑾以小麦秸秆为原料进行了乳链菌肽制备的研究。

7.4.2 油脂资源的生物转化

油脂资源也是生物炼制过程中的主要加工对象,尤其对于生物柴油产业而言,原料油的成本是限制其工业化发展的主要因素。近年来,油脂资源的开发和研究受到各方面(包括政府、企业、高校和研究院所等)的高度关注,为其综合利用带来了良好机遇。

油脂资源主要包括油料植物油、微藻油脂、废弃油脂和微生物油脂等。油料植物油指来自各种油料植物、作物的油脂。大豆油、花生油和玉米油虽然是生物炼制中很好的原料,但是存在与人争粮的问题,应重点开发非食用且可用于油脂衍生化反应的油脂资源。微藻油脂可通过萃取、热裂解等方法从微藻细胞中提取出来,主要以脂肪酸或甘油三酯的形式存在,平均含量可达70%。废弃油脂指餐饮业、食品加工业在生产经营活动中产生的不能再食用的动植物油脂,包括由炸制老油、火锅油、泔水油以及劣质猪肉等加工和提炼后产出的油,采用合适的方法亦可得到综合利用。微生物油脂,又叫单细胞油脂,是酵母、霉菌等微生物在一定条件下用碳水化合物转化而成的,它储存在菌体内。绝大多数微生物油脂的脂肪酸组成与一般植物油相接近,主要是C_{16}和C_{18}系的脂肪酸,如油酸、亚油酸、棕榈酸和硬脂酸。

油脂资源通过生物转化可生产多种能源和化学品,包括生物柴油、1,3-丙二醇、鼠李糖脂和α,ω-二羧酸等。

1. 生物柴油和1,3-丙二醇联产

生物柴油可通过油脂资源在催化剂的作用下与甲醇、乙醇等短链醇进行转酯化反应而生成,同时获得副产物甘油。通常来讲,在生物柴油的生产过程中,每生产1 t生物柴油可得到0.1 t的副产物甘油。近些年来,随着生物柴油产业的规模化发展,甘油已明显供大于求,价格下降非常明显,这导致不少国际大公司(如宝洁等)先后关闭了甘油生产厂,因此甘油的利用成为生物柴油生产企业的一大难题。甘油具有广泛的工业用途,也可以作为生物制造的碳源,通过微生物发酵转化生产多种化学品。经过20多年的研发,清华大学等单位开发了基于油脂或葡萄糖生物炼制生产生物柴油和1,3-丙二醇的技术（图7-10），并实现了该技术的产业化示范。1,3-丙二醇是一种重要且用途广泛的化工原料，可以用作保护剂、溶剂、抗冻剂，在食品领域可以作为调味剂、增稠剂、吸湿剂等，也可以用于化妆品、树脂、黏合剂、洗涤剂等产品的合成。1,3-丙二醇与对苯二甲酸聚合合成的聚对苯二甲酸丙二醇酯（PTT），是一种性质优良的聚酯材料，用途十分广泛，可以用作热塑性工程塑料、薄膜和涂料，还可用于生产毛毯和纺织品纤维，这种纤维具有回弹性好、染色牢固、抗污染性强、抗静电以及优良的生物降解性。因此，1,3-丙二醇具有巨大的商业价值。而将生物柴油和1,3-丙二醇联产不仅可以有效降低1,3-丙二醇的原料成本，同时还可以解决生物柴油副产物甘油的出路，带动相关产业的发展，具有"双赢"效益。

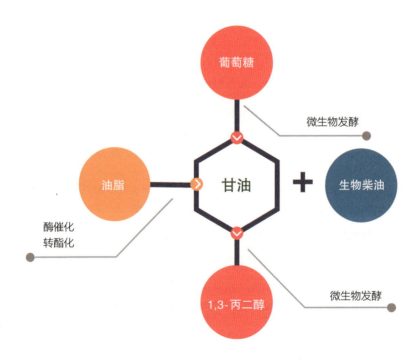

图7-10　全生物路线制备生物柴油和1,3-丙二醇工艺耦合示意图

2. 鼠李糖脂

鼠李糖脂是一类阴离子表面活性剂，具有乳化、降低界面张力等性能，还具有低毒性、易降解的优点，目前在石油化工、食品卫生、医药等多个领域得到了广泛应用。现阶段，铜绿假单胞菌能够利用不同的碳源，并且可以随着碳源的改变生产不同结构的鼠李糖脂。为降低生产成本、提高产量，利用餐厨废弃油脂为碳源生产鼠李糖脂成为当下的研究热点，可实现废弃油脂的资源化利用。黄翔峰等利用不同的餐厨废弃油脂作为碳源发酵生产鼠李糖脂，结果表明在产量和性质上均存在差异：当采用废弃煎炸油作为碳源时，鼠李糖脂的产量最高（24.61 g/L）；当以皂脚为碳源时，产物的表面张力最低（24 mN/m）；当以棕榈油皂脚为碳源时，鼠李糖脂的临界胶束浓度（CMC）最低（40.19 mg/L）。但在产业化方面，以油脂为原料生产鼠李糖脂还需进一步研发。

3. 饱和及不饱和α,ω-二羧酸

长链二元酸是香料、尼龙工程塑料、涂料、润滑油和医药等合成的重要原料。饱和及不饱和长链二元酸分别是麝香型香料和龙猫香等化学合成的重要原料。陈远童等利用ou-3突变菌株转化油脂生产饱和及不饱和α,ω-二羧酸，特别是生产9烯-十八碳二元酸。该工艺的特点是在菌种中接入含有油醇、油酸或油酸甲酯的培养基后再经历三个阶段：阶段1是控制体系，以菌体生长为主，同时转化油脂生产二元酸；阶段2是控制反应系统，以产酸为主，并生产部分菌体；阶段3是控制体系，不产菌体只生产酸。采用该方法生产9烯-十八碳二元酸时，在16 L发酵罐中转化144小时后，产物产量可达110.5 g/L，初步具备了产业化生产的基础。

参 考 文 献

[1] Adekunle A, Orsat V, Raghavan V. Lignocellulosic bioethanol：A review and design conceptualization study of production from cassava peels [J]. Renewable & Sustainable Energy Reviews, 2016, 64：518-530.

[2] Ahring B K, Traverso J J, Murali N, et al. Continuous fermentation of clarified corn stover hydrolysate for the production of lactic acid at high yield and productivity [J]. Biochemical Engineering Journal, 2016, 109：162-169.

[3] Ajikumar P K, Xiao W H, Tyo K E J, et al. Isoprenoid pathway optimization for Taxol precursor overproduction in Escherichia coli [J]. Science, 2010, 330 (6000)：70-74.

[4] Barz W, Reinhard E, Zenk M H. Plant tissue culture and its biotechnological application [M]. Berlin and New York：Springer-Verlag, 1977.

[5] Atsumi S, Hanai T, Liao J C. Non-fermentative pathways for synthesis of branched-chain higher alcohols as biofuels [J]. Nature, 2008, 451：86-89.

[6] Binod P, Sindhu R, Singhania R R, et al. Bioethanol production from rice straw：An overview [J]. Bioresource Technology, 2010, 101 (13)：4767-4774.

[7] Bradfield M F, Mohagheghi A, Salvachua D, et al. Continuous succinic acid production by actinobacillus succinogenes on xylose-enriched hydrolysate [J]. Biotechnol Biofuels, 2015 (8)：181.

[8] Cadoche L, López G D. Assessment of size reduction as a preliminary step in the production of ethanol from lignocellulosic wastes [J]. Biological Wastes, 1989, 30 (2)：153-157.

[9] Canakci M, Gerpen J V. Biodiesel production from oils and fats with high free fatty acids [J]. Transactions of the Asae, 2001, 44 (6)：1429.

[10] Chen H, Fu X. Industrial technologies for bioethanol production from lignocellulosic biomass [J]. Renewable & Sustainable Energy Reviews, 2016, 57 (5)：468-478.

[11] Chen J, Yan Y X, Guo Z G. Identification of hydrogen peroxide responsive ESTs involved in phenylethanoid glycoside biosynthesis in cistanche salsa cell culture [J]. Biologia Plantarum, 2015, 59 (4)：695-700.

[12] Cherubini F. The biorefinery concept：using biomass instead of oil for producing energy and chemicals [J]. Energy Conversion & Management, 2010, 51 (7)：1412-1421.

[13] Ranalli P. Improvement of crop plants for industrial end uses [M]. The Netherlands：Springer, 2007.

[14] Clark J H, Budarin V, Deswarte F E, et al. Green chemistry and the biorefinery：a

partnership for a sustainable future [J]. Green Chemistry, 2006, 8 (10): 853-860.

[15] Cui F, Li Y, Wan C. Lactic acid production from corn stover using mixed cultures of Lactobacillus rhamnosus and lactobacillus brevis [J]. Bioresoure Technology, 2011, 102 (2): 1831-1836.

[16] David K, Ragauskas A J. Switchgrass as an energy crop for biofuel production: a review of its ligno-cellulosic chemical properties [J]. Energy & Environmental Science, 2010, 3 (9): 1182-1190.

[17] Demirbas A. Biodiesel fuels from vegetable oils via catalytic and non-catalytic supercritical alcohol transesterifications and other methods: a survey [J]. Energy Conversion & Management, 2003, 44 (13): 2093-2109.

[18] Demirbas A. Progress and recent trends in biofuels [J]. Progress in Energy & Combustion Science, 2007, 33 (1): 1-18.

[19] De Mora K, Joshi N, Balint B L, et al. A pH-based biosensor for detection of arsenic in drinking water [J]. Analytical and Bioanalytical Chemistry, 2011, 400 (4): 1031-1039.

[20] Duff S J B, Murray W D. Bioconversion of forest products industry waste cellulosics to fuel ethanol: a review [J]. Bioresource Technology, 1996, 55 (1): 1-33.

[21] El-Sayed M, Verpoorte R. Catharanthus terpenoid indole alkaloids: biosynthesis and regulation [J]. Phytochemistry Reviews, 2007, 6 (2-3): 277-305.

[22] Fett-Neto A G, Dicosmo F, Reynolds W F, et al. Cell culture of Taxus as a source of the antineoplastic drug taxol and related taxanes [J]. Nature Biotechnology, 1992, 10 (12): 1572-1575.

[23] Galanie S, Thodey K, Trenchard I J, et al. Complete biosynthesis of opioids in yeast [J]. Science, 2015, 349 (6252): 1095-1100.

[24] Garde A, Jonsson G, Schmidt A S, et al. Lactic acid production from wheat straw hemicellulose hydrolysate by lactobacillus pentosus and lactobacillus brevis [J]. Bioresource Technology, 2002, 81 (3): 217-223.

[25] Gottumukkala L D, Parameswaran B, Valappil S K, et al. Biobutanol production from rice straw by a non acetone producing clostridium sporogenes BE01 [J]. Bioresource Technology, 2013, 145 (19): 182-187.

[26] Gottumukkala L D, Parameswaran B, Valappil S K, et al. Growth and butanol production by clostridium sporogenes BE01 in rice straw hydrolysate: kinetics of inhibition by organic acids and the strategies for their removal [J]. Biomass Conversion & Biorefinery, 2014, 4 (3): 277-283.

[27] Grethlein A J, Jain M K. Bioprocessing of coal-derived synthesis gases by anaerobic

bacteria [J]. Trends in Biotechnology, 1992, 10 (92): 418-423.

[28] Guo Z G, Liu Y, Gong M Z, et al. Regulation of vinblastine biosynthesis in cell suspension cultures of catharanthus roseus [J]. Plant Cell, Tissue and Organ Culture (PCTOC), 2013, 112 (1): 43-54.

[29] Guo Z G, Liu Y, Xing X H. Enhanced catharanthine biosynthesis through regulation of cyclooxygenase in the cell suspension culture of Catharanthus roseus (L.) G. Don [J]. Process Biochemistry, 2011, 46 (3): 783-787.

[30] Guo Z G, Zeng Z L, Liu R Z, et al. Morphological ransformation of plant cell in vitro and its effect on plant growth [J]. Tsinghua Science and Technology, 2005, 10 (5): 573-578.

[31] Guo Z G, Zheng M Z, Liu R Z. Kinetics of growth and nutrient consumption in the culture of Trichosanthes kirilowii hairy root [J]. Tsinghua Science and Technology, 2003, 8 (6): 641-650.

[32] Gupta V K, Tuohy M G. Biofuel technologies [M]. Verlag Berlin Heidelberg: Springer, 2013.

[33] Hahn H D, Dämbkes G, Rupprich N, et al. Ullmann's Encyclopedia of Industrial Chemistry [M]. VCH Verlag GmbH & Co. KGaA: Wiley, 2010: 417-428.

[34] Hamill J D, Robins R J, Parr A J, et al. Over-expressing a yeast ornithine decarboxylase gene in transgenic roots of Nicotiana rustica can lead to enhanced nicotine accumulation [J]. Plant Molecular Biology, 1990, 15 (1): 27-38.

[35] He Y, Zhang J, Bao J. Dry dilute acid pretreatment by co-currently feeding of corn stover feedstock and dilute acid solution without impregnation [J]. Bioresource Technology, 2014, 158 (4): 360-364.

[36] Hefner J, Ketchum R E B, Croteau R. Cloning and functional expression of a cDNA encoding geranylgeranyl diphosphate synthase fromtaxus canadensisand assessment of the role of this prenyltransferase in cells induced for taxol production [J]. Archives of Biochemistry and Biophysics, 1998, 360 (1): 62-74.

[37] Henstra A M, Sipma J, Rinzema A, et al. Microbiology of synthesis gas fermentation for biofuel production [J]. Current Opinion in Biotechnology, 2007, 18 (3): 200-206.

[38] Huber G W, O'Connor P, Corma A. Processing biomass in conventional oil refineries: production of high quality diesel by hydrotreating vegetable oils in heavy vacuum oil mixtures [J]. Applied Catalysis A General, 2007, 329 (10): 120-129.

[39] Iso M, Chen B, Eguchi M, et al. Production of biodiesel fuel from triglycerides and alcohol using immobilized lipase [J]. Journal of Molecular Catalysis B Enzymatic, 2002, 16 (1): 53-58.

[40] Jambo S A, Abdulla R, Azhar S H M, et al. A review on third generation bioethanol

feedstock [J]. Renewable & Sustainable Energy Reviews, 2016, 65 (756): 756-769.

[41] Jang Y S, Lee J, Malaviya A, et al. Butanol production from renewable biomass: rediscovery of metabolic pathways and metabolic engineering [J]. Biotechnology Journal, 2012, 7 (2): 186-198.

[42] Jin C, Yao M, Liu H, et al. Progress in the production and application of n-butanol as a biofuel [J]. Renewable & Sustainable Energy Reviews, 2011 (15): 4080-4106.

[43] Jing Z, Xia L. Simultaneous saccharification and fermentation of alkaline-pretreated corn stover to ethanol using a recombinant yeast strain [J]. Fuel Processing Technology, 2009, 90 (10): 1193-1197.

[44] Kim S D, Dale B E. Global potential bioethanol production from wasted crops and crop residues [J]. Biomass & Bioenergy, 2004, 26 (4): 361-375.

[45] Köpke M, Held C, Hujer S, et al. Clostridium ljungdahlii represents a microbial production platform based on syngas [J]. Proceedings of the National Academy of Sciences, 2010, 107 (29): 13087-13092.

[46] Kumar M, Gayen K. Developments in biobutanol production: new insights [J]. Applied Energy, 2011, 88 (6): 1999-2012.

[47] Li J, Baral N R, Jha A K. Acetone-butanol-ethanol fermentation of corn stover by Clostridium species: present status and future perspectives [J]. World Journal of Microbiology & Biotechnology, 2014, 30 (4): 1145-1157.

[48] Li J, Chi X, Zhang Y, et al. Enhanced coproduction of hydrogen and butanol from rice straw by a novel two-stage fermentation process [J]. International Biodeterioration & Biodegradation, 2018, 127: 62-68.

[49] Li Q, Lei J, Zhang R, et al. Efficient decolorization and deproteinization using uniform polymer microspheres in the succinic acid biorefinery from bio-waste cotton (Gossypium hirsutum L.) stalks [J]. Bioresoure Technology, 2013, 135: 604-609.

[50] Li Q, Yang M, Wang D, et al. Efficient conversion of crop stalk wastes into succinic acid production by Actinobacillus succinogenes [J]. Bioresource Technology, 2010, 101 (9): 3292-3294.

[51] Liu J Y, Guo Z G, Zeng Z L. Improved accumulation of phenylethanoid glycosides by precursor feeding to suspension culture of Cistanche salsa [J]. Biochemical Engineering Journal, 2007, 33 (1): 88-93.

[52] Liu X, Guo Z, Liu R. Effects of culture conditions, carbon source and regulators on saffron callus growth and crocin accumulation in the callus [J]. Tsinghua Science and Technology, 2002, 7 (5): 448-453.

[53] Liu Y P, Wang J P, Guo Z G. Inhibition effects of total saponins from Panax Japonicas

cultured cell on adjuvant arthritis rat [J]. Medicinal Plant, 2013, 4 (10): 1-4.
[54] Liu Z H, Chen H Z. Simultaneous saccharification and co-fermentation for improving the xylose utilization of steam exploded corn stover at high solid loading [J]. Bioresource Technology, 2016, 201 (FEB): 15-26.
[55] Liu Z H, Chen H Z. Two-step size reduction and post-washing of steam exploded corn stover improving simultaneous saccharification and fermentation for ethanol production [J]. Bioresource Technology, 2017, 223: 47-58.
[56] Ma F, Clements L D, Hanna M A. The effects of catalyst, free fatty acids, and water on transesterification of beef tallow [J]. Transactions of the ASAE, 1998, 41 (5): 1261-1264.
[57] Maas R H, Bakker R R, Eggink G, et al. Lactic acid production from xylose by the fungus Rhizopus oryzae [J]. Applied Microbiology and Biotechnology, 2006, 72 (5): 861-868.
[58] Maas R H W, Bakker R R, Jansen M L A, et al. Lactic acid production from lime-treated wheat straw by Bacillus coagulans: neutralization of acid by fed-batch addition of alkaline substrate [J]. Applied Microbiology and Biotechnology, 2008, 78 (5): 751-758.
[59] Mao R, Chen J, Chen Y, et al. Identification of early jasmonate-responsive genes in taxus × media, cells by analyzing time series digital gene expression data [J]. Physiology & Molecular Biology of Plants, 2018, 24 (5): 1-13.
[60] Minty J J, Singer M E, Scholz S A, et al. Design and characterization of synthetic fungal-bacterial consortia for direct production of isobutanol from cellulosic biomass [J]. Proceedings of the National Academy of Sciences of the United States of America, 2013, 110 (36): 14592-14597.
[61] Nanda S, Dalai A K, Kozinski J A. Butanol and ethanol production from lignocellulosic feedstock: biomass pretreatment and bioconversion [J]. Energy Science & Engineering, 2014, 2 (3): 138-148.
[62] Noble R L, Beer C T, Cutts J H. Role of chance observations in chemotherapy: Vinca rosea. Ann N. Y. Acad [J]. Sci. 1958, 176: 882-894.
[63] Noble R L, Beer C T, Cutts J H. Further biological activities of Vincaleukoblastine, an alkaloid isolated from Vinca rosea [J]. BioChem. Pharmacol, 1958 (1): 347.
[64] Barz W, Reinhard E, Zenk M H. Plant tissue and its biotechnological application [M]. Berlin Heidelberg and New York: Springer, 1977.
[65] Olson D G, McBride J E, Shaw A J, et al. Recent progress in consolidated bioprocessing [J]. Current Opinion in Biotechnology, 2012, 23 (3): 396-405.

[66] Orçaire O, Buisson P, Pierre A C. Application of silica aerogel encapsulated lipases in the synthesis of biodiesel by transesterification reactions [J]. Journal of Molecular Catalysis B: Enzymatic, 2006, 42 (3-4): 106-113.

[67] Oudin A, Hamdi S, Ouélhazi L, et al. Induction of a novel cytochrome P450 in Catharanthus roseus cells induced for terpenoid indole alkaloid production [J]. Plant Science, 1999, 149: 105-113.

[68] Paddon C J, Westfall P J, Pitera D J, et al. High-level semi-synthetic production of the potent antimalarial artemisinin [J]. Nature, 2013, 496 (7446): 528-532.

[69] Parisutham V, Kim T H, Lee S K. Feasibilities of consolidated bioprocessing microbes: from pretreatment to biofuel production [J]. Bioresource Technology, 2014, 161 (3): 431-440.

[70] Qureshi N, Saha B C, Cotta M A. Butanol production from wheat straw hydrolysate using Clostridium beijerinckii [J]. Bioprocess & Biosystems Engineering, 2007, 30 (6): 419-427.

[71] Qureshi N, Saha B C, Dien B, et al. Production of butanol (a biofuel) from agricultural residues: part I-use of barley straw hydrolysate[J]. Biomass & Bioenergy, 2010a, 34(4): 559-565.

[72] Qureshi N, Saha B C, Hector R E, et al. Production of butanol (a biofuel) from agricultural residues: part II-use of corn stover and switchgrass hydrolysates [J]. Biomass and Bioenergy, 2010b, 34 (4): 566-571.

[73] Ranjan A, Khanna S, Moholkar V S. Feasibility of rice straw as alternate substrate for biobutanol production [J]. Applied Energy, 2013, 103 (1): 32-38.

[74] Saini M, Chungjen C, Li S Y, et al. Production of biobutanol from cellulose hydrolysate by the Escherichia coli co–culture system [J]. Fems Microbiology Letters, 2016, 363 (4): 1–5.

[75] Salehi Jouzani G, Taherzadeh M J. Advances in consolidated bioprocessing systems for bioethanol and butanol production from biomass: a comprehensive review [J]. Biofuel Research Journal, 2015, 2 (1): 152-195.

[76] Salvachua D, Smith H, St John P C, et al. Succinic acid production from lignocellulosic hydrolysate by basfia succiniciproducens [J]. Bioresour Technol, 2016, 214: 558-566.

[77] Schoendorf A, Rithner C D, Williams R M, et al. Molecular cloning of a cytochrome P450 taxane 10β-hydroxylase cDNA from Taxus and functional expression in yeast [J]. Proceedings of the National Academy of Sciences, 2001, 98 (4): 1501-1506.

[78] Steen E J, Kang Y, Bokinsky G, et al. Microbial production of fatty-acid-derived fuels

and chemicals from plant biomass [J]. Nature, 2010, 463 (7280): 559-562.
[79] Zaitlin M, Day P, Hollaender A. Relevance of agriculture in the eighties [M]. Orland: Academic Press, 1985.
[80] Taha M, Foda M, Shahsavari E, et al. Commercial feasibility of lignocellulose biodegradation: possibilities and challenges [J]. Current Opinion in Biotechnology, 2016, 38: 190-197.
[81] Thaddeus E, Nasib Q, Blaschek H P. Butanol production from agricultural residues: impact of degradation products on Clostridium beijerinckii growth and butanol fermentation [J]. Biotechnology & Bioengineering, 2010, 97 (6): 1460-1469.
[82] Thangavelu S K, Ahmed A S, Ani F N. Review on bioethanol as alternative fuel for spark ignition engines [J]. Renewable & Sustainable Energy Reviews, 2016, 56: 820-835.
[83] Lefebvre G, Jimenez E, Cabanas B. Environment, energy and climate change [M]. Berlin Heidelberg and New York: Springer, 2016.
[84] Valdez-Vazquez I, Pérez-Rangel M, Tapia A, et al. Hydrogen and butanol production from native wheat straw by synthetic microbial consortia integrated by species of Enterococcus and Clostridium [J]. Fuel, 2015, 159: 214-222.
[85] Vázquez-Flota F A, St-Pierre B, De Luca V. Light activation of vindoline biosynthesis does not require cytomorphogenesis in catharanthus roseus seedlings [J]. Phytochemistry, 2000, 55 (6): 531-536.
[86] Wal H V D, Sperber B L H M, Houweling-Tan G B N, et al. Production of acetone, butanol, and ethanol from biomass of the green seaweed Ulva lactuca [J]. Bioresour Technol, 2013, 128 (1): 431-437.
[87] Walker K, Schoendorf A, Croteau R. Molecular cloning of a taxa-4(20), 11(12)-dien-5α-ol-O-acetyl transferase cDNA from Taxus and functional expression in Escherichia coli [J]. Archives of Biochemistry and Biophysics, 2000, 374 (2): 371-380.
[88] Wang D, Li Q, Yang M, et al. Efficient production of succinic acid from corn stalk hydrolysates by a recombinant Escherichia coli with ptsG mutation [J]. Process Biochemistry, 2011, 46 (1): 365-371.
[89] Wang Z, Cao G, Cheng J, et al. Butanol production from wheat straw by combining crude enzymatic hydrolysis and anaerobic fermentation using Clostridium acetobutylicum ATCC824 [J]. Energy & Fuels, 2013, 27 (10): 5900-5906.
[90] Wei D, Li W, Liu D. Improved methanol tolerance during novozym 435-mediated methanolysis of SODD for biodiesel production [J]. Green Chemistry, 2007, 9 (2): 173-176.
[91] Wildung M R, Croteau R. A cDNA clone for taxadiene synthase, the diterpene cyclase

that catalyzes the committed step of taxol biosynthesis [J]. Journal of Biological Chemistry, 1996, 271 (16): 9201-9204.
[92] Winkel-Shirley B. Flavonoid biosynthesis. A colorful model for genetics, biochemistry, cell biology, and biotechnology [J]. Plant Physiology, 2001, 126 (2): 485-493.
[93] Xin F, Chen T, Jiang Y, et al. Enhanced biobutanol production with high yield from crude glycerol by acetone uncoupled Clostridium sp. strain CT7 [J]. Bioresource Technology, 2017, 244 (Pt1): 575.
[94] Xue C, Zhao J, Chen L, et al. Recent advances and state-of-the-art strategies in strain and process engineering for biobutanol production by Clostridium acetobutylicum [J]. Biotechnology Advances, 2017, 35 (2): 310-322.
[95] Yang B, Guo Z, Liu R. Crocin synthesis mechanism in Crocus sativus [J]. Tsinghua Science & Technology, 2005, 10 (5): 567-572.
[96] Yang B, Wyman C E. Pretreatment: the key to unlocking low-cost cellulosic ethanol [J]. Biofuels, Bioproducts and Biorefining, 2010, 2 (1): 26-40.
[97] Yi X, Zhang P, Sun J, et al. Engineering wild-type robust Pediococcus acidilactici strain for high titer l- and d-lactic acid production from corn stover feedstock [J]. Journal of Biotechnology, 2016, 217: 112-121.
[98] Yim H, Haselbeck R, Niu W, et al. Metabolic engineering of Escherichia coli for direct production of 1, 4-butanediol [J]. Nature Chemical Biology, 2011, 7 (7): 445-452.
[99] Zabed H, Sahu J N, Boyce A N, et al. Fuel ethanol production from lignocellulosic biomass: an overview on feedstocks and technological approaches [J]. Renewable & Sustainable Energy Reviews, 2016, 66: 751-774.
[100] Zabed H, Sahu J N, Suely A, et al. Bioethanol production from renewable sources: current perspectives and technological progress [J]. Renewable & Sustainable Energy Reviews, 2017, 71: 475-501.
[101] Zhang J F, Gong S, Guo Z G. Effects of different elicitors on 10-deacetylbaccatin III-10-O-acetyltransferase activity and cytochrome P450 monooxygenase content in suspension cultures of Taxus cuspidata cells [J]. Cell Biology International Reports, 2011, 18 (1): 7-13.
[102] Zhang J F, Guo Z G. Effect of methyl jasmonic acid on baccatin III biosynthesis [J]. Tsinghua Science and Technology, 2006, 11 (3): 363-367.
[103] Zhang Y, Chen X, Luo J, et al. An efficient process for lactic acid production from wheat straw by a newly isolated Bacillus coagulans strain IPE22 [J]. Bioresource Technology, 2014, 158 (1): 396-399.
[104] Zhang Y, Kumar A, Hardwidge P R, et al. D-lactic acid production from renewable

lignocellulosic biomass via genetically modified Lactobacillus plantarum [J]. Biotechnol Prog, 2016, 32 (2): 271-278.

[105] Zhao X, Dong L, Chen L, et al. Batch and multi-step fed-batch enzymatic saccharification of formiline-pretreated sugarcane bagasse at high solid loadings for high sugar and ethanol titers [J]. Bioresource Technology, 2013, 135: 350-356.

[106] Zhao X, Liu D. Fractionating pretreatment of sugarcane bagasse by aqueous formic acid with direct recycle of spent liquor to increase cellulose digestibility the Formiline process [J]. Bioresource Technology, 2012, 117: 25-32.

[107] Zhao X, Xiong L, Zhang M, et al. Towards efficient bioethanol production from agricultural and forestry residues: exploration of unique natural microorganisms in combination with advanced strain engineering [J]. Bioresource Technology, 2016, 215: 84-91.

[108] Zhu J, Rong Y, Yang J, et al. Integrated production of xylonic acid and bioethanol from acid-catalyzed steam-exploded corn stover [J]. Applied Biochemistry and Biotechnology, 2015, 176 (5): 1370-1381.

[109] 艾斌凌. 基于混合菌群的水稻秸秆丁酸发酵过程优化与机制研究 [D]. 哈尔滨: 哈尔滨工业大学, 2014.

[110] 毕于运, 王亚静, 高春雨. 中国主要秸秆资源数量及其区域分布 [J]. 农机化研究, 2010, 32 (3): 1-7.

[111] 常建民. 林木生物质资源与能源化利用技术 [J]. 新疆农业科学, 2010 (5): 920-920.

[112] 韩伟, 张全, 佟明友, 等. 对新一代生物燃料丁醇的概述 [J]. 安徽农业科学, 2013, 41 (11): 4964-4966.

[113] 晁然, 原永波, 赵惠民. 构建合成生物学制造厂 [J]. 中国科学: 生命科学, 2015, 45 (10): 976-984.

[114] 陈国, 赵珺, 苏鹏飞, 等. 微藻产生物柴油研究进展 [J]. 化工进展, 2011, 30 (10): 2186-2193.

[115] 陈远童, 席悦, 郝秀珍, 等. 微生物转化油脂生产饱和及不饱和 α,ω-二羧酸的方法: CN101270374 [P]. 2008-09-24.

[116] 程琪越. 利用玉米秸秆和淀粉同步糖化发酵生产乳链菌肽与乳酸的研究 [D]. 长春: 吉林大学, 2016.

[117] 程意峰, 李世杰, 黄金鹏, 等. 利用甜高粱秸秆汁发酵生产丁醇、丙酮 [J]. 农业工程学报, 2008, 24 (10): 177-180.

[118] 丁峰. 生物丁醇: 新生代生物能源 [J]. 生物技术世界, 2008 (5): 41.

[119] 董平, 邵伟, 赵仲阳, 等. 生物丁醇制取技术 [J]. 精细石油化工进展, 2016, 17 (1): 45-49.

[120] 方林. 玉米秸秆原料发酵生产丁二酸工艺研究 [D]. 无锡：江南大学，2009.
[121] 高凯，李云，杨秀山. 影响丙酮丁醇发酵的主要因素及解决方案的研究进展 [J]. 生物质化学工程，2011，45(2)：45-50.
[122] 高越，郭晓鹏，杨阳，等. 生物丁醇发酵研究进展 [J]. 生物技术通报，2018，34(8)：27-34.
[123] 巩伏雨，蔡真，李寅. CO_2固定的合成生物学 [J]. 中国科学:生命科学，2015，45(10)：993-1002.
[124] 胡瑾. 小麦秸秆原料生物炼制制备乳链菌肽的研究 [D]. 西安：陕西科技大学，2017.
[125] 胡永红，管珺，杨文革，等. 发酵法生产D-乳酸的研究进展 [J]. 食品与发酵工业，2007，33(12)：99-103.
[126] 黄翔峰，陈旭远，刘佳，等. 废弃食用油脂生物合成鼠李糖脂研究进展 [J]. 微生物学通报，2009，36(11)：1738-1743.
[127] 黄潇，蔡颖慧. 生物丁醇研究现状及进展 [J]. 图书情报导刊，2010，20(35)：148-150.
[128] 嵇磊，张利雄，姚志龙，等. 利用藻类生物质制备生物燃料研究进展 [J]. 石油学报（石油加工），2007，23(6)：1-5.
[129] 贾斌，李炳志，元英进. 合成生物学展望 [J]. 中国科学：化学，2014，44(9)：1455-1460.
[130] 蒋建新. 木糖型生物质炼制原理与技术 [M]. 北京：科学出版社，2013.
[131] 蓝艳华. 甘蔗渣生产燃料乙醇研究现状与对策 [J]. 甘蔗糖业，2007(6)：34-39.
[132] 李琛. 地沟油制备生物柴油的研究进展 [J]. 环境研究与监测，2010(3)：56-59.
[133] 李翠平，梁金钟，赵红宇. 玉米秸秆酶解液发酵产γ-聚谷氨酸 [J]. 食品与发酵工业，2014，40(11)：109-115.
[134] 里伟. 米根霉细胞催化可再生油脂合成生物柴油的研究 [D]. 北京：清华大学，2009.
[135] 李晓姝，高大成，王领民，等. 发酵法制备D-乳酸研究进展 [J]. 当代化工，2017，46(8)：1659-1662.
[136] 李晓姝，张霖，高大成，等. 发酵法生产1,3-丙二醇的研究进展 [J]. 化工进展，2017，36(4)：1395-1403.
[137] 李兴江，罗水忠，姜绍通，等. 农作物秸秆发酵制备丁二酸的代谢工艺优化 [J]. 农业工程学报，2008，24(12)：161-167.
[138] 李兴江，郑志，姜绍通，等. 利用木霉与根霉两步发酵秸秆制备L-乳酸研究 [J]. 菌物学报，2009，28(3)：445-450.
[139] 梁金花，任晓乾，王锦堂，等. 双核碱性离子液体催化棉籽油酯交换制备生物柴油 [J]. 燃料化学学报，2010，38(3)：275-280.
[140] 林有胜，王旭明，王竞，等. 生物燃料丁醇的研究与前景 [J]. 现代化工，2008，28(4)：84-87.

［141］林章凛，林敏．微生物和植物抗逆元器件的合成生物学研究［J］．生物产业技术，2013（4）：7-11.

［142］刘斌，陈大明，游文娟，等．微藻生物柴油研发态势分析［J］．生命科学，2008，20（6）：991-996.

［143］刘波，孙艳，刘永红，等．产油微生物油脂生物合成与代谢调控研究进展［J］．微生物学报，2005，45（1）：153-156.

［144］刘宏娟，杜伟，刘德华．生物柴油及1,3-丙二醇联产工艺产业化进展［J］．化学进展，2007（Z2）：1185-1189.

［145］刘瑾，邬建国．生物燃料的发展现状与前景［J］．生态学报，2008，28（4）：1339-1353.

［146］刘晔．以三种木质纤维素为碳源发酵产D-乳酸的研究［D］．武汉：湖北工业大学，2016.

［147］陆德祥，吕锋，张耀群，等．利用微藻生产生物柴油［J］．江苏农业科学，2010（6）：560-562.

［148］陆强，赵雪冰，郑宗明．液体生物燃料技术与工程［M］．上海：上海科学技术出版社，2013.

［149］吕晓静．基于碱的木质纤维素预处理和酶解及相关机理研究［D］．广州：暨南大学，2018.

［150］梅洪，张成武，殷大聪，等．利用微藻生产可再生能源研究概况［J］．植物科学学报，2008，26（6）：650-660.

［151］欧阳平凯，冯娇，许晟，等．生物制造研究进展［J］．广西科学，2016，23（2）：97-101.

［152］庞博，郑庆飞，刘文．天然药物研究中的合成生物学［J］．生命有机化学，2015，45（10）：1015-1026.

［153］庞晓华．纤维素酶成本大幅降低，生物基乙醇燃料推广将不日而期［J］．化工生产与技术，2005，12（1）：23.

［154］钱伯章．生物乙醇与生物丁醇及生物柴油技术与应用［M］．北京：科学出版社，2010.

［155］曲音波．木质纤维素降解酶与生物炼制［M］．北京：化学工业出版社，2011.

［156］石姗姗，高明，汪群慧，等．餐厨垃圾发酵制备生物燃料丁醇的研究［J］．环境工程，2017，35（2）：117-121.

［157］苏敏光，于少明，吴克，等．生物柴油制备方法及其质量标准现状［J］．包装与食品机械，2008（3）：20-24，39.

［158］谭天伟．加快推动生物制造创新研究［J］．收藏，2017（6）：1.

［159］谭天伟，王芳．生物炼制发展现状及前景展望［J］．现代化工，2006，26（4）：11-14，16.

［160］王成，刘忠义，陈于陇，等．生物柴油制备技术研究进展［J］．广东农业科学，2012（1）：107-112.

［161］王翠云，康玲芬，蔡文春，等．城市废弃油脂的综合利用及管理［J］．环境保护与循环经济，2010，30（10）：41-43.

［162］王刚，武丽达，张明磊，等．玉米秸秆同步糖化生物炼制D-乳酸的工艺研究［J］．吉林农业大学学报，2016，38（5）：562-566.

[163] 王建蕾, 徐立青, 富饶. 我国生物燃料产业的发展现状及其影响因素分析[J]. 安徽农业科学, 2010, 38（10）: 5402-5403.

[164] 王颖, 陈国强. 合成生物学技术在聚羟基脂肪酸酯PHA生产中的应用[J]. 中国科学: 生命科学, 2015, 45（10）: 1003-1014.

[165] 王勇. 以廉价生物质生产L-乳酸新方法研究[D]. 北京: 北京化工大学, 2017.

[166] 相光明, 刘建军, 赵祥颖, 等. 产油微生物研究及应用[J]. 粮食与油脂, 2008a（6）: 7-11.

[167] 相光明, 刘建军, 赵祥颖, 等. 微生物油脂研究进展[J]. 粮油加工, 2008b（9）: 56-60.

[168] 熊燕, 陈大明, 杨琛, 等. 合成生物学发展现状与前景[J]. 生命科学, 2011, 23（9）: 826-837.

[169] 杨承训, 承谕. 生物质能源——生态农业互动机制研究[J]. 当代经济研究, 2014（5）: 24-29.

[170] 杨雪欣, 徐忠. 由大豆秸秆酶解液制备L-乳酸试验研究[J]. 食品研究与开发, 2007, 28（5）: 59-61.

[171] 余建明, 施凯强, 王盛炜, 等. 我国秸秆分布情况及转化生产燃料乙醇的研究进展[J]. 生物产业技术, 2018（4）: 33-40.

[172] 袁海波, 李江华, 刘龙, 等. 基于系统生物学和合成生物学的重要平台化学品生物制造的研究进展[J]. 化工学报, 2016, 67（1）: 129-139.

[173] 张卉, 陈小旭, 李东华, 等. 餐厨废弃油脂生物转化鼠李糖脂的研究进展[J]. 食品研究与开发, 2017, 38（18）: 207-210.

[174] 张泉丽. 浅析生态农业在农业经济可持续发展中的作用[J]. 农业与技术, 2016, 36（8）: 122.

[175] 张鑫, 刘岩. 木质纤维原料预处理技术的研究进展[J]. 纤维素科学与技术, 2005, 13（2）: 56-60.

[176] 赵宝国. 生物乙醇行业发展趋势分析[J]. 现代交际, 2016,（19）: 54.

[177] 赵国屏. 合成生物学——革命性的新兴交叉学科, "会聚"研究范式的典型[J]. 中国科学: 生命科学, 2015, 45（10）: 905-908.

[178] 赵宗保. 加快微生物油脂研究 为生物柴油产业提供廉价原料[J]. 中国生物工程杂志, 2005, 25（2）: 28-31.

第8章

农业产业互联网和大数据

从21世纪第二个十年开始，随着计算能力、网络通信能力和存储能力的大幅提升，以及人工智能算法的突破，物联网、云计算、大数据和人工智能等技术的蓬勃发展，一场新的工业革命正在悄然来临。万物互联、自主协同、实时感知、在线演化勾画出这场工业革命的轮廓，它以居高临下的姿态压迫着各行各业走上智能化转型，最终将导致先进生产力代替落后生产力。

在信息技术的浪潮下，各行各业纷纷进行自我升级和转型。行业生产方式、产业分工模式以及产业格局正随着这场工业革命的悄然来临而迅速转变。金融、零售、物流、传统制造、教育、农业等各个行业在物联网、云计算、大数据和人工智能等技术的引领下展现出新的格局，同时也创造出新的机遇。例如，在制造业中，机器（人）在行业中的参与度越来越高，重复的工作岗位逐步被机器（人）代替，生产效率大幅提升，个性化定制生产成为一种趋势；金融业的自助银行、手机银行、智能客服和智能风控，零售业的无人零售、无界零售，物流业的无人仓储分拣、无人驾驶等，都在慢慢颠覆整个世界的产业分工和生产模式。而农业作为最为传统但又最为重要且基础的行业，也不可避免地接受着信息革命的洗礼，同时正在这场革命中酝酿着巨变，我们需要用全新的知识、视野和格局来观察、思考并应对智能时代的农业产业格局。

8.1 农业产业互联网概述

8.1.1 产业互联网和农业产业互联网

产业互联网，也就是我们常说的"互联网+"，它指的是将传统产业进行在线化、数据化，利用物联网、大数据、移动智能等技术方式建设网络技术服务平台，将传统产业的生产、运输、销售等全产业链过程的数据和管理控制转移到网络服务平台上来。产业互联网是一种新的业态，以信息生产力为牵动力带动整个产业的发展与转变；通过模式创新、降低成本和提升品质来提升竞争力，实现产业和产品高附加值的转变；通过信息快速传递和共享有效调节市场资源配置，使精准化和个性化生产变为一种可能。产业互联网能够有效地将不同产业融合起来，实现服务化和产业化的相互渗透，使制造商由传统的物品供应者转变为服务供应者，促进经济从同质化、低附加值、产业链低端的非优化结构向高质量、高附加值及高端产业链迈进。产业互联网通过释放服务化潜力推进产业向创新驱动转型，通过产业化和服务化的结合使市场和互联网产业更加紧密地结合在一起，通过以需求为导向的创新驱动大幅促进各个产业的融合与发展。

农业产业互联网是农业发展与现代化信息技术全方位整合的过程，其本质是"互联网+农业"或"工业化+信息化+农业"（生态农业4.0），即将互联网技术应用到原始的农业生产中，将信息作为农业生产的重要生产要素贯穿于农业产业链的全过程，对传统农业的产业结构进行重组升级。农业产业互联网的应用将农业生产、流通、经营、配套等产业链的各个环节有机地连通起来，提升了农业生产力与质量控制水平，形成了精准、高效、可追溯的智慧农业生产模式，进而提高了农业生产的效率、品质、效益等。互联网技术与传统农业的结合不仅改变了传统粗犷的农产品生产模式，也改变了农产品的传统流通模式，促进了农产品电子商务的繁荣，同时还改变了农户、企业、合作社等农业生产者的生产生活方式。

8.1.2 农业产业互联网发展的意义

农业产业互联网是一个很大的概念，它既包括农产品原材料生产、深加工、物流仓储和销售流通，也包括农业生产资料、农业环境、农村发展建设、农业人口和农业旅游观光等。农业作为传统产业，面临信息不对称、不及时、无生产方向、生产效率不高、流通环节过多、生产组织分散、质量安全等问题，而农业产业互联网则通过互联网技术与传统农业产、供、销的全面融合，提升农业的资源配置、生产效率、产品质量、市场开拓和综合效益，真正解决传统农业中的现实难题和痛点。

1. 市场决策方面

农业市场决策的主要内容包括三个方面：①根据市场需求对经营产品和规模进行抉择，实现按需生产；②根据产出规模决定要素投入，提升资源配置效率；③根据竞争态势确定产品和营销战略，提升市场竞争力。

传统农业的决策水平不高，主要是由于信息不对称和缺少数据分析，比较经典的案例就是"猪周期"问题，如图8-1所示。

图8-1 "猪周期"循环

养殖户经常陷入"猪周期"的恶性循环，从而使相关养殖户和养殖企业遭受损失，而利用互联网技术可以对猪的价格、存栏出栏量进行监控，从而得到一个对市场走向的分析预警甚至决策，降低甚至避免对养殖户和养殖企业的影响。通过互联网、大数据分析技术、对市场信息的收集与分析来预测市场容量和竞争态势，并以此为依据来配置农业生产过程中的基本要素，有望打破或者至少是最大限度地降低了"猪周期"对农户和消费者造成的伤害。

2. 产品流通方面

农产品信息不对称一直是农业产业的一个"痛点"，造成了农产品流通难、物流成本高、价格区域化明显等问题，而利用互联网扁平化、透明化的特点，可以使农产品信息共享、物流运输更便捷,最终使农产品流通更为顺畅。传统的农产品流通模式不外乎是"生产者(个人/企业)—经纪人—产地批发商—销地批发商—零售商—消费者",中间环节多且复杂,严重影响了产品流通过程中的透明化,而通过互联网(电子商务)可以省去大多中间商,构建出"生产者(个人/企业)—物联网服务商(虚拟或实体)—消费者"的流通模式,使消费者直接面对生产者,从而实现产销对接、从产地直接到餐桌的转变。

3. 品牌培育方面

知名品牌少、品牌影响力差、种植和养殖散户品牌意识薄弱,这是我国很多农产品难以形成市场规模的重要原因。我国农产品同质化严重,无法形成富有特色的产品,这也是品牌建设过程中的一个难点。传统的营销模式因内容有限、区域有限而在当下新的营销环境中不再适用,亟须利用互联网传播速度快、范围广、热点多且广的特点,通过互联网营销手段,引沸农产品市场"爆点",使消费者更加了解农产品,增加消费者对品牌的信赖度。实际上,一些农副产品品牌,如"褚橙""盱眙龙虾""三只松鼠"等,都是利用互联网营销来打开知名度、提高宣传效应、打造良好口碑的。

4. 生产效率方面

我国的传统农业是以家庭为单位的农业生产模式,无法产生规模效应,产业经济效益低下。除此之外,农村基础设施缺乏,生产环境脏乱差,农村务农人员青壮年较少、知识文化程度较低,这些因素使农业生产效率处在一个较低的水平。利用物联网技术与先进的互联网技术,再加上基础设施设备的支持可以在很大程度上提高劳动生产效率,同时也能够吸引广大青壮年回乡置业,提升农业参与人员的综合素质。

5. 精准管理方面

我国农业将由现在的小规模散户生产逐渐转向集中规模化生产,而且随着经济的发展和人民生活水平的提高,消费者对于农产品品质的要求也不断提高,精细化、精准化的种植和养殖与管理将会显得尤为重要。借助物联网技术与大数据分析和智能化管理技术,能够打破农业生产者素质不高和资源分散的难题,实现农业生产的精准化种植和养殖与管理，打造高品质、高效率、安全化的现代农业。

6. 食品安全方面

当前食品安全问题频发，"地沟油""毒大米""瘦肉精""速生鸡""注水肉"等问题层出不穷，归根结底还是由制度不全、监管不严、产品追溯不力等因素造成的。借助二维码技术和射频技术，能够为农产品贴上"身份证"，使农产品生产、加工、销售全过程透明化，从生产源头到走向市场全过程可控，从而提高消费者的信赖程度，解决农产品安全问题。

8.1.3 农业产业互联网发展的特征

1. 跨界农业

传统农业存在从业门槛低、从业人口多两大特点，也正是这两大因素导致其想要产生巨大的经济效益是不现实的，因此要积极探索产业结合、实施跨界农业来提高农业附加值，如观光农业是农业与旅游业的产物，农村金融是农业与金融业的产物，文化农业是文化与农业的产物等。以下分别介绍产品跨界和营销跨界的案例。

(1) *产品跨界案例：从生鲜销售到为同行提供冷链物流服务*

在美国西雅图有一家从事生鲜农产品销售的公司，最初以产品销售为主要利润来源，但随着时间的推移，竞争压力越来越大，公司的利润率越来越低。为了解决这一问题，该公司开发了快速配送服务业务，增加配置冷链物流配送车，帮助当地生鲜公司提供第三方低价配送服务，还利用以前的客户资源开发了消费者与送货员之间的App系统，很快抢占了当地生鲜配送的物流服务市场。敢于跨界、敢于转型并充分利用互联网技术，使该公司最终取得成功。

(2) *营销跨界案例："三只松鼠"的动漫跨界营销*

"三只松鼠"是一家销售坚果的企业，它是跨界农业的一个销售奇迹。2013年，该公司成立仅一年的营业额就达到3亿元，其中，"双11"当天的销售额就有3 562万元。它的成功得益于将动漫思维运用到坚果的营销上，将动漫领域的特点运用到产品包装、广告上，吸引了消费者的注意与认同，从而迅速形成品牌。

2. 定制农业

传统农业的生产周期与产业链较长，利润多归于中间商，生产者与消费者都存在利益损失。通过定制农业可以改变目前生产者对于市场容量一无所知的状态，利用"互联网+"技术建立消费者与生产者之间的直接沟通平台，生产者可根据消费者提供的具体需求进行产品生产，及时沟通生产中发生的各种问题，使消费者了解产品质量，解决了生产者与消费者信息不对等的问题。

（1）认筹定制

定制农业的第一种形式是认筹定制，指在农产品生产之初先让消费者提出意向产品的数量和质量，并交纳一定的认筹金，产品生产后归认筹人所有。

案例：草莓的"认种"。济南市某村盛产草莓，当地居民将大棚草莓基地按区域在网上出租，消费者可以通过网络对草莓基地进行区域性"认种"。一旦某区域被选中，顾客就可以通过互联网、微信平台直接下订单，同时还可以提出个性化要求，如口味、包装等。

（2）个性定制

定制农业的第二种形式是个性定制，指相关企业、种植户在满足基本生产的情况下，可针对每一位顾客对产品质量、风格的个性需求进行专门设计，以满足顾客的要求。

案例：个性定制果汁。"卡哇伊"饮品公司打造了果汁饮料的私人定制模式，为婚庆、家庭聚会、生日派对等不同场合提供特色果汁饮品：针对办公室人群，推出富含花青素的蓝莓系列果汁；针对作息不规律、饮食不均衡的人群，推出养护肠胃的杨梅系列果汁等。该公司还开发了App用于顾客直接在网上下达定制要求，满足了顾客的个性需求。

3. 平台农业

平台农业是将土地资源、劳动力资源、农业生产资源等进行整合，让农业从业者根据自身对资源的供给能力和需求情况来进行供给与需求的对接或者信息资源的共享。

案例1：农产品地图检索平台。Local Harvest是美国一家在线农产品搜索平台，也是一家连接中小型农场、物流公司和消费者的农产品电商平台。它将当地的农产品买卖信息进行汇总，再给消费者提供多样的产品选择空间。该平台在地图上以颜色标注商店的类型，绿色是饲养农场，红色是农产品市场或百货商场，紫色为小商品店；同时，还设置了地图检索功能，消费者输入地区区号即可搜索到当地的各家农场及农产品商店，这样使物流更为便捷，同时也降低了物流费用，加强了产品质量的透明度与送达的便捷度。

案例2：土地流转信息平台。土流网是利用互联网发布土地流转信息的平台，网站的服务对象有四类：①想出租土地的农民；②具有一定实力进行规模化经营的土地求租者；③发布土地流转信息的机构；④国家颁布土地流转政策以来对土地流转感兴趣的投资人。该平台通过流转资源以达到资源整合的目的。

4. 精准与智慧农业

通过物联网技术、大数据技术以及智能化技术在农业生产中的应用，可以实现农业的智能化生产和管理，以解决我国农业管理粗放、抗风险能力低等问题，实现设备设施、管理系统以及农业工厂的智能化，从而创造了新型的农业模式，实现了农业生产的精细化、精准化和智能化。

（1）对农产品市场与产量的精准预测

精准预测是指通过对数据的收集、处理、分析，将以往数据与当季数据进行整合分析，以准确地推测出未来产品的市场容量、需求量、价格等信息，走出"谷贱伤农"等现象的"怪圈"，从根本上解决农业信息不对等的问题。

案例：羊肉市场精准分析和预测。宁夏回族自治区一家经营羊肉的农牧公司通过对当地居民羊肉消费行为的调查发现，当地每周食用羊肉的频率在1次以上的人群占73.9%，超过4次的人群占40.5%；消费者在购买时，关注点排序依次为新鲜程度、质量、羊肉部位、价格、品牌、营养价值。根据调查结果，该公司运用大数据预测技术将羊肉划分为品牌肉和贸易肉——品牌肉通过直销企业、加盟店等供给高端渠道，而贸易肉则销售给传统消费者。通过对市场的精准调查，该公司的销售业绩有了明显的提升。

（2）对农产品的精准营销

精准营销是指通过对消费者喜好的调查，结合大数据进行规律分析，圈定产品的潜在消费群体，并通过对这些群体进行个性化对比开展特色化的市场营销服务。

案例：养颜食品的客户圈定。"柠檬树"是美国的一家从事美容养颜食品销售的公司。为圈定和扩展消费群，该公司与Facebook（美国脸谱网）、Twitter（美国社交网络）、网络购物商场等社交平台合作，通过对社交平台内女性的基本信息和潜在需求进行大数据分析，在发现规律后向这些潜在客户发送Facebook留言，留下公司销售网址，从而使公司在短时间内大大增加了产品的销量。

（3）农业生产智能化管理

智能化管理指利用物联网技术与现代信息技术实现农业的高度自动化生产，让农民可以在任何时间和任何地点管理自己的农场。

案例：农田智能灌溉。新疆维吾尔自治区某严重缺水地区的葡萄示范园投资了一套精准自动化灌溉系统。125亩葡萄园被划分成125个基本单元，田间125个太阳能探头可360°旋转，实时监测土壤水分。当某一单元缺水时，探头就会通过无线网络向种植人员发送警报信息，种植人员随即打开这一单元的水阀控制开关进行灌溉。该系统还有自动控制系统，也就是种植人员不在时也可以通过系统反馈实现精准灌溉，大大节约了灌溉水资源，减少了人力成本。

5. 安全农业

打造安全农业要从四个方面入手：①环境生态化，即选择生态环境好的区域；②过程有机化，即采取有机生产方式，不施用或者少施用化肥、农药等化学农用品；③流通直达化，即取消中间商环节，直接配送至消费者；④产品可追溯化，即通过二维码等技术对产品的生产过程进行全程监控。

（1）农产品质量追溯

质量追溯指在产品的生产过程中，每一道工序完成之后都会安排技术人员运用专业的仪器对产品进行检测，并将检测结果和存在的问题进行登记，包括检测人姓名、检测时间和检测地点等，然后使这些记录与产品一起进入市场，从而令产品的生产过程可跟踪、可追溯。总体来看，质量追溯包含三个环节：信息采集、信息标识与传递、信息读取。

案例：有二维码的西瓜。湖北省国营周叽农场是全国最早的西瓜质量可追溯系统创建单位，按照"生产可记录、信息可查询、流向可追踪、质量可追溯"的农产品质量追溯要求，实现了选种、育苗、移栽、收货及销售全过程可追溯的监管体系。通过二维码技术将这些信息全部记录，用户只需扫描二维码便可得知该西瓜的详细信息。

（2）农产品第三方检测

第三方检测机构作为公正权威的非当事人，根据相关法律法规、行业标准或合同对农产品进行检测。第三方检测不仅能够排除政府对检测结果的质疑，还有利于农业产业的转型升级。利用互联网可以使抽样检测实现网络化，大大降低了取样和检测的费用，提高了工作效率，保障了农产品安全。

6. 数据农业

在互联网时代，数据是最为重要的资源，对数据的挖掘、归纳、整合、分析和应用能够指导企业的生产和经营。数据农业指应用大数据技术对农业产业链中的大量数据进行处理，用有用的信息指导农业的生产、经营、管理和服务等活动。利用大数据对农业中的各项信息进行整合分析，不仅可以指导农业生产者的经营行为，避免资源浪费，还可以为农业科学研究、农业企业发展和政府决策提供全新思路。

案例：孟山都农业数据服务平台。2016年6月，美国孟山都公司（Monsanto Company）利用气候公司（Climate Corporation）的Climate FieldView™数字农业平台创建了一个新的农业信息服务平台。在该平台上注册的用户可通过平台接受专业的农业建议和数据服务，不仅促进了数字农业的发展，还激发了农业生产的巨大潜力。Climate FieldView™平台通过土壤传感器对田间数据进行收集，在平台上进行可视化操作并转化为图像，农业用户能够在移动设备上实时监控自家的农田，并进行点视化查看，对每个点位的信息进行编辑。后台数据还能够将农田的具体信息参数推送给相关农业专家，专家可以有针对性地对存在的问题提出具体的可行性建议。

8.2 农业产业互联网应用现状与发展

近年来,全球各国,尤其是发达国家,陆续将农业产业互联网的建设与发展作为本国农业发展的重要战略。各国将互联网技术应用于农业以实现技术的创新和产业的升级,并取得了大量突破性进展,形成了一系列技术成果。

8.2.1 国际上的应用与发展

1. 德国

德国是工业4.0的提出国,它在《实施"工业4.0"战略建议书》中明确提出农业装备的智能制造以及农业智能装备是工业4.0的重要组成部分。德国突破了信息化农业和智能化农业领域的关键技术,在农业智能装备上具有自身的技术优势,如配有大量"3S"技术[1]的大型农业机械设备,能够在计算机的自动操控下完成精准播种、施肥、除草、收获、畜禽饲养、奶牛智能化挤奶等多项作业功能;同时,还能够实现在同一地块的不同点位进行定量的肥料撒施和药物喷洒,从而提高了农药和化肥的有效利用率,避免了过度施肥造成的环境污染问题。

案例:世界著名的农牧业机械和农用车辆制造商克拉斯农机公司(CLAAS KGaA mbH)与德国电信股份公司(Deutsche Telekom AG)展开合作,将工业4.0技术应用于传感器技术,使机器与机器之间增强交流,通过第四代移动通信技术、云安全管理技术和大数据分析技术实现了农业采收过程的信息化和自动化。

德国建立了相对成熟的农业信息化处理系统,包括记录每块土地的类型和价值的资源信息系统,村庄、道路管理信息系统,农作物病害虫综合治理辅助决策系统等。德国政府对公共信息平台的建设尤为重视,育种信息化平台、育种新技术、栽培新技术、家畜品种的改良与繁育技术以及农产品病虫害防治技术等已在农户和农

---

[1] "3S"技术,是遥感技术(Remote Sensing,RS)、地理信息系统(Geography Information Systems,GIS)和全球定位系统(Global Positioning Systems,GPS)的统称,它将空间技术、传感器技术、卫星定位与导航技术和计算机技术、通信技术相结合,是通过多学科高度集成的对空间信息进行采集、处理、管理、分析、表达、传播和应用的现代信息技术。

业企业中得到普及。

2. 美国

美国作为互联网和信息技术的全球引领者，在农业物联网和大数据的发展应用方面代表了全球最高的技术水准。大农场是美国农业的主要生产组织方式，其网络体系基础健全发达，可利用传感器对数据进行采集，从事农业生产经营的农场达69.6%。机器人和无人机等已被大量应用于作物播种、农药喷洒、农产品收获等农业生产活动。农户应用互联网和移动互联网进行农场的管理工作，可以对土壤性质结构、农作物生长进度、施肥、灌溉、农作物病虫害、气象信息、农场的投入产出预算进行实时跟踪查看，并通过以上得到的信息预测收成、预估盈利情况、进行库存管理，使农场达到科学化的管理水平。

美国政府在农业方面进行了多个关于网络与信息技术的专项研究计划，分布在机器人技术、先进制造业技术、生物监测技术等几个重点领域，旨在通过自动控制和网络技术实现农业信息资源的社会化共享。

美国的大型跨国企业通常利用兼并、重组、风险投资等手段布局农业产业互联网。2013年10月初，孟山都公司以9.3亿美元的价格收购了旧金山的气候公司。2014年5月12日，杜邦先锋公司（DUPONT PIONEER）与爱科集团（AGCO）宣布合作，推出无线数据传输技术解决方案，将双方数据信息通过平台进行对接，再将精准数据推送给种植者，帮助农民提高产量和盈利，使农业大数据技术得以真正推广。2017年9月6日，美国农业机械公司约翰·迪尔（John Deere）以3.05亿美元对人工智能初创公司蓝河（Blue River）进行了收购，这意味着农业机械行业与人工智能的结合，农业领域将逐步走向智能化。

3. 日本

日本农业的特点是人多地少，适度规模经营的精细化农业是其重点发展方向。日本政府在2015年颁布的《机器人新战略》中提出，将把以"智能机械+IT（互联网技术）"为基础的新技术应用到农林水产业等方面。2016年，日本政府投资40亿日元对自动化机器人进行开发，其中包含了20种不同的类型。

日本研发的轻便型智能农机具能够利用无人机遥感技术对农作物的产量进行监

测，加强了农户与技术供应商之间的合作关系，促进了精准化农业的推广和应用。日本是目前世界精准农业发展的代表国家之一，已有50%以上的农业经营者使用了农业物联网技术。目前，日本有35%~40%的稻田由雅马哈植保无人机进行药物喷洒作业。日本雅马哈公司于2015年进入美国市场，成为美国第一家得到政府许可销售农用喷药无人机的公司。

4. 澳大利亚

澳大利亚进行了大量高速宽带网络的基础建设，将互联网技术与农村经济相融合，利用现代信息技术寻求生态农业的发展。澳大利亚国家信息与通信技术研究院（NICTA）利用Farmnet平台开发了多种智能软件，农民用户可免费下载且操作方便。澳大利亚的农业与资源经济局建立了多个与农业相关的信息服务平台，其中包括监测信息平台、预测平台、农产品信息平台等综合平台，做到了平台信息的公开、免费和共享。此外，平台中的多项目分析系统（MCAS-S）能够协助政府开展相关评估并进行决策。

5. 印度

印度在IT产业方面具有明显优势。在此基础上，印度政府大力推进电子农业的发展，建立了多个专业农业互联网平台，利用信息数据系统平台向农民用户提供全面多样的信息化服务。印度的农产品电子商务销售额占全国总交易量的60%，远远超过许多欧美发达国家。印度目前约有350万农民利用农产品网上交易平台进行农产品的销售，覆盖面达到印度9个邦的36 000个村落。印度农业中的行情信息平台和价格预估平台两大信息服务平台，因能够通过经济学模型对农产品价格进行预估而被广泛应用，避免了价格变动给农业经营者带来的经济风险。

8.2.2 在中国的应用与发展

1. 政策与规划

2005年，我国出台的"中央一号"文件中首次提出了农业信息化建设的概念，之后相继出台了各种战略性规划，重点关注信息技术与现代农业的融合。2016年，"中央一号"文件要求"积极推进'互联网+'现代农业，应用物联网、云计算、大数据、移动互联等现代信息技术推动农业全产业链的升级改造"。《国民经济和社会发展第十三个五年规划纲要》指出，要推进农业的信息化建设，加强现代农业与信息技术的融合，发展智慧化农业。《国家信息化发展战略纲要》提出发展农业互联网技术，建立智能化、网络化的农业生产经营体系，提高农业生产全过程信息管理与服务能力的方针。《全国农业现代化规划（2016—2020年）》（国发〔2016〕58号）和《"十三五"国家信息化规划》（国发〔2016〕73号）对推动农业信息化作出了全面的部署安排。2016年9月7日，时任国务院副总理汪洋在全国"互联网+"现代农业工作会议暨新农民创业创新大会上指出，要大力推进"互联网+"现代农业行动，让农业成为有奔头的产业，让农民成为体面的职业，让农村成为安居乐业的美丽家园。至此，农业产业互联网进入了快车道。

原农业部陆续出台了《"互联网+"现代农业三年行动实施方案》（农市发〔2016〕2号）、《"十三五"全国农业农村信息化发展规划》（农市发〔2016〕5号）、《全球农业数据调查分析系统实施办法》、《农业农村大数据试点方案》（农办市〔2016〕30号）等文件，为"十三五"农业农村的信息化发展指明了方向，明确了任务和目标，"互联网+"下的现代农业整体思路逐步清晰。其中，《"互联网+"现代农业三年行动实施方案》指出，到2018年互联网与"三农"的融合发展取得成效，农业的在线化和数字化取得突破性进展，基本实现高效管理和便捷服务的目的，智能化生产和网络化经营模式逐步成熟，城市和农村之间的数字化距离逐步减小，初步形成大众创业、万众创新的良好局面，现代农业水平得到显著的提升。

《"互联网+"现代农业三年行动实施方案》提出了"互联网+"现代农业的11项主要任务（图8-2），在生产方面要重点加强种植业、林业、畜牧业、渔业的农产品质量安全；重点推动农村电子商务的经营模式；推动以大数据为基本核心的数据资源共享的管理模式，使政务信息能力水平得到全方位提升；推动运用互联网技术的综合服务模式，使信息技术在农村落地；推动培育新型农民职业，建设新农村，加强互联网和物流等方面的基础建设。

图8-2 "互联网+"现代农业的11项主要任务

2. 应用现状

目前,我国利用一系列新型农业装备和信息化技术在农业产业的发展上取得了显著成效,主要体现在涉农服务平台、大田种植、水产养殖、畜禽养殖、育种、农产品质量安全追溯和农产品电子商务7个方面。

(1)涉农服务平台

目前,我国的金农工程、"12316"三农综合信息服务平台和农产品质量安全追溯平台等综合信息服务平台主要以政府为主导,佳格卫星遥感大数据平台和布瑞克中国农业大数据平台等农业服务平台主要以市场为主导,这些平台向服务对象和用户提供政务信息、市场信息、预警信息、相关技术和生产数据等服务。

（2）大田种植

互联网、物联网等技术在大田种植方面取得了突破性进展并得以应用，主要体现在耕地整地、农作物"四情"监测、农田水肥药的精准施用、农用航空植保、农业机械设备的管理与调度方面。

新疆生产建设兵团试点建立了棉花田的物联网技术平台。该平台包含田间滴灌自动控制技术、泵房能效自动监测技术、土壤墒情自动测量报警技术、田间气象环境监测技术、智能手机远程控制技术等，人均管理定额可由原来的50亩提高到300亩，水电使用量节约10%以上，药物使用量减少40%以上，农产品产量提升8%以上，每亩田平均可增效约210元。

广东省建立完善了农业物联网应用云平台。首先，针对农业生产基地光纤网络覆盖难的问题，推进完成了全省100个光纤网络到田头，逐步开展田头Wi-Fi服务；其次，将视频监控、自动控制、传感设备、信息采集等物联网技术手段应用于大田种植，实现了高清视频监控、水肥一体化、农产品质量、设备自动控制等动态接入；最后，实现了农业生产过程、生产环境情况的实时呈现，使农业生产"千里可视、掌上可控"。

北京市开展了951个农业大棚物联网试点示范工程，涉及7个郊区的18家农业园区（农村合作社），对农业物联网的推广和应用开展了研究，进行了物联网传感器、控制系统的布局和安装调试，建立了物联网监控中心，实现了生态园区的综合展示、数据的统计分析、生产过程的预警，并首次形成了市级和园区的农业生产联防联控。

（3）水产养殖

水质的实时监测、饵料的自动喂投、水产品病害监控的预警、循环水设备的控制、网箱升降调控等技术装备在水产养殖方面实现了推广应用，使水产养殖设备的工程化、技术的精准化、生产的集约化和管理的智能化得到突破性提升。无锡市万亩水产养殖、上海市奉贤区虾养殖以及天津市海发珍品实业发展有限公司都应用智能化的物联网控制管理系统对水环境进行实时监控，有效提升了水产品的品质和水产养殖业的经济效益。

（4）畜禽养殖

养殖环境的实时监控、质量溯源平台、智能化的物流管理以及数字化的生产记录等信息技术在畜禽养殖方面得到了广泛的应用。安徽浩翔农牧有限公司通过养猪场智能生产管理系统、养殖环境实时监控系统以及生猪疫情监控系统的应用，完善了养殖环境，减少了疫情产生和资源浪费，有效提高了经济效益；饲养人员比原来减少了2/3，人均每天的饲养量比原来提高了3倍，由400头提高到1 200头，批次成活率由95.6%增至96.85%，同时养殖利润也提高了1/3。

（5）育种

国家农业信息化工程技术研究中心自主研发的金种子育种云平台将信息技术与商业育种技术相融合，以田间育种的资料采集和分析处理为基础，以数据统计分析和综合评价为核心，应用计算机、地理信息系统和人工智能等技术，将物联网、大数据等基数相结合，对育种采用信息化的管理模式。目前，金种子育种云平台已经在山东圣丰种业科技有限公司、湖南省袁隆平农业高科技有限公司等大型育种企业，湖南省岳阳农业科学研究所水稻国家区域试验站等农作物品种综合区试验站，以及天津市农业科学院、中农集团种业控股有限公司等科研单位和中小型育种企业得到了广泛应用。

（6）农产品质量安全追溯

自动识别技术、传感器技术、移动通信技术、智能决策技术以及物联网技术在农产品质量安全追溯方面不断发展创新，目前已经能够开展对全产业链进行产前提示、产中预警和产后检测的全程追溯。天津市放心菜基地管理系统、广州市农产品质量安全溯源管理系统等的成功应用，实现了对畜禽、水产、蔬菜等不同特性农产品的全程追溯。

（7）农产品电子商务

在农产品电子商务方面，一是实现了大型电商平台带动下的快速发展，二是生产端有一定电商销售规模的农业生产经营主体已经通过不同的渠道"触网"，本土化农业电商企业得以迅速发展。

从平台端来看，目前人们对生鲜食品的品质越来越重视，需求量也越来越大，各类生鲜平台层出不穷,阿里巴巴、京东等生鲜平台陆续成立,相继出现了中粮我买网、顺丰优选以及每日优鲜等垂直电商,更有百度外卖、美团、饿了么等以O2O(线上线下电子商务)为服务模式的平台和微商等。

从生产端来看,各省(区、市)地方政府大力扶持本地农产品生产经营企业,形成了一批具有地方特色的生产销售一体化电商平台。在天津市政府的扶持下,培育了"津农宝""食管家""网通电商""优农乐选"等多家本土电商企业,以及"际丰蔬菜""蓟县(现为蓟州区)农品""北辰双街电商村"等农产品试点交易平台,人们可以在移动端进行商品的选购并在线上完成付款,最后由物流公司提供配送服务。北京市京郊安全种养小农场等农业电商模式在社区的支持下日益成熟,具有本土特色的农产品微电商迅速发展,涌现了一批诸如"栗山翁""密农人家""利民恒华""鑫桃源""绿富隆""北菜园""康顺达""灵芝秀"等本土电商企业。

8.3 农业产业互联网融合架构

互联网作为一种技术、工具和渠道,通过"互联网+"可以同制造业、能源、金融、物流、交通等各个行业或领域相融合。农业自身存在多种特有因素,主要具有生产规模小、服务对象多、地域性强、产销链条长等特点,互联网和现代农业的跨界融合模式具有自身的特点,与其他行业或领域相比有所不同,其结合方式和主导模式具有一定的多样性。

随着社会经济的发展和社会分工的变化,现代农业已经成为一条复杂的产业链,从生产到流通再到消费,各个环节均能够融入互联网技术(图8-3)。在引入互联网技术的同时,为了保证全产业链数据的聚合、共享和深度应用,也需要在产业链方面对采集指标、传输方式、数据格式进行统一。

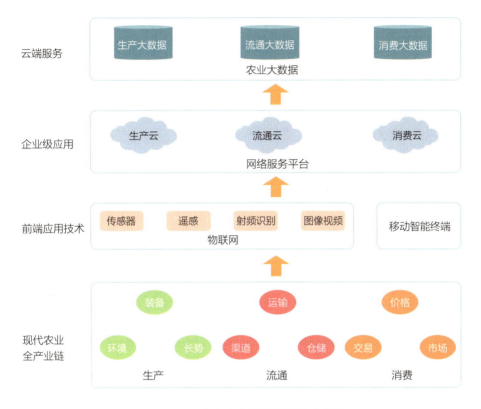

图8-3　农业全产业链互联网融合架构

8.3.1　环节融合模式

根据现代农业产业链中的生产、流通、消费三个环节，农业产业互联网应用的环节融合模式可分为生产融合、流通融合和消费融合。

1. 生产融合

在现代农业的生产环节中，互联网和现代农业的融合模式主要从两个方面切入：一是生产服务，二是生产过程。生产服务主要是将互联网引入农业服务中，实现农业服务的智能化；生产过程则是将物联网引入农业中，实现农业的远程可视化操控。

（1）生产服务云

通过政府牵头或互联网企业介入，可为农业生产过程搭建实时、公开、交互式的生产服务云，以满足农业生产的各种需求。农民能够通过该服务及时、全方位地了解农业生产技术中的常用技术和相关信息。生产服务云中的虚拟服务供应平台可以解决农业服务"最后一公里"的问题；通过在线视频和视频上传功能，相关技术专家可以及时地对农业"病情"进行远程诊断和指导。

（2）可视化生产

远程视频监控技术不受时空限制，能够进行整个农业生产过程的可视化。可视化生产为体验式农业和休闲式农业的发展提供了机遇。消费者可以在线对农业生产全过程进行参与和监控，并可以通过付费的方式承包农村土地，体验种植农作物的乐趣；消费者也可以支付给农业生产经营者土地租金和劳务费，让农业生产者进行操作，以此提高土地的利用率，增加土地的经济效益和农业生产的收入。

此外，可视化生产还可以提升农业生产的管理水平，特别是在养殖行业，通过视频人工智能分析技术一方面可以对禽畜的行为进行识别和智能分析，实时了解和掌控喂养情况、体质情况和病害情况，出现紧急情况及时自动报警；另一方面可以大幅提升养殖行业的生产效率，降低人员投入，扩大养殖规模，减少病害和死亡率。

（3）精准生产

在传统农业生产中，土地、水、农药、化肥等农业生产要素的用量主要依靠经验值进行操作。利用互联网和物联网技术可以改变传统的耕作模式，实现农业生产过程的精准化。例如，远程智能节水灌溉系统终端可以根据温湿度数据实现自动化灌溉，并能够对温度和湿度进行实时监控和数据采集，可以大量节省水资源，实现按需灌溉和精准灌溉；在经济方面，还能节省一定的人力成本投入，实现现代农业的实时监控和定量投入。

互联网技术能够从根本上实现由传统农业的生产经验决策模式向先导农业的精准化定量决策模式的转变，实现资源的合理利用和农业环境的改善。

2. 流通融合

农业流通环节连接生产和消费，环节多、成本高、损耗大等是我国农业产品流通中长期存在的问题，这些问题难免造成农产品的"难买"和"难卖"。流通融合对于农业互联网技术的推进至关重要，其主要包括电子结算和电子商务。广义的电子商务包含电子结算，但是由于农业的自身特点，农业的电子结算和传统电子商务的电子结算有一定区别，所以农业的电子结算和电子商务仍属于不同的融合模式。

（1）电子结算

电子结算又称为非现金结算，它主要以磅秤、PC（个人计算机）终端、IC卡、网络等硬件设施作为辅助工具，利用互联网技术完成农产品交易。电子结算能够有效节省交易时间、提高效率。电子结算系统通过对交易价格的采集统计实现对价格信息的汇总，因而可以对农产品的市场价格进行精确指导，同时能保障消费者和经销商的权益，避免价格信息不对等的问题。

（2）电子商务

电子商务在农产品交易中就是指线上交易，通过网络平台发布农产品的供求信息，找到潜在的交易对象。银行、第三方监管平台、物流、销售者、消费者等是电子商务平台的主体，通过物流、信息流、资金流以及商流的信息化和虚拟化，使农产品的销售环节更加专业化，实现货物验收、付款、物流等各个环节的对接，使农产品的交易更加高效，对于减少农产品尤其是生鲜农产品的耗损具有重要意义。

3. 消费融合

农产品的消费环节主要包括团体消费者和个体消费者两大类。农业互联网消费环节的融合方式也包括针对团体消费者的电子化消费和个体消费者的可查询式消费两种。

（1）电子化消费

利用IC卡、读卡器、PC终端和网络等能够实现农产品消费记录的电子化，对于每天购买农产品的类别、批次、数量、时间、购买人等信息进行全面的记录。农产品团体消费者可利用大数据分析技术对海量的数据进行挖掘分析，从中获取有用的信息，如不同时节和不同种类农产品的消费变化规律、每天各个时间段消费者数量的变化趋势等,从而提高团体消费者的信息化水平,降低库存成本并避免货物短缺等问题的发生。

(2)可查询式消费

个体消费者主要关注自己所购买的农产品价格是否合理以及产品质量是否安全。消费者可以通过智能终端和网络平台对农产品的实时价格进行查询比较,通过各种网络消费平台查询想要购买的农产品的最低价格。消费者也可以利用互联网技术在统一的云服务平台检测自己所购买的农产品的产业链和安全信息,并可以通过互联网平台对农产品的生产过程进行全程可视化的监控,从而实现产品安全的可查询。消费者通过农业互联网技术能够实现对自己所购买农产品的完整生产销售链条和质量检测情况的全面掌控。

8.3.2 链条融合模式

在当前市场经济的环境下,市场竞争已远远超过单个企业间的竞争,产业链之间的竞争变得日益突出,对完整的产业链进行整合是企业增加市场竞争力的重中之重。利用互联网技术能够解决农业产业链条利益结合不牢、信息分配不均的问题,大数据分析和云计算服务等现代信息技术平台的发展为现代农业产业链的建设提供了大量的技术支撑。从现代农业产业链的角度来看,农业互联网的链条融合模式主要包括产业链全程可追溯、生产销售直接对接、产业链信息共享和产业链统一云端四种。

1. 产业链全程可追溯

世界各国在保障农产品质量安全方面累积了大量的经验,农产品追溯系统的建立能够有效保障农产品的质量安全。我国农产品质量安全问题频发、亟待解决,应用互联网技术建立农业产品产业链全程可追溯体系是目前的主要趋势。通过射频识别(RFID)、二维码等技术对农业产品进行批量或个体标识是建立全程追溯体系的关键。利用手持移动终端、电子磅秤等硬件设施对交易信息进行实时采集,将大量的信息数据储存在数据库中,再通过追溯体系平台对农产品的追溯进行智能化管控。因此,只有深入地推广农业产业互联网技术,充分利用物联网技术、大数据分析和云计算平台等技术手段，才能够完成农产品产业链的全程可追溯。

2. 生产销售直接对接

农业"小生产、大市场"的特点导致农业流通环节多、链条长，现代农业和互联网技术的融合能够实现农产品生产和销售环节的直接对接，即生产者和消费者之间可以进行直接交易。生产销售直接对接大大减少了产品的流通环节和产业链，能够在降低消费者购买的农产品价格的同时，提高农业销售者的收益。同时，消费者还能通过远程视频监控和可视化技术对自己所购买的农产品的生产过程、质量安全等方面的信息进行全方位的了解和掌控，从而消除了消费者对农产品安全性的担忧，也进一步提高了消费者的购买体验和生产者的销售利润。

3. 产业链信息共享

农业全产业链上下游各环节之间既存在合作关系，也存在竞争关系，上游产品的售卖价格就是下游产品的购买价格，上游产品的质量安全水平会对下游产品的质量安全状况产生直接影响，因而农业全产业链上下游之间的信息共享程度也是产业链利益共同体构建的直接影响因素。将互联网技术融入农业产业后，能够通过互联网技术平台完成产品的生产和采购，上下游环节通过信息共享的方式共同承担风险、共享利益：一方面，采购主体能够实现低库存的生产和销售，通过网络自动下单减少库存消耗；另一方面，供给主体可以根据订单情况合理调节供给产出量，实现科学定价，从而提高经济收益。此外，信息共享也便于质量安全问题的责任划定。

4. 产业链统一云端

大数据、云计算等技术的迅速发展推动了对农业产业海量异构数据挖掘的应用。在国家层面构建一个超越产业链的统一的"农业云"，将农业全产业链的全部异构数据进行存储，并在统一的云端基础上提供一系列软件应用平台，通过大数据分析技术有针对性地为农民提供服务。同时，在统一的云端基础上实现海量异构数据的社会共享，对海量原始数据进行分析挖掘，将低价值密度的数据转变为高价值密度的信息和报告，全程服务于农业生产，并为政府的监管工作提供有力的数据支持。

8.4 农业产业互联网关键技术

8.4.1 物联网技术

物联网技术的概念是比尔·盖茨在其1995年出版的《未来之路》一书中提出的。由于当时的无线网络、硬件设施及传感设备等发展得不够成熟，物联网技术并未引起公众的重视。美国麻省理工学院（MIT）于1998年首次提出了对物联网的构想，当时被称作EPC系统。美国自动识别（AutO-ID）中心于1999年率先提出"物联网"的早期概念，当时主要建立在物品编码、RFID技术和互联网技术的基础上。国际电信联盟（ITU）在2005年发布了《ITU互联网报告2005：物联网》，综合了前面两者的内容，正式提出物联网的概念。该报告指出，世界上所有的物体都可以通过互联网进行主动交换；在物联网时代，通过RFID、红外感应器系统、GPS、激光扫描器等信息传感设备，可以把任何物品与互联网技术连接起来进行信息的交换，从而实现智能化的识别、定位、跟踪和监管。

1. 物联网三层结构

物联网技术体系主要可分为感知层、网络层和应用层三个层次，如图8-4所示。

感知层是物联网的核心，主要解决人类世界与物理世界之间的数据获取问题。它由RFID标签和读写器、摄像头、各类传感器、GPS、读识器和二维码标签等基本的感应器件以及RFID网络、传感器网络等由传感器组成的网络这两大部分构成。感知层的核心技术主要是射频（RF）、新兴传感、无线网络组网、现场总线控制（FCS）等，所涉及的核心产品主要有传感器、无线路由、电子标签、无线网关以及传感器节点等。

网络层也称为传输层，解决感知层所获得的数据在一定范围内（通常是长距离）的传输问题，主要完成接入和传输功能：接入包括光纤接入、无线接入、卫星接入等各类接入方式，实现底层传感器网络、RFID网络的"最后一公里"接入；传输由公网和专网实现，典型的传输网络包括电信网、广电网、互联网、电力通信网等。

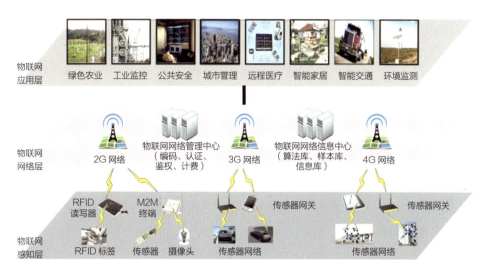

图8-4 物联网的三层结构

注：M2M 是通过应用无线移动通信技术，实现机器与机器、机器与人之间数据通信和交流的一系列技术及其组合的总称。

应用层实现对感知层数据的接入、存储和处理，完成协同、管理、计算、存储、分析、挖掘以及提供面向行业和大众用户的服务功能，典型技术包括中间件技术、虚拟化技术、服务导向架构（SOA）、微服务架构等。

尽管物联网在不同行业和领域的应用特点千差万别，但每一个应用的基础架构都包括感知、网络（传输）和应用三个层次。

2. 传感器技术

农业互联网传感器技术发展迅猛，温度传感器、湿度传感器、流量传感器等可以实时采集土壤温度、土壤水分、光照度、CO_2浓度等数据，通过GPS、北斗导航设备、RFID标签等终端模块和设备，采集相应地理位置的坐标信息和设备、物体信息等数据，并通过传输设备发送到远程云平台中，云平台再根据这些数据进行计算、判断，并通过风机、阀门等部件对设备进行控制。

传感器技术是物联网的关键技术之一，随着对所需采集信息的精度和准确度的要求越高，信息采集的环境和场景也越来越复杂，传感器的智能化、集成化、小型化、低功耗、自组网、能量收集成为其未来的发展重点。

（1）智能传感器

智能传感器通过嵌入式技术将传感器与微处理器集成为一体，使其能够进行环境感知、数据处理、智能控制与数据通信等，具有自学习、自诊断、自补偿、复合感知以及灵活的通信能力。微型电子机械系统（MEMS）传感器是利用传统的半导体工艺和材料，集微型传感器、微型执行器、微机械机构、信号处理、控制电路、接口、通信和电源等于一体的微型器件或系统。这种智能传感器具有小体积、低成本、集成化、智能化等特点，是未来传感器的重要发展方向，也是物联网技术的核心。

（2）低功耗传感器

大量的传感器需要在没有外接电源或外接电源不方便的地方进行长时间的数据采集工作，设备的供电成为制约物联网发展的一个重要因素。低功耗传感器采用低功耗微处理器和能量有效射频前端天线，可以有效降低能耗，增加传感器的工作时间。

（3）具备能量收集功能的传感器

这类传感器可以让传感器从环境中获取能量，对自身的电池进行自动充电。具备能量收集功能的传感器将不再受环境的限制，从而使物联网获取数据的能力更为强大。目前，能量收集技术主要包括微能量技术，光电池、燃料电池、微反应堆和微高容量能量存储技术，静电、压电和电磁能量转化技术，基于MEMS设备的能量获取技术等，这些技术还不是很成熟，尚需实现进一步突破。

（4）无线传感网络

无线传感网络由大量的传感器节点组成，这些节点体积小、能耗低，具有无线通信、传感和数据处理等功能。传感器节点集成包括传感器、数据处理单元和通信模块等，它们主要由无线信道相连接，自行组织构成网络系统。在实际应用中，可以大幅减少传感器安装部署的时间、降低费用，而且可以根据需求随时改变传感器的位置和数量。

3. 信息传输技术

采集的信息通过网络传输设备发送到远程云平台。传输部分主要分为有线传输和无线传输。有线传输通过RS485线、控制器局域网络（CAN）总线等传输，但是由于传输有损耗，所以传输距离受到限制，另外其铺设成本高，所以在实际使用中往往受到制约。随着无线技术的快速发展，无线传输产品在功耗、成本价格、铺设难易程度、传输距离等方面都有很大的优势，在实际应用中也不断受到用户的青睐。

几种常见的无线传输方式比较如表8-1所示：

表8-1 几种常见的无线传输方式

	Wi-Fi	蓝牙	紫蜂（ZigBee）	LoRa	窄带物联网（NB-IoT）
传输距离	短距离，传输范围在百米量级	短距离，传输范围在百米量级	短距离，传输范围在百米量级	远距离，传输范围在千米级	远距离，可达十几千米
组网方式	基于无线路由器	主从连接，点对点、星型、广播拓扑，Mesh（无线网格）网络	ZigBee网关，多种网络拓扑	LoRa网关，星状、片状或网状网络	单点连接现有运营商网络
电池续航	节点工作数十小时	节点工作数天	节点工作6~24个月，甚至更长	节点工作可长达10年	节点工作可长达10年
传输速率	802.11 g 54 Mbps 802.11 n 150 Mbps 802.11 ac 433 Mbps	24 Mbit/s（5.0标准定义）	250 kbps（2.4 GHz）、40 kbps（915 MHz）和20 kbps（868 MHz）	几百到几十kbps	带宽为200 kHz，下行速率为160~250 kbps，上行速率为160~250 kbps
工作频段	2.4 GHz、5 GHz	2.4 GHz	2.4 GHz、915 MHz、868 MHz	433 MHz、868 MHz、915 MHz	NB-IoT Rel-13指定了14个工作频段

8.4.2 云计算技术

从20世纪60年代出现超级计算以来，依次出现了集群计算、分布式计算、效用计算和网格计算，直到2005年云计算的出现使计算能力爆炸式提升，计算资源变得越来越廉价，为信息技术带来了一场革命，同时也影响着各行各业。云计算是一种计算模式，它利用互联网技术把大量可扩展和弹性的IT相关能力作为一种服务提供给相关用户。云计算就像IT行业的公用电厂，软硬件及应用在云端大规模、跨区域、集中化管理，用户可以根据自身需求灵活调整使用资源的数量，避免浪费；当用户需求出现激增时，可以迅速增加云计算资源，以保证业务的正常进行。

云平台需要支持海量设备，服务器配置中需要并发设计，要考虑负载均衡，涵盖了IaaS、PaaS层，服务器设计框架实例如图8-5所示。

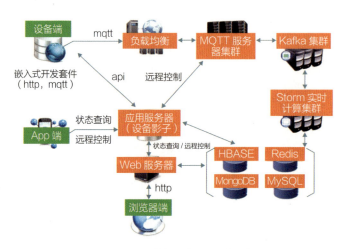

图8-5　云计算服务器设计框架

MQTT（消息队列遥测传输）等消息队列的即时消息分发服务器具备良好的高并发性，能在维持海量TCP（传输控制协议）长连接时稳定地实现消息路由功能。Kafka支持海量消息累积，同时具备流量削峰，是理想的数据持久化桥梁。

Storm/Spark具有良好的实时消息处理能力，可快速地进行实时计算和消息批量入库。Apache Flink是近年来越来越流行的一款开源大数据计算引擎，它同时支持批处理和流处理，实时计算集群也可以采用Flink架构。MySQL和NoSQL可根据不同业务场景进行设计，少量数据并且要求事务功能的业务可使用MySQL，要求大量快速查询的数据放在Redis缓存，海量数据根据业务需求存放在MongoDB或HBase/openTSDB。设备影子可以提供丰富的API（应用程序接口），实现设备状态获取、远程控制等功能，以确保在设备端网络不大稳定的场景下仍能正常工作。

1. 虚拟化技术

虚拟化技术是云计算系统中的重要组成部分之一，能够将各种计算及存储资源进行整合，实现资源的高效利用。云计算系统的特征主要表现为虚拟化、分布式和动态可扩展，而虚拟化是云计算的主要特点，在云计算平台的搭建过程中起着决定性作用。

虚拟化突破了物理硬件操作系统之间的硬性连接，是一个抽象层。其基础结构能够提供流强大而流畅的计算功能，可以最大限度地利用资源、降低成本。进行虚拟化之前，每台主机都是一个独立的个体，都有一个操作系统，中央处理器（CPU）、内存、操作系统、中间件和应用软件紧密结合，在统一的主机上运行多个应用程序时会产生冲突，导致系统资源无法调控且利用效率较低；虚拟化打破了操作系统和硬件的相互依赖，所有主机的CPU、内存、网络和存储被合并起来看作一个整体，操作系统和应用程序也被封装到虚拟机成为单个个体，操作系统和应用程序通过虚拟机统一调度使用CPU、内存、网络和存储等资源，可以大幅提高资源利用效率，实现高效部署和运维。

虚拟化技术主要分为裂分模式和聚合模式两种，裂分模式能够将单个资源划分为多个虚拟资源，聚合模式能够将多个资源整合成一个虚拟资源。根据虚拟对象，虚拟化技术可分为存储虚拟化、计算虚拟化、网络虚拟化等。

2. 云计算服务模式

（1）IaaS

IaaS（基础设施即服务）通过服务器等计算平台与存储和网络资源打包，以API接口的形式提供给用户，用户不需要再建设、维护自己的计算资源、存储资源和网络资源，只需要购买和使用IaaS服务即可。IaaS也就是我们平时说的云，可分为公有云、私有云和混合云三种模式。

（2）PaaS

PaaS（平台即服务）构建在IaaS之上，在基础架构之外提供了业务软件的运行环境，包括数据库、操作系统等。用户只需将自己的软件代码上传到PaaS的虚拟主机上就可以自动运行业务功能。

（3）SaaS

SaaS（软件即服务）是最成熟、知名度最高的云计算服务，它通过网络提供软件。用户不必管理控制底层的网络、服务器、操作系统、存储器，甚至单个应用程序功能等基础设施，就可以在云端自己定制、配置、组装满足自身需求的软件系统。

3. 云计算部署方式

（1）私有云

私有云（Private Cloud）是指单独为一个客户而建立的云基础设施，仅供一个客户使用，因此能够为数据的安全性和服务质量提供可靠的保证。私有云可设置在企业数据中心，也可设置在主机托管场所，单独被某一个组织拥有或使用。

（2）公有云

公有云（Public Cloud）是指为某一个组织所使用的云基础设施，为其提供云计算服务，该组织再将云计算服务销售给大众或广泛的工业群体。公有云基本上在远离客户建筑物的地方进行托管，可以向企业基础建设设施进行灵活的扩展，从而降低了成本和客户风险。

（3）混合云

混合云（Hybrid Cloud）的基础设施由私有云和公有云组成，但每种云依然保持独立，用标准或专有的技术可以将二者结合起来。两种云之间的数据和应用程序具有可移植性，有助于提供按需服务并向外部供应方面扩展。

8.4.3 基础软件架构

1. 应用系统设计

随着互联网技术的不断发展，支持的设备越来越多，信息量越来越大，对于农业互联网应用系统的要求也越来越高，系统应用平台设计技术也不断演化发展。应用系统的设计涵盖了PaaS层和SaaS层的应用功能，Java、.Net、PHP等编程语言也在其中得到广泛应用。

Java是一门面向对象的编程语言。2006年，Java技术的发明者——Sun公司宣布将Java技术作为免费软件对外发布后，Java得到快速发展，其成熟稳定的系统应用很多，如Java Spring MVC、Spring Boot、Spring Cloud、Struts+Spring+Hibernate、Struts2+Spring+Hibernate、Spring Boot+Mybatis、Dubbo、Netty等开发框架都得到了广泛应用。

近年来，全站设计开发也是一个普遍受到关注的技术发展趋势。Nodejs是运行在服务端的JavaScript，是以一个事件驱动I/O（Input/Output，输入/输出）服务端JavaScript环境，基于Google的V8引擎。V8引擎执行JavaScript的速度快，且性能好。

在前端设计开发上，除了JavaScript、H5等技术，还有Vue.js。该技术已经成为市面上最流行的前端框架之一，在几大互联网公司的实际应用项目中都有应用。Vue.js采用JavaScript MVVM设计思路，以数据驱动和组件化的思路构建，于2014年开源。Vue.js是一套渐进式框架，应用于用户界面的构建。与其他大型框架不同的是，Vue.js可以自底层向上逐层应用。Vue.js的核心库最注重视图层，不仅易于操作，还便于与第三方库或现有项目进行整合。另外，即使与现代化的工具链和各种支持类库相结合使用，Vue.js也能够为复杂的单页应用提供有效驱动。

在开发部署上，应用系统设计逐步向前端和后台单独部署过渡，前后端分开设计开发耦合性低，有利于团队开发、协同部署。

2. 微服务架构

传统的信息系统平台是将程序的所有功能打包成一个应用，部署后所有的应用运行在同一进程中。这种传统的架构模式在开发测试和部署上线方面较为容易，但是随着网络技术的发展也表现出一些不足之处：项目庞大，代码庞杂，管理困难；系统中的任何功能点进行改变都要重新测试部署整个系统，升级困难；一个系统的所有功能只能采用统一的技术方案进行开发，技术路线不够灵活。

微服务架构是由eBay（易贝）、Amazon（亚马逊）、Netflix（奈飞）等公司建立的，用于分解、开发、维护庞大系统的架构模式，主要是通过JSON格式的消息体来实现不同模块的通信，从而将复杂的应用系统分成多个不同功能的模块单元，这些模块可围绕某个特定服务或者实际的业务实现不同的功能，每一个服务的模块单元都可以单独部署数据库。基于微服务架构来构建应用系统成为一个新的选择。

但是，由于微服务架构没有统一的标志，服务单元的接口标准、代码量都没有明确的说明和定义，这也给微服务在实际应用中带来一些现实问题。微服务是基于分区的数据库体系和分布式事务处理，不同的服务可能拥有不同的数据库，这些都增加了微服务设计实施中的难度，需要有经验的架构师和工程师来具体把握和进行项目设计。

3. 技术组合与优化

农业互联网涉及的技术较多，很难说哪种技术最佳，可根据具体情况来选择相应的技术手段。一般技术实现是基于前后端分开部署的设计思路，前端使用Vue.js来设计开发农业互联网应用平台，后台管理系统使用Java Spring Boot+MyBatis，Web框架使用Ext Js，服务器云平台架构采用Nginx做负载均衡、MQTT作为详细发布订阅子模块，利用Kafka支持海量消息累积系统，事务功能的业务使用MySQL，大量快速查询的数据放在Redis缓存，海量数据根据业务需求存放在MongoDB。

8.4.4 农业大数据技术架构

农业大数据分析处理平台广泛借鉴和应用了Hadoop、Spark等大数据处理技术。国内的几大互联网公司都建立了Hadoop服务器集群，为本公司的各个业务部门提供高效的数据查询和智能分析平台，同时提供Hadoop/Spark计算集群服务，实现分布式的Web应用和网站托管服务，可以帮助客户更好地掌握大数据分析和挖掘技术。此外，基于流式计算的分布式实时大数据处理系统Storm也得到了广泛应用，它可以获取实时数据进行及时计算。此外Apache还推出了Flink大数据框架，可以同时进行批处理和流处理。总之，Hadoop、Spark、Storm等大数据处理技术被广泛借鉴和应用。

1. Hadoop

Hadoop诞生于2005年，后由于其高效性能被列入Apache的开源项目，主要由分布式文件系统HDFS和分布式计算框架MapReduce构成，Apache Hadoop 2.X版本包含以下模块：Hadoop通用模块，Hadoop分布式文件系统HDFS，YARN用于作业调度和集群资源管理的框架，MapReduce基于YARN的大数据并行处理系统（图8-6）。

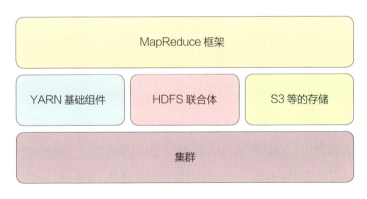

图8-6 Hadoop框架

Hadoop生态系统主要包括Hive、HBase、Pig、Sqoop、Flume、ZooKeeper、Mahout、Spark、Storm、Shark、Phonix、Tez、Ambari等。

2. Spark

Apache Spark是一个由美国加利福尼亚州伯克利分校的AMPLab实验室于2009年发布的大数据处理框架，并于2010年成为Apache基金会的重要开源项目之一，它主要基于易用性、快速和复杂分析而构建了大数据处理引擎。Spark现已形成完整的生态系统，可以提供计算、查询、分析等全套解决方案。Spark Core是Spark的核心框架，提供基于结构化查询与分析的数据仓库工具Shark和Spark SQL、基于流数据处理的计算框架Spark Streaming、基于机器学习算法的分布式学习库MLib、基于图计算的并行框架GraphX，此外还包括资源管理器等子项目（图8-7）。

图8-7　Spark的核心框架

3. Storm

Storm是一个分布式、安全可靠、容错性强的实时数据流处理系统。Storm集群的输入流由Spout组件进行管理，Spout组件把数据传送至Bolt节点，Bolt节点再把数据保存到存储器中，或把数据传送到其他的Bolt节点。一个Storm集群就是在一系列Bolt节点之间对由Spout组件传过来的数据进行转换（图8-8）。

图8-8　Storm的核心框架

8.5 农业大数据技术与应用

8.5.1 大数据的概念

1. 大数据的基本内涵

1980年，未来学大师Alvin Toffler在《第三次浪潮》一书中最早提出了大数据的概念，称大数据技术为"第三次浪潮的华彩乐章"。随着物联网技术、移动互联网技术和云计算服务等新技术的发展与推广，人们对大数据的认知与理解也不断深入。2013年3月，IBM公司在其发布的《分析：大数据在现实世界中的应用》白皮书中对大数据的概念进行了进一步阐释，指出大数据应当具有"4V"理论，即Volume（大量）、Variety（多样）、Velocity（高速）和Veracity（真实）四个基本特征。

到目前为止，大数据技术还只是一个相对的概念，人们对大数据技术没有一个统一的定义，并不能在绝对意义上通过对其指明某一数值来进行定义，但大数据的本质和核心是具备统一性的。大数据泛指数据集的大小超过常规软件工具所能进行获取、存储和分析的范围，且其数据形式多样、非结构化特征明显，具有巨大的应用价值。

随着互联网、物联网和云计算的飞速发展，数据获取的方式越来越多、速度越来越快、形式越来越多元化和多样化（图8-9），大数据的发展可以表现为6个趋势：设备数量和种类爆炸式增长、传感器网络、无处不在的连接、社交网络、价格低廉的计算和存储。

图8-9　大数据的类型

2. 农业大数据的概念

随着智慧农业、精准农业、物联网技术和云计算的发展应用不断推进，产生了极具价值的海量农业数据。农业大数据即应用大数据理论、方法和技术来处理农业和涉农领域相关数据的采集、存储、计算分析和应用等问题，是大数据理论在农业方面的应用和实践。

随着无线、低功耗传感器接入设备以及云平台的普及推广，农业环境数据采集和控制技术越来越高效、经济和方便，由物联网、采集系统、控制系统、现代农业组成了一个巨大的网络，农业进入大数据时代。根据ZDNet企业解决方案中心形成的《数据中心2013：硬件重构与软件定义》年度技术报告，我国农业每年产生的数据量约为8 000 PB（1 PB=10^{15}字节），其中农业自然资源数据3 500 PB，农业生产数据2 500 PB，农业市场数据800 PB，农业管理数据1 200 PB，这些数据每年将增长50%～80%。

（1）气象数据

2015年以来，每天新增的气象数据超过250 GB（1 GB=10^{9}字节），联合国政府间气候变化专门委员会（IPCC）在第四次评估报告中采用了超过29 000个观测资料序列，在第五次评估报告中使用的数据量达到了2.3 GB。

（2）生物信息数据

1984年，美国国家卫生研究院（NIH）创办了基因数据库（GenBank）。截至2011年4月，在其传统数据存储区共有1.35亿条序列记录，包含1 265亿个碱基对；在全基因组鸟枪测序（WGS）分区内包含1 914亿个碱基对、6 272万个基因组序列。全部数据若是装订成册，将载满700多辆卡车。

（3）环境资源数据

对地观测（遥感）技术为农业资源研究提供了大量的空间数据。遥感监测技术一直在向高时空分辨率、高光谱、多频段方向发展，数据生产能力越来越强。美国国家航空航天局（NASA）和美国地质调查局（USGS）研究生产的包括GLS 1975、GLS 1990、GLS 2000、GLS 2005和GLS 2005（EO-1）五个子集在内的一套Landsat卫星影像，总数据量超过5 TB（1 TB=10^{12}字节）。

（4）作物生长检测数据

通过实时监测仪器设备可以全天候地对土壤养分指标、土壤水分指标、生产指标、气象指标以及视频进行监测采集服务，这是农业大数据应用与发展的最终目标，以产生作物生长的大数据。随着设备种类的增多、价格的降低，监测点将呈指数级增长，所产生的数据也将快速增长。

（5）农业市场数据

针对各个农产品品种，全国上千个农业市场每日进行各种指标的采集可以形成上亿条市场数据。与此同时，通过对农村经营管理情况、乡镇企业生产经营情况、土壤肥料、植保、农业机械、种子等主题进行实时采集，也可以形成相应专题的大数据。

通过这些农业大数据，可以提供一系列大数据服务，如低成本多维度环境监测与预测服务，精准化农业生产服务，动植物生长模型、病虫害模型、专业化标准化养殖体系服务，灾害预测与控制，装备和机械智能控制等。

8.5.2 农业大数据应用架构

大数据分析技术已在农业各领域得到了广泛应用，使现代农业更加精准化、智慧化，根据农业产业互联网的相关重要因素，农业大数据应用架构可以分为服务、管理、应用、资源和技术五个方面，架构体系如图8-10所示。其中，资源和技术是农业大数据应用的基础，是投入层；应用是农业大数据技术最直接的产物，是产出层；管理指在农业项目的规划和建设过程中以及各个应用系统的运营与维护方面可以提供自动的、智能的管理，服务指为广大农户、涉农领域的组织和企业等提供的各种农业公共服务，管理和服务组成了架构体系的绩效层（图8-10）。

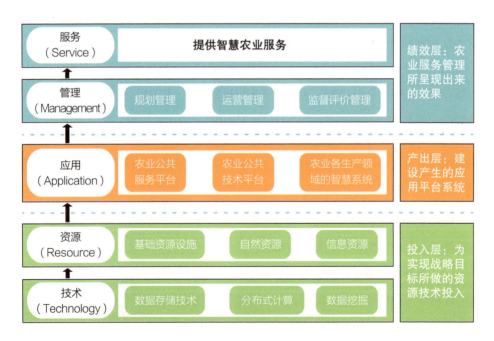

图8-10 农业大数据应用架构体系

1. 服务

服务是农业大数据技术应用和发展的最终目的。政府是农业公共服务的主要提供者，农户、农民合作社、农资公司、农业生产加工企业是农业活动的主体，由政府为其提供产前基础设施建设、产中信息服务、产后技术推广以及相关政策法律法规等一体化服务。因此，政府在面向农户、农民合作社、农资公司、农业生产加工企业等农业活动主体时需要提供越来越智慧化的服务。

2. 管理

管理是指在农业生产活动过程中政府及农业活动主体需要共同履行的农业管理职能，从项目的规划建设到运营维护及监督管理的全过程都离不开政府和农业活动主体的参与。智慧化农业的管理应以农业的宏观管理为基础，包括智慧化农业的规划管理、运营管理和监督评价管理三个部分。规划管理主要是针对农业领域的相关重大项目和工程，以农业规划、政策法规为基本依据，在人力、物力、资源、资金等方面进行合理计划与组织协调。运营管理则覆盖了农业产品生产、加工、流通、安全等众多领域，主要体现在管理模式、运营成效和收益模式三个方面。监督评价管理主要是对规划管理和运营管理的内容和效果进行监督和评价，所以政府希望公众能够积极地参与到具体的农业管理活动中来，从而有效地起到全民监督的作用，为农业领域的智慧化管理提供具有群众基础的数据来源。

3. 应用

应用是指农业大数据中涉及的各种应用系统、应用平台的开发，为上层管理和服务提供有力支撑。根据目前农业数据的主要来源，其应用领域可以总结为以下六个方面：

（1）在农业生产过程管理方面的应用

在农业各个生产领域的生产过程中运用大数据技术，可以对所采集的海量数据进行分析处理，从而提供精准的农资配方、智慧化的管理决策和对基础设施的调控，达到农民增产增收的目的。

（2）在农业资源管理方面的应用

除了土地、水等自然资源，农业资源还包括各种生物资源和生产资料等。我国虽然地大物博，但可利用的农业生产资源已日益减少。从目前农业生产活动的状况来看，有必要运用物联网、大数据等技术对农业资源进行深入的整合优化、合理开发，从而实现农业生产的优质高产与节能高效。

（3）在农业生态环境管理方面的应用

农业生态环境主要包括大气、水质、土壤、气象、污染、灾害等影响因素，需要对这些农业生态环境的主要影响因子进行全面的监测和精准化的管理。

（4）在农产品和食品安全管理方面的应用

农产品和食品的安全管理涉及生产地环境、全产业链管理、储存加工、市场流通、产品物流、供应链与溯源系统等各个环节，通过对农产品质量安全监督管理信息的分析处理，可以实现对食品安全风险的预警及对产品质量安全突发事件的应急处理。

（5）在农业装备与设施监控方面的应用

大数据技术的应用可以在工作运行的情况下为农业装备和设施提供远程监控和诊断、服务调度等方面的智能化管理。

（6）各种农业科研活动产生的大数据应用

农业科学研究产生的大数据包括空间与地面的遥感数据，还有基因图谱、基因测序、农业基因组数据、大分子与药物设计等大量的生物实验数据。利用科学实验中的大数据进行分析，可以更好地指导农业领域的生产和生活。

4. 资源

资源主要包括自然资源、基础设施资源以及信息资源。资源的开发利用是农业大数据技术的应用基础。自然资源包括土壤、水质、大气等；基础设施资源包括有线传输网络、无线传感、设备互联网以及各种信息化终端等网络基础设施，是农业大数据应用的通信基础；信息资源是指各种文字、语言、图表、图像、音频、视频、数字等在人们从事农业生产活动的过程中产生的所有信息。农业生产管理活动中普遍存在资源不集中、标准不统一的问题，导致信息交换与共享具有较大难度。因此，有必要对数据进行有效管理，统一数据交换标准，改善数据交换流程，为农业大数据的应用提供强大的数据支持。农业大数据的信息资源可以从以下几个方面进行分析:从领域层面来看,以种植业、畜牧业等农业生产领域为核心,进一步拓展到各种农产品生产、储存、加工、流通等相关衍生行业,同时将统计信息、进出口信息等宏观经济数据进行整合;从地域层面来看,以全国数据、各省市数据、地市级数据等为核心,以欧美等农业发达国家的数据为参考,为区域研究精准化提供大量数据基础;从粒度层面来看,主要包括统计数据信息、涉农经济主体的基本信息、股东信息、专利信息、投资信息、媒体信息、进出口信息、招聘信息和GIS坐标信息等;从专业层面来看,主要包括农业领域的专业性数据资源及有序规划专业的子领域数据资源。

5. 技术

随着信息系统的迅速发展,不仅要保障海量信息存储的安全可靠,还需要保证大量使用者能够对数据进行快速访问。大数据是一个技术整体,相关技术涉及数据的传输、储存、挖掘、计算、展示和开发者平台六个部分。下面以Hadoop分布式处理技术为例对其进行说明,图8-11给出了技术架构。

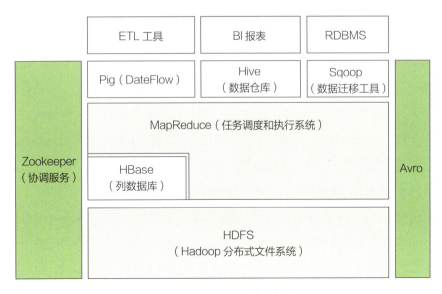

图8-11 Hadoop技术架构

Hadoop由许多元素构成，是Apache开发组织的一个分布式系统基础架构，其核心组件由分布式文件系统HDFS和分布式计算框架MapReduce组成。HDFS是主从结构的硬件架构设计，通常部署在通用的、成本低的储存和服务器上，它提供了一个容错性强和高吞吐量的海量数据储存解决方案。HDFS打破了传统形式的存储架构，它在底层硬件设备中分布存储了多个数据模块，通过MapReduce分布式计算框架对数据进行访问和计算。HDFS的特点是扩展性强、可靠性高、吞吐量大，对于单数据模块的访问性能是传统存储方案的数倍，通过分布式算法可将单个设备的访问吞吐量提高数十倍甚至数百倍。MapReduce是一个高性能的批量处理式计算框架，与传统数据储存和分析技术相比更适合处理各种类型的数据，主要包括结构化、半结构化和非结构化数据，其数据量处于TB和PB级别。MapReduce更适于处理以文本数据、图像数据、多媒体数据、实时数据、传感器数据等方式呈现的复杂、海量的农业数据，可以储存和分析各种格式的原始数据。

HBase（列数据库）、Hive（数据仓库）、Sqoop（数据迁移工具）以及整个系统的协调服务管理工具Zookeeper和Hadoop等也属于整个Hadoop技术的架构。其中，HBase是一个面向列的实时分布式数据库，建立在HDFS之上，具有扩展性强、可用性高和性能强大等特点。HBase通过数据分布式储存在大量硬件设备上，为TB至PB级别的数据量提供存储服务，并能实现使用者的高速并发访问。Hive是在Hadoop基础上建立的数据库架构，是一种批量处理系统，提供了一种数据抽取ETL工具，用户可以对数据结构进行描述，支持用户对Hadoop中的海量数据进行查询与分析。Hive的基本特点就是利用HDFS进行数据的存储并利用MapReduce框架进行相关数据操作。因此，Hive的本质就是个编译器，能够将用户的查询或ETL等操作转变为MapReduce任务，利用MapReduce框架执行任务，并对HDFS上的海量数据进行分析处理。Sqoop是可扩展型的机器学习类数据库，与Hadoop结合后可提供分布式的数据挖掘功能，Hadoop和关系型数据库之间的海量数据传输可通过Sqoop进行；Sqoop能够将外部数据库中的数据导入HDFS、Hive等系统，也可以将数据从这些系统中导出，再储存到商用关系型数据库和数据仓库。

Pig的基础是Hadoop，它采用MapReduce和HDFS来实现大规模的数据分析，为海量数据的并行处理提供操作和编程的接口。ZooKeeper则是Hadoop和HBase中的重要组成部分,为分布式应用程序提供协调服务,将不同的协调服务统一集成在一个简易的界面上,具有分布性和高度可靠的特点;ZooKeeper能够使分布式系统实现系统配置维护、命名和同步等服务。

8.5.3 农业大数据分析平台技术架构

挖掘数据之间的关联性是大数据分析平台的重要目标之一。而针对农业数据低价值密度的特点,则需要对海量数据进行深入的分析比较、提炼和转换等处理,挖掘数据的内在意义和关联,为农民、涉农企业、各农业相关部门的决策提供科学准确的技术支持服务。农业大数据分析平台能够在智慧农业、农业墒情等方面进行数据的分析处理,为涉农企业以及相关农业部门等提供有力的智能化决策支撑。

1. 平台总体架构

农业大数据分析平台的总体架构如图8-12所示,主要分为IaaS、PaaS、SaaS三个模式,采用大数据储存及处理技术对农业相关数据进行整合处理,形成专业的农业信息统一视图,为农业相关部门、公共农业服务、涉农企业、农业产品质量安全监管、农业生产管理、农业环境保护等提供有效的数据支持。

2. 平台技术实现框架

农业大数据分析平台的技术实现框架如图8-13所示,主要包括综合平台、ETL工具、设计工具、系统运行时、预置应用和商业智能(BI)门户六个部分,向涉农企业提供端到端的BI服务。

综合平台是系统基础服务和运行框架的提供者,对各种BI工具、分析模型以及资源进行管理。ETL工具能够实现异构数据的集成、整合和辅助数据库的建设,形成各个行业的主题数据库。设计工具能够提供信息查询、指标工具、多维分析、驾驶舱管理、智能报告及地图分析等服务,对各种分析模型进行定义和发布。系统运行时用于对设计模型进行分析,并监控整个模型的运行情况。预置应用中含有多个与分析评价、预警预测以及优化相关的模型,为用户提供参考。BI门户借助Portal技术实现综合展板,能够将各类关键信息进行自由组合并显示在同一界面中。

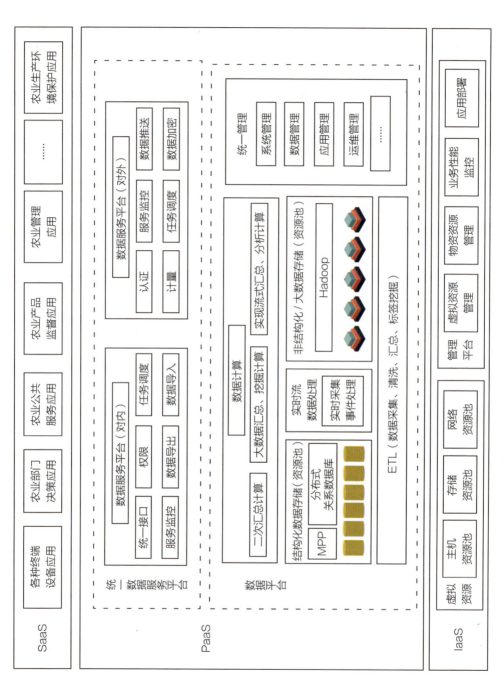

图8-12 农业大数据分析平台总体技术构架

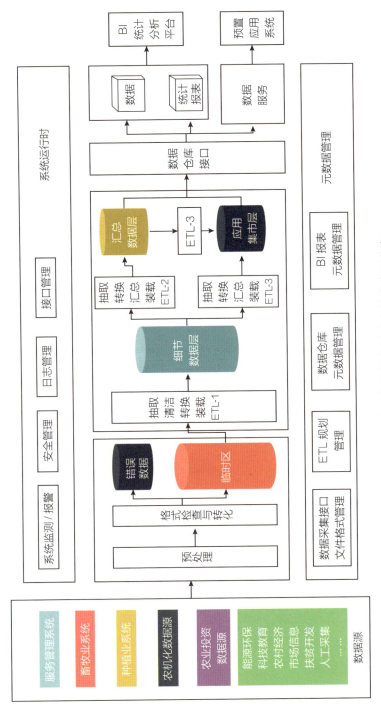

图8-13 农业大数据分析平台技术实现框架

8.5.4 大数据技术在农业中的应用

1. 加速作物育种

传统的育种方式通常存在成本高、工作量大、花费时间久的缺点。大数据技术的产生加快了育种进程。生物信息大爆炸使基因组织学的研究取得了突破性进展，不仅获得了模式生物的基因组排序，还使实验型技术被快速应用。

传统的生物调查一般在温室和田间进行，现在则可以通过计算机对其进行运算，云端可创造海量的基因信息流，并对其进行分析、假设验证、实验规划、定义和研发。此后，只需要用少量作物在大田试验中进行验证即可，大大提高了育种专家确定品种适宜区域和抗性变现的效率。大数据分析技术的应用不仅提高了育种的效率，还使许多之前无法完成的工作成为可能（图8-14）。

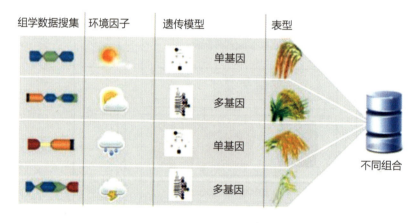

图8-14 大数据+超算模拟育种

传统的生物工程已经完成了对具有抗旱、抗药、抗除草剂的作物的筛选，未来能够进一步提高农作物质量、降低经济成本、减少环境风险。

2. 驱动精准农业操作

农业是一个复杂的产业，土壤、水、大气、农作物以及人类活动等各个要素相互影响。近几年，种植者往往需要通过选取不同的农作物品种、生产投入量和环境条件等进行不同性质的土壤和气候条件下的田间小区试验，才能将农作物与土壤进行精准化匹配。

通过遥感卫星和无人机可以高效管理地块和规划农作物的适宜种植区，准确预测气候因素、自然灾害、土壤墒情以及病虫害等环境因素，并对农作物长势进行实时监控，指导水源灌溉和肥料施用，预估农产品产量。随着GPS导航能力和工业技术的不断发展，生产者可以进行作物流动跟踪，对机械设备进行引导和控制，对农田环境进行实时监控，对整个土地的投入进行精细化管理，大大提高了农产品的生产力和农民的利润。

3. 优化决策

通过大数据分析可以对农作物生长与产量机理进行建模，对农产品消费行为与消费量变化动态建模。结合专家会商系统，引入智能化模拟仿真技术，可以实现基于多代理系统的智能仿真模拟（图8-15）。通过模型的介入与反馈可以形成各种优化决策，为政府制定农业政策提供强有力的支撑依据。

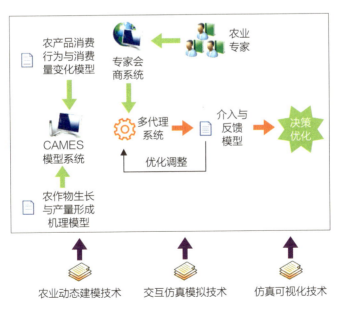

图8-15　农业智能仿真架构

4. 农产品监测预警

我国已经建立了中国农产品监测预警模型（CAMES）的整体模型框架。监测预警的农产品种类多、品种全，涵盖11大类953个农产品品种，针对气象、供给、需求、价格和市场等影响因子，可以有效实现短期、中期和长期的监测预警。

参 考 文 献

[1] 朱燕. 电商精准扶贫——互联网+农业背景下的扶贫新路径[J]. 经济研究参考, 2017(16): 76-82.

[2] 张鑫鑫, 牛东来, 宋新宇. 特大城市蔬菜流通模式研究——以北京为例[J]. 经营者, 2016(8): 45.

[3] 梁娜. 企业市场营销战略中存在的问题与解决方法研究[J]. 科技经济市场, 2015(11): 87.

[4] 樊洁. 多措并举推进现代农业园区转型升级[J]. 植物医生, 2018, 31(12): 8-10.

[5] 王晶晶. 我国农产品电商O2O: 模式探讨[J]. 进出口经理人, 2014(2): 50-51.

[6] 侯均达. 我国农业推广信息服务体系创新模式研究[D]. 武汉: 华中师范大学, 2014.

[7] 王玉春. 借鉴美国模式, 破解中国生鲜O2O难题[J]. 中国农村科技, 2015(12): 70-73, 77.

[8] 陆继霞. 农村土地流转研究评述[J]. 中国农业大学学报(社会科学版), 2017(1): 29-37.

[9] 张锡辉. 实施质量追溯 保证龙北总场柑橘产品质量安全[J]. 农业研究与应用, 2012(5): 32-35.

[10] 陈威, 李燕妮, 周涵, 等. 孟山都农业大数据的生产应用及中国启示[J]. 农业网络信息, 2017(5): 27-30.

[11] 赵春江, 李瑾, 冯献, 等. "互联网+"现代农业国内外应用现状与发展趋势[J]. 中国工程科学, 2018, 20(2): 50-56.

[12] 杨佩. 用互联网手段助推河南农业弯道超车——省政协"互联网+现代农业"月协商座谈会综述[J]. 协商论坛, 2016(6): 8-13.

[13] 中华人民共和国农业部. "十三五"全国农业农村信息化发展规划[J]. 中国食品, 2016(19): 148-153.

[14]《农产品市场周刊》编辑部.盘点2016[J].农产品市场周刊,2016(50):8-9.
[15] 韩江霞.河南省"互联网+现代农业"发展研究[J].江西农业,2018(2):72.
[16] 刘昕."互联网+"现代农业新引擎[J].农经,2016(6):16-17.
[17] 李圣军."互联网+现代农业"全产业链融合架构与模式[J].湖北经济学院学报,2016,14(3):11-17.
[18] 由高潮.浅谈物联网技术及应用[J].科技成果纵横,2010(4):55-57.
[19] 甘志祥.物联网的起源和发展背景的研究[J].现代经济信息,2010(1):163-164.
[20] 杨恺.基于物联网的智能交通解决方案的研究[D].上海:上海交通大学,2011.
[21] 孟先新.基于物联网的温室大棚智能监控系统研究[D].郑州:华北水利水电大学,2014.
[22] 徐维.云计算的产生及关键技术探讨[J].实用影音技术,2013(8):48-51.
[23] 田志英.浅谈开放教育与信息技术的融合[J].新疆广播电视大学学报,2013,17(2):38-42.
[24] 赵菁,邓凡星.虚拟化技术比较研究[J].价值工程,2015(27):231-235.
[25] 方巍,文学志,潘吴斌,等.云计算:概念、技术及应用研究综述[J].南京信息工程大学学报(自然科学版),2012,4(4):351-361.
[26] 罗俊.采用加密机制在云计算环境中进行访问控制[J].信息安全与通信保密,2012(11):44-46.
[27] 孟祥宝,谢秋波,刘海峰,等.农业大数据应用体系架构和平台建设[J].广东农业科学,2014,41(14):173-178.

第9章

农业生态园区建设

9.1 农业生态园区概述

9.1.1 农业生态园区的概念与发展

农业生态园区是指采用生态园模式进行园内农业的布局和生产，依据当地生态经济条件，利用生态经济学原理及系统工程学方法进行农业规划、设计和管理，实现"资源—产品—再生资源"的物质循环模式，将农业活动、自然风光、生态环保、民俗文化、科技示范、休闲娱乐等融为一体，实现生态效益、经济效益与社会效益相统一，实现政府、农业科研机构和大学、涉农企业、农民经济合作组织和农户等多主体参与互动的集技术创新、产业融合、组织管理机制创新和制度创新等于一体的合作创新系统。

农业生态园区具有两个基本要素：一是因其隶属园区故具有园区的基本特性，是以资源、智力密集构成的产业集聚群落，能够获得产业组织和农业区位的外部经济效应；二是将产业化经营模式创新、农业科技研发与推广模式创新、组织管理体制机制创新和制度创新融为一体的创新综合体，是现代农业和其他产业融合发展的创举，是农业现代化与我国波澜壮阔的现代化进程相结合的产物，肩负着解决"三农"问题的责任，是我国传统农业向现代农业转变的重要载体。

我国的农业生态园区起步于20世纪80年代末期，随着我国农业结构的调整和经济的飞速发展，一些经济相对发达、农业装备技术基础较好、具备产业优势和区位优势的大中城市不仅具有相当规模的农业科技园区、现代农业示范区，而且还发展了具有自身特色的观光农业经营模式。园区的发展是以现代科技为支撑，运用现代化理念进行经营和管理，以市场化和商品化为导向，由一元或多元投资为主体兴建，以产业化为载体，集知识农业、生态农业为一体的现代农业生产区域，具有高效种养、加工销售、示范推广、研发孵化、积聚扩散、科普培训、信息交流和休闲观光等功能。自20世纪80年代末产生以后，呈现出蓬勃发展的态势。

1993年，《中华人民共和国农业法》和《中华人民共和国农业技术推广法》获准实施，拉开了我国农业发展的第二次革命。1994年，我国通过引进国外先进农业技术在北京市建立了"北京中以示范农场"，在上海市建立了我国第一家综合性现代农业示范园区——"上海孙桥现代农业示范园区"。1997年，通过重大立项，国务院与地方政府共同投资创办了"杨凌农业高新技术开发区"，被视为我国第一家国家级农业科技园区；同年，又在湖南省长沙市马坡岭建立了国家农业高新科技园——"隆平农业高科技园"。原国家科学技术委员会于1997年正式立项启动了国家工厂农业示范区，分布在北京、上海、沈阳、杭州和广州五个城市。

2000年，中央农村工作会议肯定了农业科技园区的实践，并明确指出"要抓紧建设科学园区，并制定扶植政策"。为落实《中共中央 国务院关于做好2000年农业和农村工作的意见》（中发〔2000〕3号）中"要抓紧建设具有国际先进水平的重点实验室和科学园区，并制定扶植政策"和《国务院办公厅关于落实中共中央、国务院做好2000年农业和农村工作意见有关政策问题的通知》（国办函〔2000〕13号）中"科学园区由科技部牵头，会同有关部门制定建设规划和政策措施"精神，自2000年以来，科技部联合原农业部、水利部、原国家林业局、中国科学院、中国农业银行等部门，启动了国家农业科技园区建设工作。2001年，《农业科技园区指南》与《农业科技园区管理办法（试行）》正式实施，并按照"先行试点、总结经验、稳步推进"的原则具体执行。2001年8月，科技部、农业部等六部委联合启动了两批"国家农业科技园区（试点）"工作，批准了21个国家农业科技园区试点，使我国农业科技园区发展纳入规范化、制度化轨道。截至2014年，全国各地国家级农业科技园区的数量达到159个，省级农业科技园区有1 000多个，市级农业科技园区有4 000多个，全国休闲农业与乡村旅游产业园区达20 000多家。

我国农业生态园区的发展过程具体可以划分为以下三个阶段：

第一阶段：初创探索阶段（1990—2000年）。该阶段并没有园区的概念，往往是因地制宜，引入当地实际需要的农产品和适用的农业先进技术，并将当地有实力的企业吸纳聚集在一起。其蓬勃兴起的形式还有利用城市近郊和景区的农村资源开展的形式多样的农业观光旅游，如水果节、桃花节等农业节庆活动（主要目的是吸引投资），以吸引游客，带动当地经济的发展。在园区建设和发展过程中起主导作用的是地方政府，辅以民营企业。

第二阶段：规范发展阶段（2000—2010年）。这个阶段处于我国经济变革时期,农村正在经历产业结构优化调整、农民增收、城市化发展和居民经济收入提高等一系列重大改革,在这样的大背景下,集合了观光、休闲、旅游的农业生态园区应运而生。这个阶段以2001年国务院委托科技部和农业部牵头,联合六部委实施农业园区国家项目为标志,农业生态园区逐步步入规范与发展的轨道。在规范发展阶段,现代化农业园区的基本功能得到进一步升级,着重发挥出聚集效应、集成效应、孵化效应、增收效应和辐射效应。在此阶段,运行机制以政府指导、市场化运作、企业化管理、科教单位参与为主要模式。

第三阶段:成熟提高阶段(2010年至今)。此阶段的现代农业科技园区不再局限于线下,逐步在线上进行规划,园区内部的网络运行体系得以大力发展和逐步完善,经济和社会效益越发显著,并以创建国家现代农业生态园区为标志。主导功能以辐射示范形式为主,并以此作为区域驱动的主要因素,形成了多样化发展的园区类型,尤为强调园区的综合效益和各利益主体的利益均衡。在运行机制上,继续全面推进企业化管理,以政府支持、市场运作、产业带动为主要方式,鼓励金融机构和社会各类资本投资园区建设。

9.1.2 农业生态园区兴起的原因

1. 现代农业发展的必然趋势

农业发展经历了原始农业、传统农业和现代农业三个阶段。现代农业的主要特征就是科技化、集约化、产业化、规模化和生态化,贯穿了第一产业、第二产业(如农产品加工)和第三产业(如农业观光旅游)。农业在满足一定的物质需求以后,就逐渐显现出在改善环境、满足精神需求等方面的功能,这是农业产业发展到一定阶段寻求突破的形式之一,也是发展的必然趋势。产业链条延伸广阔的循环型农业生态园区能够积极推动产业化、规模化和专业化生产,实现农业产业结构的优化升级,改善生态环境,有助于农民增收,促进城乡一体化进程,最终可以全面促进生态农业经济增产方式从根本上发生转变。

2. 产业的多元化发展

随着现代社会的发展,各行各业正向着多元化、多层次和多效益的方向发展,这种趋势与农业生态园区的发展趋势相吻合。同时，随着我国经济发展进入新常态，农业农村经济发展的传统支撑动力下降，农业产业升级、农民持续增收、农村面貌提升都面临着更多的发展阻力和下行压力。传统农业园区发展模式固化，新业态、新模式发展受到制约，因此迫切需要寻求推进农业农村发展的新抓手。积极发展现代农业生态园区是充分利用自然资源的优势对传统农业结构进行调整、拓展农村经济全新增长点、实现区域化经济协调发展的必然要求。

3. 统筹城乡发展、满足城乡居民生活的新需求

城市化的高速发展带来了就业机会的增加、劳动力的大量涌入和生活水平的提高。人们收入水平的提高、闲暇时间的增加、城市交通系统的完善都为长期处于高压、快节奏生活状态的"上班一族"提供了走进乡村、回归自然、欣赏田园风光、享受乡村情趣、体验传统农耕文明、彻底放松身心的机会与可能。农业生态园区所提供的生态环境、田园风情恰好满足了都市居民的需求，贴近自然、保护自然和维护生态平衡是现代居民所追寻的旅游类型。农业生态园区成为发展城乡统筹的一种新型方式，是加强城乡联系、缩小城乡差距的重要途径，是城乡统筹工作的新手段，有利于促进经济结构调整和大、中、小城镇的协调发展。

4. 改善农业生态环境的迫切需求

近年来，我国农业资源和环境的两道"紧箍咒"越绷越紧，耕地数量锐减、质量下降，农业面源污染加剧，农业生态环境成为突出短板。农业生态园区是"绿水青山"的保护区和涵养地，担负着重要的生态功能，其建设是探索农业绿色发展的"排头兵"和"先行者"，是推进技术创新、产品改造、产业升级的"导航灯"，在指导大规模的资源配置、制度创新、资金导向方面具有引领作用。建设农业生态园区不是在生产、生活和生态等领域单一、局部的试点探索，而是对农业农村生产生活方式的全方位变革，是引领未来农业农村发展演变的重大政策创新，对于推进农业供给侧结构性改革具有重要而深远的意义。

5. 基础设施的完善提高

基础设施建设的完善，包括铁路、公路网络、电力、通信等的普及，极大地增强了农业生态园区的可行性、可达性和机动性；同时，现代媒体业发挥了巨大的宣传作用，扩大了农业生态园区的影响力。

9.1.3 农业生态园区的多元理论

农业生态园区的营建离不开诸多理论的支撑，包括现代农业、产业生态学（循环经济、产业集群、产业融合等）、景观规划（园艺学、园区规划、景观美学等）、旅游游憩等方面的理论。这些理论对现代农业生态园区的指导作用涉及多层次、多领域、多方位，最重要的是对于现代农业生态园区的创建，在原有农业理论的基础上探索出符合现代农业的理论依据，研究现代农业生态园在规划、设计时需要整合的各个相关学科的综合理论体系，分析相关领域的科技进展，在农业景观规划中结合现代农业理论融入自然条件、农业经济、农业设施、历史条件、景观效果等因素，同时将园林造景理论、规划设计原则考虑进来，合理规划布局，营造一个既满足游人需求又能达到经济效益的园区，使现代农业生态园区形成一套完整的规划体系。

1. 现代农业理论

现代农业理论是指有关农作物种植的科学与技术，包括在植物学、动物学、遗传学、物理学、化学等科学发展的基础上，对育种、栽培、饲养、农药农膜、肥力保持、土壤改良、植保畜保等农业科学技术，农业产品的经济与管理，农业工程建设与信息技术管理，农业资源与环境等的一般性规律的研究理论。随着21世纪高新技术的蓬勃发展，现代农业产业的生产模式逐步向工业化、具体化、集约化、标准化及规范化的方向发展，使农业具有旅游观光、科普教育、文化继承、经济复苏和休闲娱乐等多种功能。现代农业理论体系庞大，具有丰富的内涵和定义，集中反映了农业的多种功能，在农业发展及现代农业生态园区规划设计中有着广阔的涉及面。例如，"杜能农业区位理论"主要用来指导现代农业生态园区农业产业生产的总体规划，结合农业区位理论确定生产区域的规划布局、项目详细规划、园区空间格局和不同类型的发展模式，以此开拓引进高新技术与农业新型产品的联系；"扩散理论"证明先进的耕作方法和优良的动植物品种的扩散是农业生产率增长的重要源泉，农业生态园区的技术扩散具有自发性，能够带动并促进周边区域农业的发展；"发展极理论"以可持续发展和有效利用资源为主要目标；"复合生态农业理论"可以促进农业产业化发展；"农业美学理论"是为开展现代农业生态园区规划、满足休闲娱乐功能而研究的理论，可以给游人营造一种意境美的构图。这些理论都是与现代农业相关的理论，是现代农业产业化发展的基础理论。

2. 产业生态学理论

产业生态学是一门研究社会生产活动中自然资源从源、流到汇的全代谢过程，组织管理体制以及生产消费行为调控的系统科学。结合产业生态学原理及其基本规律，在保护农业生态环境和充分利用高新技术的基础上，可以调整和优化农业生态系统的内部结构及产业结构，提高农业生态系统物质和能量的多级循环利用，严格控制外部有害物质的投入和农业废弃物的产生，最大限度地减轻环境污染，并充分挖掘农业生产系统的物质循环与能量流动的效率潜力，延长和拓宽农业生产链条，促进各产业间的共生耦合，把农业生产经济活动真正纳入农业生态系统的循环中去，建立农业经济增长与生态系统环境质量改善的动态均衡机制，实现生态的良性循环和农业的可持续发展。产业生态学的核心理念是把传统"资源—产品—污染排放"的"单向单环式"线性经济改造成"资源—产品—再生资源—产品—再生资源"的"多向多环式"与"多向循环式"相结合的反馈经济及循环经济综合模式，使传统的高消耗、高污染、高投入、低效率的粗放型经济增长模式转变为低消耗、低排放、高效率的集约型经济增长模式。在宏观层面上，产业生态学强调以农业为基本依托，采用资源要素整合、产业联动互惠、技术创新变革、知识信息渗透等方式对产业结构和布局进行调整，延伸农业产业链，扩展产业类型，提升产业经济效益，将生态、生产、生活资源要素进行跨界交叉、集约化配置，使农业生产、农产品加工和销售、住宿、餐饮、休闲度假等服务业有机地融合在一起，将理念贯穿于社会经济发展的各领域、各环节，建立和完善全社会的资源循环利用体系，在农业生态园区中实现三产的紧密相容、协同发展。在微观层面上，要求节能降耗，提高资源利用效率，实现减量化，并对生产过程中产生的废弃物进行资源化利用，同时根据资源条件和产业布局延长并拓宽生产链条，促进产业间的共生耦合。此外，产业生态学理论有助于推进农业清洁生产，不仅是防治农业环境污染和保障农产品质量安全的需要，也是降低农业生产成本、保障农民收入持续增长的迫切任务。农业清洁生产改变了以往农业发展过度依赖大量外部物质投入的生产方式，通过源头预防、过程控制和末端治理严格控制外源污染，减少农业自身污染物的排放，用循环经济的理念发展农业生产，实现资源利用节约化、生产过程清洁化、废物循环再生化，对防治农产品产地环境污染、保障农产品质量安全具有重要作用，有利于缓解我国农业农村经济发展的资源环境约束，是推进现代农业建设的重要途径。农业清洁生产可通过大力推广应用低污染的环境友好型种植养殖技术，合理使用化肥、农药、饲料等投入品，节约生产成本。通过资源的梯级利用，建立多层次、多功能的综合生产体系，充分挖掘农业内部的增值潜力，有利于增加附加值，提高农业的质量和效益，为农业增效、农民增收提供有效途径。

3. 景观规划相关理论

景观规划相关理论是建立在广泛的自然科学和人文与艺术学科基础上的应用学科，是基于对自然和人文过程的认识来协调人与自然关系的过程。农业生态园区的营建与园林设计、景观美学等艺术息息相关，农业生态园区具体的规划设计可以借鉴园林艺术的设计理论进行指导。农业生态园区的美源于自然，而又高于自然，是大自然造化的典型概括，因而其特有的乡村景色、自然风光、农耕体验、风土人情应该按照景观美学的标准（包括多样统一法则、整齐一律、参差律、均衡法则、对比法则、比例法则、尺度法则、节奏与韵律法则和主次法则等）进行规划设计，将农业生产中的自然景观、人工景观和人文景观在不破坏生态环境的基础上按照美学特征、审美价值、构造规律等进行升华和再加工。

4. 旅游游憩相关理论

旅游游憩相关理论包括生态旅游、旅游资源学、旅游心理学、旅游客体、旅游运营、环城游憩带等理论。农业生态园区的一个重要功能就是生态旅游，是建立在生态农业基础上的资源综合利用的生态模式。它是将生态农业生产、生态旅游活动、生态环境三者合为一体进行开发的一种生态型旅游方式，既具有生态旅游的共同特点，也具有不同于一般生态旅游的个性特征。它与一般农业旅游的不同之处在于建立的资源基础已由一般农业转变为生态农业，以生态学、农业景观学、美学、经济学和可持续发展理论来指导具有旅游价值的生态农业资源和生态农业产品的开发和布局。其特征有旅游资源的生态建设性、旅游项目的层次多样性、旅游活动的充分体验性、旅游产品的绿色创造性和旅游产业经营的双重性。作为新型交叉型产业，在其宏观布局与发展上必须客观地考虑不同地域的资源条件、经济基础、区位及市场特征，充分研究园区内的产业资源、景观资源以及人文资源，充分发掘内在的旅游潜能，开发旅游产品，设计合理的旅游路线。

9.1.4 农业生态园区的内涵与特征

农业生态园区建设以生态学理论为指导思想，采用生态学原理、环境技术、生物技术和现代管理机制，以生态资源为基础、以文化创意为内涵、以科技创新为支撑，使整个园区形成一个良性循环的农业生态系统。经过科学规划的农业生态园区主要以生态农业的设计来实现其生态效益，以现代有机农业栽培模式与高科技生产技术的应用来实现其经济效益，以农业观光园的规划设计来实现其社会效益。经济、生态、社会效益三者相统一的农业生态园区是符合生态文明建设的新型产业形态与形式，也是生态农业产业的延伸与拓展。

农业生态园区除了具有一般农业的特征，还有其他多元化特征与内涵：

1. 现代性

农业生态园区应充分体现农业的现代性，也就是根据国内外市场的需要和WTO规则，按大规模商品生产来组织管理，利用现代高新技术（包括生物技术、工程技术、管理技术）进行生产经营，使劳动生产率、资源利用率和产出率及经济效益大为提高，带来社会效益、经济效益和生态效益的高度统一，向着集约化、产业化、现代化技术控制型方向发展，推动农业的经营形式改革、组织创新和制度创新，最终使现代农业园区成为农业科技、农业设施、农业经营管理、农民素质、劳动生产率、土地生产率现代化的示范样板和先进模范。

2. 科技性

随着科技的发展，农业的科技水平也发生了质的飞跃。目前，我国许多新的农业生态园区在开发建设时特别注重科技含量的提高，包括引进国外的高新科技和自主研发新技术，如上海市孙桥农业开发区引进的荷兰先进温室设备，苏州市西山现代农业示范区的生态、立体种养模式等，这些高新技术通过电脑智能化控制将农业生产过程数据化，以便更好地发展农业生态园区。另外，这些高新技术也能让人们了解国内外最新的科技成果，成为农业生态园区发展旅游的重要资源之一。

3. 经济性

农业生态园区通过一条龙服务将各个行业，如农产品生产、加工、销售、运输、餐饮、旅游等有机结合起来，在农业生产和观光旅游二者之间架起一座桥梁，开辟了一条农业经济增长的新途径，具有很好的经济回报点。

4. 生态性

农业生态园区是一种以农业污染预防为出发点，以物质循环流动为特征，以社会、经济、环境可持续发展为最终目标的农业产业发展区域，具有生产流程循环化、经济目标与环境目标相互依存、清洁生产的特点。进入循环农业系统的物质和能量在经过一个生产环节之后可以进入另一个生产环节实现再循环利用，并可实现农业生产经济目标与维护生态环境目标的紧密结合、生产过程低污染甚至污染零排放、环境污染最小化。

5. 内容丰富性

农业生态园区将农业生产、观光旅游、休闲购物一体化，既能观赏到优美的农田景观，又能让人们参与其中。农业的劳作、农用器具的使用、农作物的种养以及农产品的加工都是农业生态园区可以挖掘的发展旅游休闲的丰富资源和内容，可以使旅游者通过参与各类农业活动最终获得自己的劳动成果，极大地丰富了游客的活动方式，提高了游客的参与性。

6. 生产整合性

我国的传统农业生产是以小农户或者单个家庭为主，由于个人资金和技术的限制，生产较为分散，资源浪费较大。而农业生态园区在开发和建设时实行土地流转、整合农业资源，形成了具有一定区域面积的园区，将农业生产集中化，并且依靠投资方或者政府部门的财力支持建设了一个完整的、科学的生产体系，实现资源的高效综合利用。

7. 试验示范性

农业生态园区在建设和管理中广泛应用了农业高新技术，代表着当代农业最先进的生产力，可以成为科技面向经济、经济依靠科技的结合载体和当地农业现代化建设的展示窗口。农业生态园区既是技术创新、机制创新的载体，又是融政策实验、科技实验、体制实验、管理实验及生态建设实验于一体的综合体，为广大农民对现代农业的认识及当地农业和农村经济的发展起到重要的示范样板作用。

8. 文化教育启迪性

农业科学知识、农村风俗人情、农业文明以及农业优秀传统是人类精神文明的重要组成部分。农业生态园区注重农业的文化教育功能，吸引游客尤其是从小生活在都市的青少年去了解农村、认识农业、体验农业，从而使他们了解和领略到新型农业的无限魅力。

从狭义上来说，传统、简易的农业生态园区仅仅是用来满足旅游者观光需求的农业模式。而从广义上来说，农业生态园区一是可以充分利用乡村空间、人文及自然资源，使区域农业生产的建设与发展充分发挥地方主导产业优势和产品特色；二是可以结合旅游功能对某一区域进行主题规划、景观设计，充分挖掘地方文化并实现对环境的绿化美化，将大自然情趣与旅游观光融为一体，提高农业经济效益，改善农业生产环境，增加农民收入；三是可以充分发挥企业或个人的资金优势，大力加强农村生产基础设施建设，建立农业科技成果转化的常态化链接纽带，加速城乡一体化进程；四是可以充分发挥科技人才、现代化技术装备的先进性作用。农业生态园区的建立，对所在地区的农业产业经济发展具有示范、指导和推动意义，是传统农业向现代农业转型升级的一种理想目标模式。

9.1.5 农业生态园区的类型

我国地域辽阔，各地区社会经济发展、资源禀赋条件不同，导致我国农业生态园区种类繁多，不同类型的园区发展模式也千差万别，不同学者从不同的研究角度对生态园区进行了分类，形成了众多的分类方法，归纳和梳理见表9-1：

表9-1 现代农业生态园区分类标准

分类标准	类型划分
立项来源	国家级农业综合开发高新科技示范区、国家级农业科技园区、国家级农业高新技术开发区、省级农业科技园区、工厂化高效农业示范区、持续高效农业示范区
投资经营主体	政府主导型、科研机构主导型、企业主导型、村集体主导型、农民主导型
经营示范内容	设施园艺型、节水农业型、生态农业型、农业综合开发型、"三高"（高产、高质、高经济效益）农业型、外向创汇型
发展阶段	萌芽阶段、起步阶段、腾飞阶段、成熟阶段
地域模式	依托城市型、依托景区型、依托传统农区型（又分为依托区域传统民俗型、依托区域特产型）
产业功能定位	农产品加工园区、农业科技展示园区、休闲农业园区、现代农产品物流园区
生态类别	城郊型、平川粮棉生产型、丘岗山地生态型、治理生态和保护环境型
技术支撑机制	技术引进创新型、自主创新主导型、技术示范推广型、综合创新型
运行模式	农业高新技术走廊模式、"政府+企业"运行模式、地方政府与高等院校联营模式、高效农业示范园模式、农业科技企业开发模式、"公司+农户"运行模式、外向型高科技农业园模式、工厂化农业开发区模式、持续高效农业示范区模式、农业科技示范模式、农业技术推广模式
收入来源性质	开发区型、产业（或技术）开发型、展示型
产业数量	专业型园区、综合型园区

若以主体功能及示范内容划分,大致可分为农业综合开发型(如内蒙古和林格尔国家农业科技园区、上海市奉贤区现代农业园区等)、"三高"农业型(如上海市孙桥现代农业园区、杨凌农业高新技术产业示范区、北京市顺义三高科技农业试验示范区等)、休闲观光旅游型(如北京市蟹岛绿色生态农庄、上海市崇明现代农业园区、北京市锦绣大地农业观光园等)、外向创汇型(如珠海市高新农业科技园、上海市临空现代农业园区等)等类型,不同园区依据不同的农业资源禀赋、产业结构和技术支撑机制等进行区分,但有时又是相互交叉、相互渗透的,而有些农业园区很难独立划分,因此上述分类仅供参考,可依据不同的研究目的进一步区分及研究。在农业生态园区的建设中,可依据不同的资源条件,如环境资源、市场需求、地理区位、社会经济条件、政策支持等,开发不同的农业生态园区,以下列举两种典型的农业生态园区建设模式。

现代农业科技示范园模式:依靠科技驱动,建成集农业科技研发与示范推广、孵化农业科技企业和农业科技服务、培育创业型农民、高效生态农业展示与示范、保障农产品质量安全、农产品现代物流配送、休闲旅游观光为一体的多功能高新复合园区模式,引领周边区域现代农业经济发展。

农业生态观光型模式:在已有农业和现代农村聚落景观的基础上,依托园林设计手法,融入生态农业、循环农业的科技手段,把农业与旅游业相结合,集农业生产、观光旅游、休闲度假、民俗采风、素质教育、野营拓展为一体,逐步形成循环型农业体系,为旅游者提供了解农业知识和欣赏田园风光的一种新型旅游模式。

9.1.6 国内农业生态园区存在的问题

蓬勃发展的现代农业生态园区取得了初步成效,但也存在着以下几个主要问题:

1. 产业融合发展层次较低

目前,农业生态园区建设过程中三产融合度不高、融合水平低,主要表现在产业融合链条短且附加值偏低,利益联结松散且合作方式单一,农业多功能挖掘不够且高品位、多样性、特色化不足。

2. 园区的特色和优势未能全方位发挥出来

部分农业生态园区项目同质性强、雷同严重，缺乏差异化竞争和深度开发，形成了"千园一面"的局面；彼此间抢资源、争市场过于激烈，导致资源过度开发、市场无序竞争、环境严重破坏。

3. 区域农业产业化带动能力不足、经济社会效益不够明显

目前，农业生态园区产业融合发展中普遍存在着经营主体带动能力不强的现象。一是有实力的新型经营主体少，部分农业生态园区不具备自我发展的能力；二是部分新型经营主体结构单一、管理粗放、经营能力不强，大多数农业生态园区"有名无实"，家庭农场和专业大户规模小、参与融合能力差；三是部分经营主体创新能力不足，一些园区产业融合发展项目个性彰显不力，休闲农业和乡村旅游中的特色内涵、农耕文化、传统文化、人文历史、民族特色等有待进一步挖掘；四是行业协会服务能力不强，有些行业协会"只开会、不服务""多收钱、少办事"，在推进区域标准化、品牌化建设方面服务不足。

4. 园区产业融合存在要素"瓶颈"

土地、资金、人才、科研能力等要素供给不足，成为许多地方推进农业生态园区产业融合面临的突出制约。土地流转制度、信用投资环境政策改革仍未到位，项目资金缺口较大，资金筹措渠道不畅，高科技自主创新人才匮乏，科研能力不足等问题亟须解决。

5. 园区管理模式不合理、管理效率偏低

大部分园区由于行政机构数量庞大导致运行效率不高，使其内部的管理与运行机制不能匹配并适应市场的需求，从而影响农业生态园区科技成果转化的效率和园区农业技术的推广。注重建设、轻视管理的问题导致无法达到农业增效、农民增收的效果。

6. 监督反馈渠道不畅阻碍园区可持续发展

信息交流不畅导致的监督反馈机制效率低下已经成为园区企业发展中面临的最大问题之一。这种信息交流的障碍不仅表现为在园区内部缺乏充分沟通，更表现在园区与外部没有可靠、有效和安全的信息交流方式。

9.1.7 国外农业生态园区的发展概况及经验借鉴

国外尤其是发达国家的农业发展经历了由传统向现代转变的过程,生产方式也经历了巨大的转变,对农业技术的需求和获取模式也有较大的改变。国外现代农业园区基本都是通过先进的农业设施和高新技术向农民、学生及游人展示新的生产模式,从而使现代农业朝着科技与经济相结合的方向发展,主要有三种模式:①以推广先进适用技术为主体的试验示范基地(Demonstration Farm);②以进行农业观光、休闲为主体的休闲农场或观光农园[Vacation(or Holiday)Farm];③以科技展示、示范、产业孵化为主体,集中进行农业高新技术的示范、产业开发与培训等的农业科技园区(Agriculture & Technology Park)。

国外农业生态园区的发展历史最早可追溯到19世纪30年代,萌芽于意大利。当时的意大利政府成立了"农业旅游国协会",将观光农业与其生态环境建设、民风民俗建设和食品安全建设结合在一起成为综合项目(时称"绿色假期"),倡导人们到乡村进行农村生活体验。紧随其后的是德国。德国属于世界上最早开发农业生态园区的国家之一,同时也是对农业立法最为成熟的几个国家之一。在演进过程中,德国生态园提出的发展口号是"度假农庄"和"市民农园"。之后,法国在德国"度假农庄"的基础上结合自身"浪漫之国"的特色,建立了具有本国特色的农业生态观光园,吸引了更多的外国游客,从而带动了本国经济的发展。而荷兰提出的农工商综合体在其农业园区的发展历程中扮演着极其重要的角色,是创造荷兰农业奇迹的一个重要途径。"橡胶王国"马来西亚也有自己独特的农业生态园,他们因地制宜地利用当地自然条件和身处热带地区的特点,建设了农业生态园以及将旅游业与特色农业相结合的农业生态观光园,有力地吸引了各国的游客。以色列针对本国相对干旱和土地沙漠化的现状,通过建立农业科研单位和生产基地,在各地区建立了以节水农业和沙漠农业为主体的试验示范农场,并给予资金支持,创造了以色列农业的奇迹。新加坡独创的通过科技引领的"都市农业"促使农业向高科技、高产值方向不断发展。由此可见,各国都是结合自身的农业以及旅游业的特点,通过产业融合和改进最大限度地对农业生态园进行合理布局并逐渐实现大规模的发展。本节主要分析以色列高效节水生态型农业园区、荷兰农工商综合体、新加坡科技引领高产值的特色发展模式，并从中借鉴它们在农业生态园区设计、规划、建设、运营等方面的经验，为我国农业生态园区的发展提供有益参考。

1. 以色列：高效节水生态型农业园区

以色列的土地和水资源缺乏，干旱和土地沙漠化的现状制约着其农业的发展。自20世纪70年代起，以色列政府通过鼓励建立农业科研单位和生产基地并给予基金支持，在各个地区建立了以节水农业和沙漠农业为主体的试验示范农场，创造了以色列农业发展的奇迹。以色列在推进高效节水生态型农业园区方面主要开展了以下措施：①集水设施建设与节水灌溉技术提升，政府在农业园区的集水设施建设中给予资金支持，并在水资源调配、运输调配水、田间灌溉、农作物吸收等环节统一开展节水规划，形成了完整的节水处理系统；②废水循环利用，将城市与工业区排放的废水经过处理后变为循环水用于农业灌溉，称作"污水农作"，这种生态环保的做法一方面解决了水资源匮乏的难题，另一方面也保护了生态环境；③精致农业，以色列依托农业传统技术和科技进步，以生产高品质、高科技含量、高附加值的农产品为目标，以特色化布局、标准化生产、产业化经营为主要抓手，实现了高质量、高效益、高水平的综合性农业工程；④节水立法，以色列水法的制定和资源红线的设定从制度上保证了节水的高效性，为农业园区的生态化发展奠定了稳固的基础。

2. 荷兰：农工商综合体

纵观荷兰现代化农业的发展历程不难看出，主要的驱动力来源于高效的供应链、完善的社会服务体系、国际化的市场体系和可持续的农业发展政策。荷兰农业园区的建设思路完全不同于其他国家普遍采用的方式，它在生产过程、经营过程、运作机制方面完全是市场行为，政府只是适当地加以控制，农工商综合体在农业园区的发展过程中扮演着极其重要的角色，是创造荷兰农业奇迹的重要渠道之一。农工商综合体指的是荷兰各类农业合作社、行业协会、商品协会等组织，其设施功能完备、生产效率高，是促使本地农民自发组织起来参与市场竞争的重要组织形式。农工商综合体本身有着稳定的规则和运行机制，分别在农产品的销售、加工和资金筹集方面为农户提供了极为方便的服务，从而激励着本地农民从事农业劳动的积极性，对荷兰现代农业的发展起着重要的推动作用，因而逐步形成了高度集约化、高投入、高产出的专业化规模生产体系。

3. 新加坡：科技引领高产值

人口稠密、城市化程度高的新加坡在面临农业困境时共经历了五次转变，即劳动密集型—经济密集型—资本密集型—科技密集型—知识密集型，每一次变革都引领新加坡朝着高科技、高产值的方向发展。自20世纪80年代中期起，新加坡同时兴建了农业科技园区和科学技术园区，把多个领域的专家集合起来一起攻关农业难题，以农业科学技术水平为依托，在城市或郊区中心进行各项农业资源的整合，以农业科技园、科学技术公园、都市型科技观光农业为轴心建立了农业发展基地，用以展示新加坡现代农业科学技术，以起到科普教育的作用。

上述三个典型案例依据区域内的资源禀赋、支柱产业、科技发展等条件，不断调整本国的科技政策、行业政策，依托于兴建各种具有经济效益、社会效益、生态效益的特色现代农业园区，促进农业产业化的发展，逐步形成具有引领作用的农业产业体系。我国农业生态园区的基本发展思路也应适当考虑区位优势、经济社会效益、农业经营主体积极性等因素的影响，并在此基础上进一步提出以科技引领、因地制宜、人才培养、优化经营机制、加强对外交流、完善评价体系为主的措施建议，以利于我国现代农业生态园区发展模式的优化。

9.2 三产融合助力农业生态园区构建

当前和今后一段时期，农业综合开发把推进农业供给侧结构性改革作为贯穿全局的主基调，坚持以提升农业综合生产能力、推进农业产业化、转变农业发展方式、发展农业适度规模经营、助力打赢脱贫攻坚战为着力点，充分发挥好农业综合开发的职能作用。为贯彻落实中央农村工作会议和《中共中央　国务院关于深入推进农业供给侧结构性改革　加快培育农业农村发展新动能的若干意见》的部署与要求，推动农业现代化与城乡一体化互促共进，加快培育农业农村发展新动能，提高农业综合效益和竞争力，探索农业农村发展新模式，实现"村庄美、产业兴、农民富、环境优"的目标，财政部于2017年5月印发了《关于开展田园综合体建设试点工作的通知》（财办〔2017〕29号），提出围绕农业增效、农民增收、农村增绿，支持有条件的乡村加强基础设施、产业支撑、公共服务、环境风貌建设，实现农村生产、生活、生态"三生同步"，第一、第二、第三产业"三产融合"，农业、文化、旅游"三位一体"，积极探索推进农村经济社会全面发展的新模式、新业态、新路径，逐步建成以农民合作社为主要载体，主动适应农业农村发展新形势和新要求，立足职能定位，实施创新驱动，积极拓展新的工作着力点，让农民充分参与和受益，集循环农业、创意农业、农事体验于一体的"田园综合体"（该定义类似于农业生态园区），通过农业综合开发等渠道开展试点示范，把建设农业生态园区试点作为新时期农业综合开发的重要突破口，积极培育农业农村发展新动能，助力农业供给侧结构性改革。推进农业生态园区建设体现的是各种资源要素的融合，核心是促进产业融合，通过农业—工业—信息服务业的高度融合，推进三产的整合和链接。我们必须意识到，农业产业具有投资回报率低、投资回收周期长的特点，尤其在农业供给侧结构性改革的背景下，农业短板问题越发凸显，单靠农业本身实现增产增效难度极大，因此要突破传统农业园区发展的"瓶颈"，打破原有的产业界限与技术隔离，站在更高的起点审视未来的发展方向。

作为推进三产融合发展的重要园地、实现农业现代化的示范基地，农业生态园区肩负着构建农村三产融合的现代农业产业经营体系，开发农业多种功能，挖掘农业的生态、休闲和文化价值，探索产业融合、产城融合路径的重任。三产融合助力农业生态园区的实现路径可重点关注以下几点：

1. 政策先行，多方合力

农业生态园区的土地规划是结构调整的重中之重。三产融合助力农业生态园区构建要按照适度超前、综合配套、集约利用的原则，妥善处理好政府、企业和农民三者的关系，确定合理的建设运营管理模式，形成健康发展的合力。政府重点负责政策引导和规划引领，营造有利于农业生态园区发展的外部环境，加强农业生态园区区域内的基础设施建设，整合资金完善供电、通信、污水垃圾处理、游客集散、公共服务等配套设施条件；企业、村集体组织、农民合作组织及其他市场主体要充分发挥在产业发展和实体运营中的作用，集中连片开展高标准农田建设；农民通过合作化、组织化等方式，实现在农业生态园区发展中的收益分配、就近就业。

2. 因地制宜，转变农业生产方式

立足资源禀赋、区位环境、历史文化、产业集聚等比较优势，围绕园区资源和农业特色，做大做强传统特色优势主导产业，推动土地规模化利用和三产融合发展，大力打造农业产业集群，通过集成先进实用技术、推进标准化生产、实行专业化社会化服务等措施，把产业链条延伸到田间，努力发展现代农业，把农业大田建成"第一车间"。稳步发展创意农业，利用"旅游+""生态+"等模式，如通过建设设施农业展示区、生态循环养殖区、花卉苗木栽培区、自由采摘百果园、度假养生观光园等功能区，积极推进农业与第三产业的深度融合。推进休闲乡村田园、休闲农业星级示范、特色景观示范创建等活动，培育休闲度假产品，发展到村到户休闲项目，开发农业多功能性，推进农业产业与旅游、教育、文化、健康养生等产业的深度融合；强化品牌和原产地地理标志管理，推进农村电商、物流服务业发展，培育形成1～2个区域农业知名品牌，构建支撑农业生态园区发展的产业体系，实现田园生产、田园生活、田园生态的有机统一和三产的深度融合，为农业农村和农民探索出一套可推广、可复制的稳定的生产生活方式，走出一条集生产美、生活美、生态美于一体的"三生三美"的乡村发展新路子。

3. 推进工业技术创新，支撑农业生态园区变革

现代科学技术对农业的渗透融合促进了农业生产技术的变革、农业经营管理方式的创新和农业生产经营效率的提高。我国农业生态园区新兴科技的创新及发展模式的转变，特别需要以工业新技术的开发与突破作为支撑。农业生态园区技术的突破性发展需重点关注以下几个方面：①推进应用全生命周期的智能水肥一体化管理，开发、使用高效复混肥、缓释控释肥、功能水溶肥等新型肥料，注重元素合理配比和养分形态科学配伍，提高水肥的利用效率；②发展基于现代化信息技术、作物栽培管理辅助决策技术及农机装备技术的精准农业，获取高产、优质、高效的现代化农业精耕细作技术；③推动农业机械的自动化、智能化、信息化，以解放生产

力、提高生产效率，如推进农业机器人、无人机、自动化固定机械等的使用；④开发环境友好、易降解、靶标明确、不易产生抗药性、作用方式特异、药效缓和、能促进作物生长并提高抗病性的新型农药，提高农药的使用效率；⑤推进光降解地膜、生物降解地膜、光/生物降解地膜、植物纤维地膜等新型农用地膜材料的使用，降低农用地膜对土壤的污染；⑥开展分子生物学育种研究，改善作物的品种和品质；⑦开展抗逆研究以提高作物的抗逆性，降低化学合成品的使用；⑧推动"治标治本"的新型土壤修复技术，提高修复速率和效率。此外，其他涉农领域的技术创新也应大力推进，如农产品高值化和农业废弃物资源化再利用等。

4. 发展现代商业模式，打造先进技术孵化基地

用现代技术改造农业生态园区，用现代化互联网武装农业生态园区，用现代理念引导农业生态园区，把新技术、新业态、新概念引入农业生态园区的生产和发展，重构农业产业链，催生农业发展新模式，提高农业竞争力，是推进农业生态园区三产融合发展的根本途径。应大力发挥信息技术、生物技术、新能源技术等新兴技术在三产融合中的作用，加快创新能力建设和科技成果转化。通过政府、金融机构的支持和对社会资本的引导等渠道，加快移动互联网、物联网、大数据等新技术和电子商务第三方物流等在粮食种植、畜禽养殖、农产品加工、物流配送等领域的应用，提升产业价值链，从而加速农业生态园区的商业模式革新。

5. 培育多元化经营主体，创新利益联结机制

一方面，应该积极培育新型农业经营主体，构建新型农业经营体系，大力扶持新兴职业农民、种养大户、家庭农场、专业合作社、龙头企业等，发展多种形式的规模经营；另一方面，应通过政策扶持、加大资金投入、优化发展环境、搭建农村综合性信息化服务平台、推动涉农企业对接多层次资本市场等措施，不断完善农业生态园区三产融合投融资体制，不断吸引大批企业入驻，不断完善组织方式和产权关系，切实带动农业增收致富，让农民和园区建设者真正分享到产业融合发展的成果。与此同时，农业生态园区应当拓宽利益联结机制，引导不同经营主体分层发展、分类发展和互惠共赢、风险共担。通过项目建设，充分发挥领军企业、产业链核心企业的引领或导航作用，引导不同经营主体之间、经营主体与农户之间增进利

益联结，层层传递和放大带动效应，从而促进产业链、供应链、价值链的整合，提升园区三产融合的整体水平和发展质量，更好地带动农户和企业参与园区三产融合。

6. 绿色发展，构建乡村生态体系屏障

牢固树立"绿水青山就是金山银山"的理念，积极推进山水林田湖的整体保护和综合治理，践行"看得见山、望得到水、记得住乡愁"的生产生活方式，优化田园景观资源配置，深度挖掘农业生态价值，统筹农业景观功能和体验功能，凸显宜居宜业新特色。积极发展循环农业，充分利用农业生态环保生产新技术，促进农业资源的节约化、农业生产残余废弃物的减量化和资源化再利用，实施农业节水工程，加强农业环境综合整治，促进农业可持续发展。

9.3 农业生态园区的实践运用及案例分析

9.3.1 国家级田园综合体试点——重庆市忠县"三峡橘乡"

"田园综合体"是2017年2月5日《中共中央 国务院关于深入推进农业供给侧结构性改革 加快培育农业农村发展新动能的若干意见》中提出的一个新概念，也是乡村建设的新理念。该文件强调"支持有条件的乡村建设以农民合作社为主要载体、让农民充分参与和受益，集循环农业、创意农业、农事体验于一体的田园综合体"。2017年5月，重庆市成为全国首批开展田园综合体试点建设的18个省（区、市）之一。其中，忠县的"三峡橘乡"田园综合体凭借柑橘特色产业支撑、核心引领等因素成为首批国家级试点项目之一。

1. 实践

忠县以传统优势柑橘产业为支撑建设三产融合的"三峡橘乡"田园综合体，试点项目以"中国橘城·三峡橘乡·田园梦乡"为定位，高举柑橘全产业链大旗，走柑橘产业经济循环发展之路。以"生态文明、绿色发展、多业融合、城乡共生"为理念引领，建设集生产、产业、经营、生态、服务、运行六大体系为一体的"生态旅游+高科技柑橘园"特色旅游景点。

忠县构建了"从一粒种子到一杯橙汁"的柑橘产业链，园区采取"公司+专业合作社+基地+农户"四位一体的模式，实行"统一划片建园、统一灌溉施肥、统一防病治虫、统一技术培训、统一销售服务"的"五统一"管理模式，是科技含量高的标准化、现代化柑橘基地果园。重点建设片区之一的新立镇种植柑橘2.6万亩，年产柑橘4.5万t，吸纳了3 000余名果农就业，带动农民人均年增纯收入8 000元左右。该镇建有标准化、规模化的全国最大柑橘标准化示范果园（5 017亩）、柑橘技术培训中心、无病毒柑橘育苗培育中心以及现代化成品生产加工中心。重点建设片区之二的双桂镇，柑橘种植面积达1.68万余亩，其中九成已流转给种植大户、农业企业经营。该镇打捆使用各类涉农资金，共享基础设施建设，并成功打造出拥有5 000亩荷花、8 000亩柑橘的"橘乡荷海"景区。另外两个比较典型的乡镇是拔山镇和马灌镇。拔山镇柑橘产业遍及12个自然村、88个农业合作社，惠及8 288户、26 464人，建园面积3万亩，定植面积2.1万亩，现有7个农业公司、1个种植大户、8个柑橘专业合作社，加工果销往派森百公司，鲜果销往全国各地；马灌镇金桂村有1 100亩笋竹种植土地，这些笋竹由农业综合开发公司经营，由此可见，金桂村在柑橘产业外还开展了产业多样化的尝试。

此外，"三峡橘乡"忠县还提出"一兴四美·七彩大地"的战略布局，以国家级田园综合体、农光互补等重大项目建设为抓手，大力发展柑橘、笋竹、生猪、生态水产四大主导特色效益产业，坚持链条抓"长"，推动"农业+"，进一步延长产业链、提升价值链、丰富产品链、完善利益链，推进产前产中产后社会化服务、产加销贸工农旅一体化发展，实现柑橘"两中心两基地"、竹纤维研究分中心、5万亩生态水域牧场、50万头生猪养殖一体化格局。同时，忠县还加强品种研发、品种改良和新品种推广，促进农业生产智能化，推动农业资源环境精准监测、农业自然灾害预测预报、动物疫病和植物病虫害监测预警，构建农产品质量安全监管体系，强化生产经营主体管理、农业投入品监管、农产品质量安全监测、农产品质量安全可追溯，因地制宜地发展优质蔬菜、中药材、调味品、茶叶、木本油料等生态型特色产业，积极推动适度规模经营，实现"一乡一业、一村一品、一户一特"，大力推广"稻—鱼""猪—沼—果""林—药—菌""橘—园—鸡"和农户庭院等种养结合循环型高效农业模式。在三产融合的尝试中，忠县还积极推进农业定制化、生产智能化、交易电商化、物流便捷化，推进农文旅融合发展，发展文化创意、健康养生、农耕体验、乡村旅游等"美丽经济"。

2. 启示

建设田园综合体的目的是推进农业供给侧结构性改革，根据消费需求发展农业可以避免产能过剩和区域发展的不平衡，在农业增效、农民增收、农村增绿的基础上壮大农业新产业、新业态，特别是借助三产深度融合拓展农业产业链、价值链。农村要发展，根本上需要因地制宜地发展与农业相关的产业，尤其是把传统农业向第二产业、第三产业拓展和融合。传统农业以种植为主，主要集中于第一产业，受自然条件的限制，劳动力成本高、经营粗放、生态压力大、产出效益低。田园综合体作为农业的一种升级形式，需要加大科技投入，充分利用好有限的土地资源，保护好生态环境，同时对农产品进行深加工，增加附加值。就忠县"三峡橘乡"田园综合体的建设情况来看，农业向第二产业、第三产业推进是可行的。

田园综合体是实现产业和文化这两大支撑体系共融共赢的重要载体。在建设田园综合体方面，如果没有很好的产业作为支撑，农业的基础利润就很难实现，环境改造与基础设施建设等就缺少资金支持；如果只突出产业，就有可能把农村简单变成工厂，在利润的片面驱使下可能带来乡村生态的恶化，而乡村所具有的田园文化则无法产生经济效益，从而造成文化资源的闲置和浪费；如果只强调文化，少了现代农业的产业支撑，田园就会缺少现代气息，效益的多样化产出就会受限，田园文化的开发就会流于浅泛和表层，乡村休闲文旅消费这一块也很难做大做强。因此，只有二者深度融合，形成一种共赢关系，在开发产业的同时利用好乡村特有的生态和文化资源，田园综合体才能在乡村经济和社会文化的整体发展中实现其价值和意义。田园综合体建设的重点应放在发挥乡村各类物质与非物质资源富集的独特优势上，发挥农村的生态优势，通过发展休闲农业、乡村旅游、森林康养等增加农业文旅产出的比重；通过科技创新、景观设计、田园建设并依托大城市发展全时休闲旅游，实现资源互用和优势互补，改变农业依靠土地种植和农产品加工的单一格局，把农村的青山绿水等自然资源与乡风民俗等文化资源一起作为消费品开发出来，以满足城市人群对美好生活的需求，使农村能够依靠产业和文旅"两条腿"走路，形成产业和文化两大集群的支撑。

9.3.2 北京市平谷区峪口镇"两区八园"建设

峪口镇是北京市平谷区的农业大镇。从土地资源来看，全镇拥有农业用地面积7.59万亩，包括耕地2.1万亩、园地2.7万亩、林地2.3万亩、畜禽饲养用地0.16万亩、渔业养殖用地0.33万亩，可以利用和整合的土地资源比较丰富。2013年上半年，峪口镇被原北京市农村工作委员会确定为北京市都市型现代农业示范镇创建单位。在推动农业现代化与农业供给侧结构性改革的浪潮中，峪口镇从园区化建设入手，以园区化建设为抓手带动标准化生产和规模化发展，依据现有各类资源现状重点实施了"两区八园"战略。

1. "两区八园"的含义

"两区"是指打造商务休闲总部区和开发温泉度假养生区。商务休闲总部区建设在峪口镇三白山村（浅山区沟地和台地）区域，旨在打造总部基地、会议酒店、旅游休闲和配套居住四大组团，发展商务办公、研发培训、会议会展、度假酒店、生态旅游、娱乐运动、康体养生和生态农业八大产业。总部休闲基地计划投资30亿元，建设规模1 300亩，采取一种分散的组团式建设模式，由一个个独立的休闲总部构成，每一个休闲总部根据景观资源的配置进行分散式布局，再通过个体组团基地的方式构成完整的有机规划组合。温泉度假养生区在峪口镇镇区北侧，旨在利用区内的优质温泉井建设以五星级温泉酒店为核心的会议、养生度假园区。

"八园"即正大农业生态循环产业园、宗宇浩现代循环农业园、凤凰山有机大桃标准园、桃花海中医药养生园、云山壑谷农耕文化园、绿昊韭园、花田菜园、桃花源名优大桃采摘园。

万亩正大农业生态循环产业园以正大公司300万只蛋鸡项目为依托，以鸡粪处理、沼气发电提供的再生资源为基础，在场区周围建设集特菜种植、育种展示、观光休闲为一体的1 000亩核心园区，使之与正大公司300万只蛋鸡生产观光走廊连为一体，形成独具特色的三产融合旅游景点，同时建设以正大农业为龙头，以矮化密植苹果、大桃生产及休闲观光为主业的3 000亩扩展区。核心园区建设继续采取正大公司"企业+合作社+银行+政府"的"四位一体"模式。园区内的所有农产品都由正大公司统一销售,所有生产资料都由正大公司统一供应。流转土地的农民可采取反租倒包方式,以农场员工身份优先承包园区内的果园,但只负责农产品生产,其收入与所承包果园的面积挂钩。届时流转土地的农户将获得土地流转费、工资、固定和变动利润分红三部分收入。不愿流转土地的农户,只要同意与正大公司结为联合体并按村党支部或正大公司要求进行生产,其生产的农产品也由正大公司以高于市场价格的订单收购。

宗宇浩现代循环农业园位于洳河西岸,占地面积200亩,内设鳄鱼养殖、精品果蔬(含花卉种植)、风味餐厅三大区域。鳄鱼养殖区建有智能温室2栋,占地1 000 m^2,辟有参观走廊,排放的污水经过沉淀处理后,清水回灌果园菜地,淤泥用于生产有机肥。精品果蔬生产区建有高效温室50栋,主要生产及加工优质的新、奇、特果蔬产品,并利用果蔬生产间隙种植花卉。风味餐厅以鳄鱼肉为主打菜品。园区采取"公司+农户+专业合作社"模式,能够最大限度地带动农民致富。

千亩凤凰山有机大桃标准园通过"三位一体、六统一"机制集中管理,党支部负责组织果农在农资供应和生产环节实现统一;专业合作社在销售环节,包括品牌打造、有机认证、分拣包装、订单收购、市场营销等方面实现统一。经过4年的有机认证期(2010—2014年),凤凰山有机大桃标准园实现了有机大桃的种植与生产,同时园区内已修建道路、围栏和廊架,拥有餐饮住宿、垂钓、花卉观赏、开心农场等资源。在园区建设的基础上,西营村的果农实现了果品产业和旅游产业带来的双重收入,为平谷区22万亩桃园的生产经营起到示范带动作用。

桃花海中医药养生园位于平谷区桃花海和丫髻山景区附近,总面积5 000余亩,山谷幽深曲折、林木茂盛,为北京中医药管理局中草药种植和科研基地。山谷内除果树外全部种植中草药,形成了中药材种植、加工、销售一体化产业链和中草药种植特色景观,兼具中医药科研及学术交流、中医药科普教育、健康药膳饮食、针灸推拿保健以及中医特色养生度假等多项功能。目前,园内已播种多年草本药用植物500亩,建有垂钓和登山设施。项目建成后将成为北京市唯一一家中医药与旅游相结合的中医药特色旅游景区，且能够与丫髻山景区、桃花海景区和峪口商务休闲总部区相互呼应，形成平谷区具有养生休闲特色的沟域经济功能区。

云山鏊谷农耕文化园（高密苹果示范园）位于西樊各庄村，面积为250亩，为北京市园林绿化局林果处和北京市平谷区果品办的高密度矮化苹果试验示范基地。目前正在建设园区道路、围栏、廊架等基础设施，建成后能够实现牛、羊、鱼养殖—有机肥沼气生产—苹果、榛子种植—果园生草—牛、羊、鱼养殖的生态循环产业链，兼具果品生产、采摘休闲和农事体验等多种功能。园区建成后将重点面向少年儿童群体建设嬉戏游乐、手工技能、农耕体验设施。

千亩绿昊韭园依托中国工业合作协会，由北京绿昊环境科技有限公司统一经营，引进河北省衡水市高产优质韭菜品种及种植技术统一进行生产，统一向工业合作协会内的企业配送。规划建设核心区500亩、扩展辐射区1 500亩，目前已储备流转土地1 500亩，种植韭菜120亩。

千亩花田菜园面积为1 000亩，以绿色蔬菜和花卉苗木栽植为主，建有200亩温室和冷棚，已纳入平谷区现代农业园区基础设施建设项目，兼具休闲观光、农事体验功能。

桃花源名优大桃采摘园位于平谷桃花海景区入口处，横跨胡家营和兴隆庄两个村，总面积为2 000亩，有50多个大桃名优品种。针对平谷大桃的品质不均和含糖量低等问题，平谷区政府与清华大学化工系生态工业研究中心合作开发大桃高效均衡营养肥以提高大桃品质。植物均衡营养技术是根据植物细胞在生长发育过程中所需的营养结构数据，同时参考不同气候环境以及不同土壤理化性质对农作物吸收营养的影响系数，通过科学计算设计出的针对不同种类农作物所需营养成分配比的精细化植物营养技术。农作物均衡营养肥是根据不同农作物在不同生长发育阶段、不同土壤环境中对氮、磷、钾等大量元素以及钙、镁、硫、铁、锰、锌、硼等中微量元素的吸收量和总需求量设计的全营养均衡营养肥。该配方肥不仅能为农作物提供不同生长发育阶段的养分需求，还能大幅度提高肥料的利用率，减少肥料的施用量和营养元素在土壤中的残留，修复土壤化学性质，提高农作物的产量及品质，增强农作物的抗病能力，减少农药的使用量。更重要的是，该肥料通过代谢调控作用可定向促进某些有益物质的合成，从而显著改善农产品的风味和口感。通过试验显著提升了平谷大桃的品质，这也是工业促进农业生态园区发展的一个典型案例。

2. 启示

"两区八园"既是平谷区峪口镇农业发展的战略布局，也是深入推进都市型现代农业园区的总抓手。从产业特色来看，畜禽养殖业是峪口镇的支柱产业。华都峪口禽业有限责任公司具备了孵化健母雏2亿只的规模，拥有"京红""京粉"两个知名品牌，市场占有率达40%以上。正大公司蛋鸡项目拥有青年鸡存栏100万只、产蛋鸡存栏300万只的规模，是集蛋鸡养殖、饲料加工、鸡蛋分级包装与深加工以及鸡粪资源化利用于一体的蛋鸡产业化示范工程，是亚洲规模最大的蛋鸡养殖基地。从开发特色来看，平谷区峪口镇将传统农业转变为现代生态农业，通过推进现代农业生产技术（如高效均衡营养肥）促进传统果园转变为现代生态果园，并由此开发了规模化、产业化的生态旅游，特别是建设了桃园特色鲜明、以"桃文化""世外桃源""平谷新城后花园""都市农耕文化""乡村风情""高科技种植技术"等为内涵的观光农业园区，成为平谷区打造生态涵养旅游重镇的一个有效举措。从发展机制来看，峪口镇创造了产权式农业模式、"政府+银行+企业+农民合作社"的正大"四位一体"模式、"政府+高校+企业+农民"的产学研一体化模式、西营村"党支部+农民合作社+农户"的"三位一体、六统一"有机果品产业发展模式。从发动农民、组织农民的角度来看，峪口镇还为都市型现代农业发展提供了机制保障。综合来看，"两区八园"建设为峪口镇农业规模化、集约化、标准化和绿色化发展，快速实现农民收入倍增，发挥农业生产、生活、生态功效奠定了至关重要的基础。

9.3.3 河南省鹤壁国家农业科技园区三产融合实践

河南省作为农业大省和全国的粮仓，肩负着国家粮食安全的重任，鹤壁国家农业科技园区在经济转型、自主创新、产业提升、优化环境、带动县域发展等方面充分发挥了引领作用，切实为当地的农业现代化发展做出了贡献。2013年4月，鹤壁国家农业科技园区入选国家级农业科技园区，其核心区面积3 613 hm^2、示范区面积8 000 hm²、辐射区面积20万hm²，总投资5.3亿元。该园区以粮食生产、精深加工为主导，以种子、粮食高产集成技术栽培模式，农产品精深加工，农业生产现代装备等为主要内容，以循环型农业、循环型工业为发展方式，以探索农区新型农业现代化、新型工业化、新型城镇化和信息化"四化同步"发展模式为目标，经过多年的探索与实践，已成为鹤壁市推进农业现代化进程的一种有效模式。

1. **实践**

鹤壁国家农业科技园区以农业优势资源为依托，以畜禽养殖加工为主带动土地流转、果蔬种植、光伏发电、观光农业等相关产业的发展，推进优势农产品板块基地建设。通过集成先进实用技术、推进标准化生产、实行专业化和社会化服务等措施，把产业链条延伸到田间，努力发展现代农业，把农业大田建成"第一车间"。目前，园区已打造清洁粮源基地2 000 hm²、标准化畜禽养殖区67 hm²、特色经济作物和林果业种植区267 hm²，形成了"高标准粮田＋农机合作社＋青贮玉米＋规模化养殖＋有机肥加工"产业链。与此同时，鹤壁农业科技园区将物联网、大数据、电子商务等互联网信息技术越来越多地应用在粮食种植、畜禽养殖、农产品加工、物流配送等领域，加速了园区现代农业发展的步伐。从2010年起，园区内的中鹤集团以"经济实效"为出发点，打造了全方位、立体化的"互联网＋"平台，引进"星陆双基"系统建立物联网"四情"（墒情、苗情、虫情、灾情）监测站，将卫星遥感与地面传感、无线通信进行有效结合，通过对生态环境参数的实时、动态、连续监测以及通信网、互联网、物联网与卫星通信网"四网"技术的融合，及时掌握各农机设备的分布以及作业情况，满足了对农机跨区作业的科学引导、合理有序调度，实现了从种到收的全程机械化水平和统一耕作、统一供种、统一灌溉、统一施肥、统一植保、统一收割的"六统一"作业。同时，通过互联网等信息技术对农业的渗透打造了一个集农村农资电商直供O2O服务、农产品产地直供信息对接服务、农信咨询服务、科学种植和农技服务、农村金融服务、智慧农业等为一体的农业信息化综合服务平台，构筑起园区内食品安全产业链保障体系。

园区在龙头企业中鹤集团的辐射带动下，依照"产业强村、生态立村、旅游富村"的发展理念，依托粮食精深加工园、城乡统筹发展示范园、农产品加工技术中试熟化与企业孵化园等核心区建设，不断探索城乡统筹机制、模式，推进城镇化进程，实现城乡统筹和产城融合发展。通过建设设施农业展示区、生态循环养殖区、花卉苗木栽培区、自由采摘百果园、度假养生观光园等功能区，积极推进农业与第三产业的深度融合；通过推进休闲乡村田园、休闲农业星级示范、特色景观示范创建活动等，培育休闲度假产品，发展到村到户休闲项目。另外，园区不仅通过搭建农村综合性信息化服务平台、推动涉农企业对接多层次资本市场等措施，不断完善农村三产融合投融资体制，而且通过发展农村第二、第三产业和劳动密集型产业，不断完善组织方式和产权关系，切实带动农民增收致富，让农民真正分享到产业融合发展的成果。与此同时，园区还拓宽利益联结机制，引导不同经营主体分层发展、分类发展和互惠共赢、风险共担。通过项目建设，充分发挥领军企业、产业链核心企业的引领或导航作用，引导不同经营主体之间、经营主体与农户之间增进利益联结，层层传递和放大带动效应，从而促进产业链、供应链、价值链的整合，提升农村三产融合的整体水平和发展质量，更好地带动农户参与农村三产融合。

2. 启示

鹤壁国家农业科技园区以推进农业供给侧结构性改革为核心，以转变农业生产经营方式、资源利用方式为抓手，推动农业生产由数量型向质量型转变、由粗放经营向可持续发展转变，进而走出一条科技含量高、资源消耗少、环境污染低、产品质量优、经济效益好的新型农业发展道路。园区通过转变农业生产方式、调整农牧业结构、发展循环农业，大力发挥信息技术、生物技术、能源技术等新兴技术在三产融合中的作用，加快创新能力建设和科技成果转化，通过政府、金融机构支持和引导社会资本等渠道，加快移动互联网、物联网等新技术和电子商务第三方物流等新型商业模式在三产融合中的应用，有效提升了农业生产水平和生产效益，推进了优质、高效、生态、安全的现代农业的发展。同时，园区依托当地的文化底蕴、特色景观、农业项目等促进文旅农融合发展，打造了一个集乡村旅游、养生度假、休闲地产、创意文化等为一体的多功能示范区，实现了休闲农业、观光农业、乡村旅游农业的可持续发展。园区还在农业生产投入品、资源高效利用、农业生态环境、生物质能源、绿色宜居村镇等方面开展科学规划，强调绿色发展，在生态治理方面取得新突破，使美丽宜居的村镇建设取得重要进展，为农业农村可持续发展奠定了坚实的基础。

鹤壁农业科技园区按照"做强一个企业、带动一个产业"的工作思路，不断扩大产业规模，拉长产业链条，推动园区工业化发展。通过培育新型经营主体，使不同经营主体以产业链为核心，形成相互融合、互促共进的抱团发展格局，打造全链条、全循环、高质量、高效益的农业产业化集群，逐步带动农业生产由原料农业转向加工农业、效益农业、优势特色农业，促进园区走上规模化、标准化、专业化的发展轨道。在利益联结机制中，围绕股份合作、订单合同、契约关系的利益联结模式，鼓励龙头企业与农户形成风险共担、利润共享的利益共同体。园区依托项目，积极引导龙头企业创办或者入股合作社、合作组织，支持农民合作社入股或者兴办龙头企业，实现龙头企业与农民合作社的深度融合，强化龙头企业"联农带农"的激励机制，把农村三产中的各个主体与龙头企业连接起来，形成打破行业界限、三产联动的利益共同体。

9.4 小结与展望

农业生态园区是顺应农业供给侧结构性改革、生态环境可持续发展、新产业和新业态发展的要求，以美丽乡村和产业发展为基础，拓展农业的多功能性，实现农业生产、田园生活、生态环境的有机统一和三产的深度融合，为我国农业农村和农民设计的一套可推广、可复制、稳定的生产生活方式。建设农业生态园区顺应了农业农村的发展趋势和历史性变化，反映了城乡一体化和农业现代化的客观要求，为推进农业供给侧结构性改革搭建了新平台，为农业现代化和城乡一体化联动发展提供了新支点，为农村生产、生活、生态统筹推进构建了新模式，为传承农村文明并实现农村历史性转变提供了新动力。从生产、生活、生态等基本层面来看，农业生态园区能够从根本上发挥探索创新和示范引领的重大作用。

本章立足于国内外农业生态园区发展的理论基础，从农业生态园区的兴起、内涵、特征、类型、国外发展经验等方面做了一般性的分类综述。从三产融合的视角分析了农业生态园区的发展路径，研发支撑现代新型农业所需的技术，探究农业生态园区通过转变农业生产方式拓展农业多种功能、打造技术孵化基地、发展现代商业模式、提升产业价值链、培育多元化经营主体等主要做法，并剖析了典型农业生态园区的实践成效，旨在为新形势下其他农业生态园区实现三产融合发展提供借鉴与有益启示。

加快推进农村三产深度融合发展，既是当前"三农"工作的一个重点方向，也是"十三五"期间推进农业生态园区实现农业现代化的一个重要着力点。它以农业生态园区为载体，着力推动农业由简单粗放向集约高效转变，加快推进土地集约化、科技集成化、农民职业化、生产市场化、服务社会化发展，旨在建成融合加工、贸工农、休闲观光等功能于一体的高效复合型园区，探索出一条产出高效、产品安全、资源节约、环境友好的现代农业发展的成功之路。农业生态园区的建设是一个包含复杂内容的系统工程，还有许多问题值得深入探讨，在理论和实践的很多方面还有待进一步展开研究。

1. 借力三产融合

习近平总书记曾指出，要给农业插上科技的翅膀。推进高新技术成果的产业化转型是农业生态园区实现三产融合、培育农业高新技术企业、发展农业高新技术产业的必由之路。拉长农业产业链，延伸价值链、效益链，提高经营者的收入和效益，将农业生产、加工、物流等深度融合并将其纳入整个产业链的工业化、产业化、市场化、专业化流程中，增加农产品附加值，是推进农村生态园区三产融合的关键，也是供给侧结构性改革发展的重点。

2. 强化生态农业的技术支撑

一是要树立生态文明理念，加快生态农业发展。二是要强化农化服务支撑，开发节能、环保、高效、绿色的新型支农化工产品，如新型化肥、新型低毒农药、高性能可降解农膜；改革传统的化肥施用形式，推广配套的水肥药一体化灌溉技术；推进治标治本的新型土壤修复技术、良种培育技术、作物抗逆性能改良技术、农产品高值化技术、农业废弃物资源化利用技术等。三是要转变发展模式，发展循环农业。坚持污染防治与产业发展两手抓，探索"生态种养结合、资源循环利用、生态环境保护"新模式，实施循环节能工程，推广应用"畜—沼—菜（果、药、花）""果+塘+鱼+莲"等生态农业循环发展模式，推进种养结合，形成以农带牧、以牧促沼、以沼促果、果牧结合配套发展的良性循环体系。四是要转变生产方式，实施标准化生产。建立健全农业标准体系、农业质量监测体系和农产品评价认证体系，强化标准的实施与推广，推进标准化基地建设。五是要创新服务方式，实施科技增收。注重与科研院所的协作，实施高端人才柔性引进，建立健全产业支撑科技体系，加大生物技术研发攻关；实施农技推广骨干人才培养，加强职业农民培育；强化农业信息服务平台建设，加快农技成果转化和科技创新。六是要创新质量安全监管模式，实施监管体系建设。强化市县镇三级动植物疫病防控、预警体系建设，加强动植物疫情、疫病防控；加强农业（渔业）执法和市场监管，确保农业生产、农业生态和农产品质量安全。

3. 加速土地流转是关键

加强农村土地承包管理与服务，促进农村土地流转，扩大生产规模，转换经营方式，推进市场化运作。扩大农村土地抵押、担保等权能实现，创新整村整组整片流转方式。以土地流转为纽带，鼓励引导建立完善的土地激励机制，引导新型农业经营主体，着力探索农户、专业合作社、企业的共生共赢模式，积极推行"公司+合作社+农户（专业大户、家庭农场）"的新型公司制结构经营方式，通过土地流转、互换并地、高标准基本农田整治等方式解决农民承包地细碎化的问题。引导农民承包地依法、自愿有偿流转，不断完善租金动态调整和收益合理分配机制等，形成适度的土地经营规模，促进农业生态园区的发展，全面破解农业生产组织化程度低的难题。

4. 园区特色是命脉

改变单纯求大的思维方式，从追求规模到追求质量。遵循农业区位理论、产业集群理论、技术创新理论、增长极理论等理论基础与原则，借鉴国内外园区建设发展的成功经验，依据不同地区的区位条件、地理环境、自然资源、交通状况等，科学合理地做好园区选址及布局规划，突出区域差异化和特色化，实现园区的小尺度、近距离和微景观。

5. 差异化是要点，因地制宜是灵魂

各地农业生态园区的资源禀赋与产业特色各有差异，需改变"千园一面"的克隆状态，以市场为导向，结合自身情况及时调整产业结构，突出地方特色，大力打造产品品牌，提高知名度，做好园区农业供给侧结构性改革。

6. 比较优势与比较竞争力是目标

园区的规划设计要从自身实际出发，坚持因地制宜、可持续发展、农产品安全、分步实施等原则，提升园区综合竞争力。大力发挥信息技术、生物技术、能源技术等新兴技术在三产融合中的作用，加快创新能力建设和科技成果转化，通过政府、金融机构支持和引导社会资本等渠道，加快移动互联网、物联网等新技术和电子商务第三方物流等新型商业模式在三产融合中的应用。园区在建设中逐步形成层次化与规模化，包括核心区、示范区、辐射区等区域，逐步完善基础设施建设，改善生产条件，提高综合生产能力。

参 考 文 献

[1] 杨乐. 基于低碳—循环农业理念的生态农林园规划研究[D]. 长沙：中南林业科技大学，2012.
[2] 陈静. 现代农业生态观光园中的低碳景观设计研究[D]. 青岛：青岛理工大学，2017.
[3] 魏德功. 现代农业的基本内涵与现代农业园区建设[J]. 改革与战略，2005（10）：12-16.
[4] 杜海梅. 现代循环农业生态园区的规划设计方案探讨[J]. 中国农业信息，2015（6）：53-56.
[5] 马蕾，吴曼，马锦义. 循环农业生态园区建设规划初探[J]. 江苏农业科学，2008（5）：296-298.
[6] 吴轶韵. 上海都市型现代农业多功能性研究——以孙桥现代农业园区为例[D]. 上海：上海海洋大学，2010.
[7] 李一静. 生态园设计中的文化内涵研究[D]. 开封：河南大学，2015.
[8] 金广田. 现代观光农业生态园发展现状分析[J]. 农业开发与装备，2018（7）：1-4.

[9] 张诗超. 中国高新技术产业园区生态化改造研究[D]. 南昌：江西财经大学，2015.
[10] 景丽，上官彩霞，张颖，等. 农业科技园区三产融合发展的有益探索——河南鹤壁国家农业科技园区的解读与启示[J]. 中国农学通报，2017，33（2）：160-164.
[11] 贾敬敦. 三产融合全产业链视角下的农业园区[J]. 中国农村科技，2016（8）：46-49.
[12] 房永军. 探究田园综合体与农业特色小镇的联系与构成[J]. 城市建设理论研究（电子版），2018（12）：90.
[13] 李浩然. 产业链视角下农业特色小镇的规划设计研究[D]. 郑州：郑州大学，2018.
[14] 李小璇. 我国现代农业科技园区发展模式研究[D]. 福州：福建师范大学，2014.
[15] 申秀清. 中国农业科技园区创新机制研究[D]. 呼和浩特：内蒙古农业大学，2014.
[16] 李晓颖. 生态农业观光园规划的理论与实践[D]. 南京：南京林业大学，2011.
[17] 徐姗. 北京观光农业园区规划研究[D]. 北京：北京林业大学，2013.
[18] 曹玉敏. 加快推动园区化建设 发展都市型现代农业——北京市平谷区峪口镇农业发展方式探究[J]. 北京农业职业学院学报，2013，27（6）：11-13.
[19] 姚辰. 现代农业示范区规划理论与实践研究[D]. 合肥：安徽农业大学，2013.
[20] 蒋和平，张春敏. 国家农业科技园区的发展现状与趋势[J]. 深圳特区科技，2005（9）：50-54.
[21] 李萌，柴多梅，白春明，等. 基于农村一二三产业融合理念的农业园区规划——以中牟国家农业公园为例[J]. 绿色科技，2016（24）：149-151.
[22] 白金明. 我国循环农业理论与发展模式研究[D]. 北京：中国农业科学院，2008.
[23] 罗亦殷. 现代农业科技园规划设计研究[D]. 长沙：中南林业科技大学，2015.
[24] 赵航. 休闲农业发展的理论与实践[D]. 福州：福建师范大学，2012.
[25] 蒋和平. 我国农业科技园区的特点和类型分析[J]. 科技与经济，2004，17（1）：38-44.
[26] 蒋和平. 我国农业科技园区的分类[J]. 农业科研经济管理，2000（2）：10-12.
[27] 刘桐桐. 农业科技园生态旅游发展模式的创新探讨[J]. 旅游纵览（下半月），2016（8）：127.
[28] 邵华. 国家农业科技园区规划研究——以山东滨州国家农业科技园区为例[J]. 城市规划学刊，2012（4）：73-78.
[29] 李颖琦，李茜. 强化现代农业产业园区建设发展研究评述[J]. 农业与技术，2015，35（7）：184-186.
[30] 金涌，罗志波，胡山鹰，等. "第六产业"发展及其化工技术支撑[J]. 化工进展，2017，36（4）：1155-1164.
[31] 金涌. 第六产业将助力中国迈向生态农业4.0时代[J]. 科技导报，2017，35（5）：1.
[32] 刘志华，刘瑛，张丽娟. 田园综合体建设：以重庆的实践为例[J]. 收藏，2018（4）：4.
[33] 史云，杨相合，谢海英，等. 农业供给侧结构性改革及实现形式——田园综合体[J]. 江苏农业科学，2017，45（24）：320-326.